国家卫生健康委员会"十三五"规划教材

全国中医药高职高专教育教材

供医学美容技术等专业用

化妆品与调配技术

第 3 版

主　编　谷建梅

副主编　赵　丽　涂爱国　陈　国

编　者　(以姓氏笔画为序)

祁永华（黑龙江中医药大学佳木斯学院）

孙珊珊（山东中医药高等专科学校）

李树全（云南中医药大学）

吴　蕾（安徽中医药高等专科学校）

谷建梅（黑龙江中医药大学佳木斯学院）

陈　国（湖南中医药高等专科学校）

周佳丽（重庆医药高等专科学校）

赵　丽（辽宁医药职业学院）

徐　姣（黑龙江中医药大学佳木斯学院）

涂爱国（江西中医药高等专科学校）

人民卫生出版社

图书在版编目（CIP）数据

化妆品与调配技术 / 谷建梅主编 . —3 版 . —北京：
人民卫生出版社，2019

ISBN 978-7-117-28830-9

I. ①化… Ⅱ. ①谷… Ⅲ. ①化妆品 – 配方 – 高等职
业教育 – 教材 Ⅳ. ①TQ658

中国版本图书馆 CIP 数据核字（2019）第 177966 号

人卫智网	www.ipmph.com	医学教育、学术、考试、健康，购书智慧智能综合服务平台
人卫官网	www.pmph.com	人卫官方资讯发布平台

化妆品与调配技术
第 3 版

主　　编：谷建梅
出版发行：人民卫生出版社（中继线 010-59780011）
地　　址：北京市朝阳区潘家园南里 19 号
邮　　编：100021
E - mail：pmph @ pmph.com
购书热线：010-59787592　010-59787584　010-65264830
印　　刷：北京铭成印刷有限公司
经　　销：新华书店
开　　本：787 × 1092　1/16　印张：15
字　　数：346 千字
版　　次：2010 年 5 月第 1 版　　2019 年 9 月第 3 版
　　　　　2024 年 9 月第 3 版第 8 次印刷（总第 14 次印刷）
标准书号：ISBN 978-7-117-28830-9
定　　价：45.00 元

《化妆品与调配技术》数字增值服务编委会

主　编　谷建梅

副主编　徐　姣

编　者　（以姓氏笔画为序）

祁永华（黑龙江中医药大学佳木斯学院）

孙珊珊（山东中医药高等专科学校）

李树全（云南中医药大学）

吴　蕾（安徽中医药高等专科学校）

谷建梅（黑龙江中医药大学佳木斯学院）

陈　国（湖南中医药高等专科学校）

周佳丽（重庆医药高等专科学校）

赵　丽（辽宁医药职业学院）

徐　姣（黑龙江中医药大学佳木斯学院）

涂爱国（江西中医药高等专科学校）

修订说明

　　为了更好地推进中医药职业教育教材建设,适应当前我国中医药职业教育教学改革发展的形势与中医药健康服务技术技能人才的要求,贯彻落实《国家中长期教育改革和发展规划纲要(2010—2020年)》《医药卫生中长期人才发展规划(2011—2020年)》《中医药发展战略规划纲要(2016—2030年)》精神,做好新一轮中医药职业教育教材建设工作,人民卫生出版社在教育部、国家卫生健康委员会、国家中医药管理局的领导下,组织和规划了第四轮全国中医药高职高专教育、国家卫生健康委员会"十三五"规划教材的编写和修订工作。

　　本轮教材修订之时,正值《中华人民共和国中医药法》正式实施之际,中医药职业教育迎来发展大好的际遇。为做好新一轮教材出版工作,我们成立了第四届中医药高职高专教育教材建设指导委员会和各专业教材评审委员会,以指导和组织教材的编写和评审工作;按照公开、公平、公正的原则,在全国1 400余位专家和学者申报的基础上,经中医药高职高专教育教材建设指导委员会审定批准,聘任了教材主编、副主编和编委;确立了本轮教材的指导思想和编写要求,全面修订全国中医药高职高专教育第四轮规划教材,即中医学、中药学、针灸推拿、护理、医学美容技术、康复治疗技术6个专业83门教材。

　　第四轮全国中医药高职高专教育教材具有以下特色:

　　1. 定位准确,目标明确　教材的深度和广度符合各专业培养目标的要求和特定学制、特定对象、特定层次的培养目标,力求体现"专科特色、技能特点、时代特征",既体现职业性,又体现其高等教育性,注意与本科教材、中专教材的区别,适应中医药职业人才培养要求和市场需求。

　　2. 谨守大纲,注重三基　人卫版中医药高职高专教材始终坚持"以教学计划为基本依据"的原则,强调各教材编写大纲一定要符合高职高专相关专业的培养目标与要求,以培养目标为导向、职业岗位能力需求为前提、综合职业能力培养为根本,同时注重基本理论、基本知识和基本技能的培养和全面素质的提高。

　　3. 重点考点,突出体现　教材紧扣中医药职业教育教学活动和知识结构,以解决目前各高职高专院校教材使用中的突出问题为出发点和落脚点,体现职业教育对人才的要求,突出教学重点和执业考点。

　　4. 规划科学,详略得当　全套教材严格界定职业教育教材与本科教材、毕业后教育教材的知识范畴,严格把握教材内容的深度、广度和侧重点,突出应用型、技能型教育内容。基础课教材内容服务于专业课教材,以"必须、够用"为度,强调基本技能的培养;专业课教材紧密围绕专业培养目标的需要进行选材。

5. 体例设计,服务学生 本套教材的结构设置、编写风格等坚持创新,体现以学生为中心的编写理念,以实现和满足学生的发展为需求。根据上一版教材体例设计在教学中的反馈意见,将"学习要点""知识链接""复习思考题"作为必设模块,"知识拓展""病案分析(案例分析)""课堂讨论""操作要点"作为选设模块,以明确学生学习的目的性和主动性,增强教材的可读性,提高学生分析问题、解决问题的能力。

6. 强调实用,避免脱节 贯彻现代职业教育理念。体现"以就业为导向,以能力为本位,以发展技能为核心"的职业教育理念。突出技能培养,提倡"做中学、学中做"的"理实一体化"思想,突出应用型、技能型教育内容。避免理论与实际脱节、教育与实践脱节、人才培养与社会需求脱节的倾向。

7. 针对岗位,学考结合 本套教材编写按照职业教育培养目标,将国家职业技能的相关标准和要求融入教材中。充分考虑学生考取相关职业资格证书、岗位证书的需要,与职业岗位证书相关的教材,其内容和实训项目的选取涵盖相关的考试内容,做到学考结合,体现了职业教育的特点。

8. 纸数融合,坚持创新 新版教材最大的亮点就是建设纸质教材和数字增值服务融合的教材服务体系。书中设有自主学习二维码,通过扫码,学生可对本套教材的数字增值服务内容进行自主学习,实现与教学要求匹配、与岗位需求对接、与执业考试接轨,打造优质、生动、立体的学习内容。教材编写充分体现与时代融合、与现代科技融合、与现代医学融合的特色和理念,适度增加新进展、新技术、新方法,充分培养学生的探索精神、创新精神;同时,将移动互联、网络增值、慕课、翻转课堂等新的教学理念和教学技术、学习方式融入教材建设之中,开发多媒体教材、数字教材等新媒体形式教材。

人民卫生出版社医药卫生规划教材经过长时间的实践与积累,其中的优良传统在本轮修订中得到了很好的传承。在中医药高职高专教育教材建设指导委员会和各专业教材评审委员会指导下,经过调研会议、论证会议、主编人会议、各专业编写会议、审定稿会议,确保了教材的科学性、先进性和实用性。参编本套教材的近 1 000 位专家,来自全国 40 余所院校,从事高职高专教育工作多年,业务精纯,见解独到。谨此,向有关单位和个人表示衷心的感谢! 希望各院校在教材使用中,在改革的进程中,及时提出宝贵意见或建议,以便不断修订和完善,为下一轮教材的修订工作奠定坚实的基础。

人民卫生出版社有限公司

2018 年 4 月

全国中医药高职高专院校第四轮
规划教材书目

教材序号	教材名称	主编	适用专业
1	大学语文(第4版)	孙 洁	中医学、针灸推拿、中医骨伤、护理等专业
2	中医诊断学(第4版)	马维平	中医学、针灸推拿、中医骨伤、中医美容等专业
3	中医基础理论(第4版)*	陈 刚 徐宜兵	中医学、针灸推拿、中医骨伤、护理等专业
4	生理学(第4版)*	郭争鸣 唐晓伟	中医学、中医骨伤、针灸推拿、护理等专业
5	病理学(第4版)	苑光军 张宏泉	中医学、护理、针灸推拿、康复治疗技术等专业
6	人体解剖学(第4版)	陈晓杰 孟繁伟	中医学、针灸推拿、中医骨伤、护理等专业
7	免疫学与病原生物学(第4版)	刘文辉 田维珍	中医学、针灸推拿、中医骨伤、护理等专业
8	诊断学基础(第4版)	李广元 周艳丽	中医学、针灸推拿、中医骨伤、护理等专业
9	药理学(第4版)	侯 晞	中医学、针灸推拿、中医骨伤、护理等专业
10	中医内科学(第4版)*	陈建章	中医学、针灸推拿、中医骨伤、护理等专业
11	中医外科学(第4版)*	尹跃兵	中医学、针灸推拿、中医骨伤、护理等专业
12	中医妇科学(第4版)	盛 红	中医学、针灸推拿、中医骨伤、护理等专业
13	中医儿科学(第4版)*	聂绍通	中医学、针灸推拿、中医骨伤、护理等专业
14	中医伤科学(第4版)	方家选	中医学、针灸推拿、中医骨伤、护理、康复治疗技术专业
15	中药学(第4版)	杨德全	中医学、中药学、针灸推拿、中医骨伤、康复治疗技术等专业
16	方剂学(第4版)*	王义祁	中医学、针灸推拿、中医骨伤、康复治疗技术、护理等专业

续表

教材序号	教材名称	主编	适用专业
17	针灸学(第4版)	汪安宁　易志龙	中医学、针灸推拿、中医骨伤、康复治疗技术等专业
18	推拿学(第4版)	郭　翔	中医学、针灸推拿、中医骨伤、护理等专业
19	医学心理学(第4版)	孙　萍　朱　玲	中医学、针灸推拿、中医骨伤、护理等专业
20	西医内科学(第4版)*	许幼晖	中医学、针灸推拿、中医骨伤、护理等专业
21	西医外科学(第4版)	朱云根　陈京来	中医学、针灸推拿、中医骨伤、护理等专业
22	西医妇产科学(第4版)	冯　玲　黄会霞	中医学、针灸推拿、中医骨伤、护理等专业
23	西医儿科学(第4版)	王龙梅	中医学、针灸推拿、中医骨伤、护理等专业
24	传染病学(第3版)	陈艳成	中医学、针灸推拿、中医骨伤、护理等专业
25	预防医学(第2版)	吴　娟　张立祥	中医学、针灸推拿、中医骨伤、护理等专业
1	中医学基础概要(第4版)	范俊德　徐迎涛	中药学、中药制药技术、医学美容技术、康复治疗技术、中医养生保健等专业
2	中药药理与应用(第4版)	冯彬彬	中药学、中药制药技术等专业
3	中药药剂学(第4版)	胡志方　易生富	中药学、中药制药技术等专业
4	中药炮制技术(第4版)	刘　波	中药学、中药制药技术等专业
5	中药鉴定技术(第4版)	张钦德	中药学、中药制药技术、中药生产与加工、药学等专业
6	中药化学技术(第4版)	吕华瑛　王　英	中药学、中药制药技术等专业
7	中药方剂学(第4版)	马　波　黄敬文	中药学、中药制药技术等专业
8	有机化学(第4版)*	王志江　陈东林	中药学、中药制药技术、药学等专业
9	药用植物栽培技术(第3版)*	宋丽艳　汪荣斌	中药学、中药制药技术、中药生产与加工等专业
10	药用植物学(第4版)*	郑小吉　金　虹	中药学、中药制药技术、中药生产与加工等专业
11	药事管理与法规(第3版)	周铁文	中药学、中药制药技术、药学等专业
12	无机化学(第4版)	冯务群	中药学、中药制药技术、药学等专业
13	人体解剖生理学(第4版)	刘　斌	中药学、中药制药技术、药学等专业
14	分析化学(第4版)	陈哲洪　鲍　羽	中药学、中药制药技术、药学等专业
15	中药储存与养护技术(第2版)	沈　力	中药学、中药制药技术等专业

续表

教材序号	教材名称	主编	适用专业
1	中医护理(第3版)*	王 文	护理专业
2	内科护理(第3版)	刘 杰　吕云玲	护理专业
3	外科护理(第3版)	江跃华	护理、助产类专业
4	妇产科护理(第3版)	林 萍	护理、助产类专业
5	儿科护理(第3版)	艾学云	护理、助产类专业
6	社区护理(第3版)	张先庚	护理专业
7	急救护理(第3版)	李延玲	护理专业
8	老年护理(第3版)	唐凤平　郝 刚	护理专业
9	精神科护理(第3版)	井霖源	护理、助产专业
10	健康评估(第3版)	刘惠莲　滕艺萍	护理、助产专业
11	眼耳鼻咽喉口腔科护理(第3版)	范 真	护理专业
12	基础护理技术(第3版)	张少羽	护理、助产专业
13	护士人文修养(第3版)	胡爱明	护理专业
14	护理药理学(第3版)*	姜国贤	护理专业
15	护理学导论(第3版)	陈香娟　曾晓英	护理、助产专业
16	传染病护理(第3版)	王美芝	护理专业
17	康复护理(第2版)	黄学英	护理专业
1	针灸治疗(第4版)	刘宝林	针灸推拿专业
2	针法灸法(第4版)*	刘 茜	针灸推拿专业
3	小儿推拿(第4版)	刘世红	针灸推拿专业
4	推拿治疗(第4版)	梅利民	针灸推拿专业
5	推拿手法(第4版)	那继文	针灸推拿专业
6	经络与腧穴(第4版)*	王德敬	针灸推拿专业
1	医学美学(第3版)	周红娟	医学美容技术等专业
2	美容辨证调护技术(第3版)	陈美仁	医学美容技术等专业
3	美容中药方剂学(第3版)*	黄丽萍　姜 醒	医学美容技术等专业

续表

教材序号	教材名称	主编	适用专业
4	美容业经营与管理(第3版)	申芳芳	医学美容技术等专业
5	美容心理学(第3版)*	陈　敏　汪启荣	医学美容技术等专业
6	美容外科学概论(第3版)	贾小丽	医学美容技术等专业
7	美容实用技术(第3版)	张丽宏	医学美容技术等专业
8	美容皮肤科学(第3版)	陈丽娟	医学美容技术等专业
9	美容礼仪与人际沟通(第3版)	位汶军　夏　曼	医学美容技术等专业
10	美容解剖学与组织学(第3版)	刘荣志	医学美容技术等专业
11	美容保健技术(第3版)	陈景华	医学美容技术等专业
12	化妆品与调配技术(第3版)	谷建梅	医学美容技术等专业
1	康复评定(第3版)	孙　权　梁　娟	康复治疗技术等专业
2	物理治疗技术(第3版)	林成杰	康复治疗技术等专业
3	作业治疗技术(第3版)	吴淑娥	康复治疗技术等专业
4	言语治疗技术(第3版)	田　莉	康复治疗技术等专业
5	中医养生康复技术(第3版)	王德瑜　邓　沂	康复治疗技术等专业
6	临床康复学(第3版)	邓　倩	康复治疗技术等专业
7	临床医学概要(第3版)	周建军　符逢春	康复治疗技术等专业
8	康复医学导论(第3版)	谭　工	康复治疗技术等专业

* 为"十二五"职业教育国家规划教材

第四届全国中医药高职高专教育教材建设指导委员会

第四届全国中医药高职高专医学美容技术专业教材评审委员会

前　言

化妆品与调配技术是高职高专医学美容技术专业的一门专业技能课程,是阐述化妆品的相关基本理论、配方组成、制备工艺及安全使用等知识的一门学科。学习并掌握好化妆品与调配技术课程的基本理论知识和技能,能够为日后适应岗位需要和继续学习奠定坚实基础。

为进一步适应高等职业教育的迅速发展,推动中医药高等职业教育教学改革,全国中医药高职高专第四轮第二批规划教材的编写和修订工作于2018年8月正式启动。本轮教材修订遵循"坚持以培养目标为导向、职业岗位能力需求为前提、综合职业能力培养为根本,注重基本理论、基本知识和基本技能的培养和全面素质的提高"的编写原则,在上版教材的基础上,去粗取精,坚持科学性,体现先进性,立体建设,力求不断改进和提高教材质量,打造精品,使教材以新的面貌适应教学需要。

本教材内容包括总论、各论及附录三部分。与二版教材相比,具有以下特点:①根据《化妆品安全技术规范》(2015年版)中对于有毒物质限值的调整以及2016年国家监管部门发布的关于防晒化妆品防晒效果标识管理要求的公告,更新教材相应内容,与时俱进,体现教材的先进性;②删除二版教材总论第四章中"乳剂类化妆品的质量控制"及"水剂类化妆品的质量控制"内容,使教材更加突出理论知识够用、实用这一特点;③更新、充填化妆品原料内容,重点放在表面活性剂、美白活性物质、防晒剂及防腐剂等方面,使教材内容更能体现时代特征;④在总论及各论相关章节中添加化妆品安全性方面内容,使教材内容更加完善,更具科学性、先进性,同时也突出了实用性。此外,与二版教材配套的网络增值服务不同,本版教材配有数字增值服务内容,读者通过手机扫描二维码,即可直接查看相应章节资源,且可离线阅读,为读者自主学习提供了更好的平台。

本教材适用于全国高职高专医学美容技术专业学生,也可作为美容行业从业者以及化妆品爱好者的参考用书。教材作者分工如下:谷建梅,第一章、第三章第三节;吴蕾,第二章第一节、第四章第三节至第五节;李树全,第二章第二节及第三节;祁永华,第三章第一节及第二节;涂爱国,第四章第一节及第二节;徐姣,第五章第一节及第二节;赵丽,第六章第一节及第二节、第十章;孙珊珊,第六章第三节及第四节、第八章;周佳丽,第七章;陈国,第五章第三节、第九章。

本版教材在编写过程中得到人民卫生出版社、各参编院校领导与同仁以及相关人员的大力支持和帮助,在此一并表示衷心的感谢!

化妆品行业发展迅速,知识更新一日千里,如在使用过程中发现有不完善及不妥之处,恳请各院校同仁及广大读者提出宝贵意见,以便进一步修订提高。

《化妆品与调配技术》编委会

2019 年 2 月

目 录

总 论

各 论

总　　论

第一章

概　　论

化妆品的定义、特性、作用及分类；化妆品的安全通用要求。

化妆品与调配技术是研究化妆品相关基础理论以及各类化妆品的配方组成、工艺制造和安全使用等知识的一门综合性学科。本学科是一门以化学知识为基础的交叉学科，按我国学科归类，可列入精细化工学科类，但是随着化妆品产业的快速发展，对于化妆品的研究，仅仅依靠化学学科知识和精细化工技术是远远不够的，还需要融合如皮肤生理学、药理学、毒理学、微生物学等医学学科以及色彩学、心理学、市场营销学等人文学科知识，所以化妆品产业属于高科技知识密集型产业，而化妆品与调配技术则是主要以化学及其相关学科的理论和方法来阐述化妆品相关理论及其相关知识的一门学科。

第一节　化妆品的发展概况

在人类发展的历史长河中，爱美之心是随着人类的发展而进步的。中国作为历史悠久的文明古国，化妆品的使用和生产有着源远流长的历史。

一、化妆品的起源与发展

化妆品的应用具有悠久的历史，中国是较早应用化妆品的国家之一。

早在商朝时期，即有"纣烧铅作粉"涂面美容的记载。铅粉是最早的人造颜料之一，是古代妇女化妆的基本材料，但若保管不当，铅粉容易硫化变黑，故古代较常用的化妆用粉是米粉。米粉是以米粒研碎后加入香料而制成。除铅粉、米粉外，此时期还有一种水银作的"水银腻"，这些白粉涂在肌肤上，使肌肤洁白柔嫩，表现出青春美感，当时有"白妆"之称。商周时期，化妆以宫廷内部为主，主要是为了满足君主欣赏享受的需要，直到东周春秋战国之际，化妆才在平民妇女中逐渐流行。

秦汉时期，美容化妆品、美容药物等美容手段有所增进，除使用化妆品外，已经有了"妆点""扮妆""妆饰"等化妆专用名词，擅长化妆和从事化妆品制作的专业人员已经出现。这一时期，使用美容化妆品已不仅仅是为了装扮，也是矫正生理缺陷的需要。

湖南长沙马王堆一号出土的陪葬品中已有胭脂般的化妆品,说明中国古代妇女红妆的风尚最晚在秦汉时期已经兴盛。据古籍《事物记源》记载,秦始皇时期,宫中妇女都是红妆翠眉的打扮,表示当时女性的面部已经有了"色彩"。史籍记载,红妆中用作胭脂的原料——红蓝草并非源自汉族,而是张骞第一次出使西域时途经陕西一带的焉支山,发现该地盛产红蓝草,焉支山当时为匈奴属地,匈奴妇女都用此作红妆。张骞将红蓝草带回中原后,"焉支"一词即随着红蓝草传入汉族,这一词语实际上含有双重意义,既是山名,又是红蓝草的代名词,后来形成了多种写法,如"燕支""燕脂",到现在仍在沿用的"胭脂"。而在红蓝草传入之前,汉族妇女以朱砂作为红妆的材料。

随后历代帝王宫中女性及达官贵人家的女眷,为追求美容玉面,不乏使用多种美容品,从美容护肤发展到美容治疗,化妆品的种类越来越丰富多彩。

二、化妆品工业的起源与发展

我国化妆品工业的发展经历了漫长的过程。化妆品的生产最早应首推南北朝时期。早期"燕支"制成后必须经过阴干,使用时只要沾少许清水便可涂抹。到了南北朝时期,人们开始在"燕支"中加入牛髓、猪脂等物质,使"燕支"变成一种脂膏,这也是后来"燕支"写作"胭脂"的原因之一。北魏贾思勰《齐民要术》中载有燕脂法、合面脂法、作紫粉法、作米粉法等多种化妆品的加工配制方法。到了南宋,杭州已成为化妆品生产的重要基地,"杭粉"久负脂粉品牌的盛名。清道光九年由谢宏业创建的"扬州谢馥春号"是我国最早的化妆品生产基地之一,生产的化妆品有宫粉、水粉、胭脂、桂花油等。与扬州谢馥春号齐名的是清同治元年由孔传鸿创建的"杭州孔凤春香粉号",生产鹅蛋粉、水粉、扑粉、雪花粉等。

进入 20 世纪后,我国化妆品工业有了长足的发展。1905 年,在香港建厂的广生行是我国率先从作坊生产发展到采用机械化生产的化妆品工厂,生产花露水,以后又陆续在上海、广州、营口等地建厂,生产雪花膏以及如意油、如意膏等化妆品。1911 年,中国化学工业社在上海建立,该厂即上海牙膏厂的前身。1913 年,在上海又建立了中华化妆品厂,以后又相继建立了上海明星花露水厂、富贝康化妆品厂、宁波风苞化妆品厂等,我国的化妆品工业逐渐形成了一定的规模。

中华人民共和国成立后,各地相继建起了一些化妆品厂,生产方式还多是手工作坊,由于社会环境及人民观念的原因,化妆品仍被视作一种奢侈品,化妆品工业的发展十分缓慢。改革开放后,随着国民经济快速发展,人民生活水平不断提高,化妆品从奢侈品逐步转变为人们日常生活的必需品,化妆品工业发生了翻天覆地的变化,各地工厂如雨后春笋般蓬勃发展,仅从 1985—1996 年间,中国化妆品工业总产值就增长了 20 余倍,并每年仍以较快的速度持续增长,中国的化妆品产业孕育着无限的生机。

潜力巨大的中国化妆品市场很快被世界所瞩目,仅仅几年间,国际诸多化妆品巨头蜂拥闯入中国市场,并逐渐占据了中国市场的一部分份额。1985 年前化妆品主要经济所有制是国有制、集体制,1985 年后,三资企业、民营化妆品企业也相继增加。到目前,在中国化妆品市场上,中高端市场基本上被外资、合资企业所占据,尚处于初级阶段的中国化妆品行业遇到了强劲的国际市场的挑战。

三、化妆品产业现状与发展趋势

随着科技发展以及生活水平的提高,未来的化妆品市场竞争将日趋激烈,时刻把握市场动向,不断创新,才能跟上时代发展,满足消费者需求。当今化妆品产业现状及发展趋势主要表现为以下几个方面。

（一）品种细分化、赋予功能化、趋向生物化

现代化妆品必须突出功能性和个性化,才能在激烈的市场竞争中领先取胜。为此,针对不同年龄、不同性别、不同使用时间、不同肤质以及体育运动和旅游业的兴起,出现了性能各异的化妆品,使化妆品市场呈现出产品品种细分化的发展趋势。同时,随着时代的进步,人们的美容观念发生了改变,人们对皮肤保健的意识逐渐增强,已由"色彩美容"转向"健康美容",对化妆品的性能提出了更高的要求。要求产品必须使用安全,除具有美容、护肤等基本作用外,还应具有营养皮肤、延缓衰老、防治某些皮肤病等多种功效,而且这种功效性产品将越来越受欢迎。美白、防晒、抗衰老化妆品将一直是消费者以及化妆品生产企业所关注和研究的热点。

另外,生物技术的发展极大推进了化妆品科学的发展。人们应用分子生物学和生物化学理论,从分子水平上揭示了皮肤老化、色素形成、光毒性机制、营养成分对皮肤的影响以及皮肤受损伤的生物化学过程,从而使人类可以利用仿生的方法,设计和制造一些生物技术制剂,发挥抗衰老、美白、防晒及促进皮肤组织修复等所需要的特定疗效。特别是利用生物技术制得的具有生理活性的生物制品,如透明质酸、超氧化物歧化酶、表皮生长因子及聚氨基葡萄糖等在化妆品中得到了日益广泛的应用。

（二）化妆品原料力求"天然、安全、环保"

远在几千年前,人类已经知道用黄瓜汁、丝瓜汁等涂搽皮肤,用红花抹腮,用指甲花染发,这就是天然化妆品的起始。由于科学技术的不断发展,化妆品原料由天然物质转向人工合成化学品,人工合成化学品的使用对化妆品的发展起到极大的推动作用。但是在使用合成化学品的过程中,由此所引起的人体健康以及环境污染等问题使得人们对合成产品的安全性产生了疑问,"回归大自然"又成了整个化妆品工业的发展趋势。

化妆品原料经历了由天然物向合成品,继而又从合成品向天然物的二次转变。然而,现代的天然化妆品完全不同于古代,它是应用先进科学技术和手段,将具有独特功能和生物活性的化合物从天然原料中提取出来,再经分离、纯化或改进,并通过和其他化妆品原料的合理配用而制得。现代天然化妆品不仅具有较好的稳定性和安全性,其使用性能、营养和疗效也有明显提高。

在中医学宝库中,许多中药具有防治皮肤病、营养肌肤以及保护肌肤免受外界不良刺激等作用。中草药化妆品具有科学性、实用性、安全性,集天然化、疗效化、营养化等多种功能于一身,越来越被人们所重视。中草药应用于化妆品,符合当今世界化妆品的发展潮流,对我国化妆品产业的发展将起到积极的推动作用。

（三）多种渠道横向跨越

1. 日化线与专业线相互渗透　近年来,随着市场竞争的日趋白热化,专业线的化妆品企业纷纷进军日化线,出现了众多脚踏日化与专业两线的"两栖企业",改变了以往两线互不相干的局面,使整个行业进入了多元化、精细化的新时代。专销于美容院

的专业线产品素以服务制胜,而在商场柜台销售的日化线产品则侧重于品牌推广。这种多元渠道运作模式必然会推动化妆品营销水平的进一步提升。

2. 制药企业延伸做日化　由于化妆品行业广阔的市场前景以及巨大的利润空间,使得一些知名药企纷纷涉足化妆品行业。药企更为严格的技术标准以及品质背景,十分有利于药企进入日化特别是功能性化妆品领域,但是化妆品生产的广泛性以及与药品推广的差异性,也考验着药企的营销智慧,如何适应化妆品行业的营销特性,是一个摆在药企面前紧迫而又重要的课题。

3. 药妆品为药店赢取利润　随着医改的推进,医药产品的暴利时代正渐行渐远,为缓解业绩压力,本来以经营药品为主业的药店,纷纷开始向药妆品要利润,药妆品在药店所占的比例越来越大,但目前来讲,能为药店带来利润的药妆品基本都是知名的国际品牌,本土品牌的药妆品大多还不尽如人意。因此,本土企业应抓住历史机遇,努力提升药妆品的质量及产品层次,以符合药店终端高准入门槛、高监管规格的特点,从而成为药店渠道里的畅销药妆品。

(四)市场向下纵深拓展

随着日化产品在国内一线城市市场容量的饱和与过度竞争,以及二三线城市和农村市场的迅速崛起,外资巨头开始大规模进军二三线城市及农村市场,本土品牌将不得不面临与外资巨头在农村市场同台竞技的竞争格局。未来的二三线城市及农村市场将成为中外日化企业争夺的主战场。

(五)新型科技对行业产生重大影响

细胞及基因调控技术、3D 皮肤模型评价技术、生物工程技术等基础研究新技术已经逐渐应用到化妆品行业中,将可能成为化妆品技术的发展趋势。人工智能、大数据、互联网技术、3D 打印以及虚拟现实等技术已经开始改变一部分消费者的购买习惯,终将改变化妆品行业供应链的模式,对行业的销售渠道和品牌营销将产生巨大影响。

 知识链接

OEM 与 ODM

OEM 即 original equipment manufacturer 的缩写,中文含义理解为"定牌生产厂"或"定牌生产";在日化界,OEM 俗称"委托加工厂"或"委托加工"。委托方(品牌厂商)可依据品牌需求,要求被委托方(OEM)按给定的原材料、生产工艺、设备及包装等加工出合格产品;或要求 OEM 按品牌需求,自主研发,生产出合格的满足委托方要求的产品,而委托方只全权负责市场运作和产品营销。

ODM 即 original design manufacturer 的缩写,直译为"原始设计制造商"。是制造商根据委托方(品牌厂商)的要求设计和生产产品,制造商拥有设计能力和技术水平,基于授权合同生产产品。

ODM 与 OEM 两者最大的区别在于:OEM 产品是为委托方(品牌厂商)量身定做的,生产后也只能使用该品牌名称,绝对不能冠上生产者自己的品牌名称再进行生产;而 ODM 则要看委托方(品牌企业)是否买断该产品的版权,如若没有,制造商有权以自己的品牌名称组织生产。

第二节　化妆品基本知识

一、化妆品的定义

在希腊语中,"化妆"的含义是指"装饰的技巧",若按照词义解释,化妆品即为"修饰"和"妆扮"而使用的制品,意思是通过使用化妆品把人体自身的优点加以发扬,而把缺陷给予弥补,以达到美化容貌的目的。

我国《化妆品卫生监督条例》中将化妆品定义为:是指以涂擦、喷洒或其他类似的方法,散布于人体表面任何部位(皮肤、毛发、指甲、口唇等),以达到清洁、消除不良气味、护肤、美容和修饰目的的日用化学工业产品。此定义从化妆品的使用方式、施用部位以及化妆品的功能和使用目的三方面对化妆品进行了较为全面的概括。

二、化妆品的作用

根据化妆品的定义,化妆品主要具有以下几方面作用。

1. 清洁作用　化妆品能够清除面部、皮肤、毛发、牙齿上面的脏物以及人体分泌及代谢过程中产生的污物等。如洗面奶、沐浴液、洗发香波及牙膏等。

2. 保护作用　化妆品作用于人体面部、皮肤及毛发等处,能够使其滋润、柔软、光滑、富有弹性等,从而发挥保护肌肤,抵御风寒、烈日等不良刺激,防止皮肤皲裂以及毛发枯断等作用。如润肤霜、防晒霜、护发素等。

3. 营养作用　化妆品中通过添加营养原料,可用来补充人体皮肤及毛发所需的营养物质,增加组织细胞活力,维系皮肤水分平衡,减少皮肤细小皱纹,达到延缓皮肤衰老及促进毛发生理功能等作用。如营养面霜、营养面膜等。

4. 美容修饰作用　化妆品能够美化人体,使之增加魅力或散发香气,达到美容修饰的作用。如粉底霜、唇膏、发胶、摩丝、烫发剂、染发剂、香水及指甲油等。

5. 特殊功能作用　指化妆品具有的育发、染发、烫发、脱毛、美乳、健美、除臭、祛斑及防晒作用。我国《化妆品卫生监督条例》中将具有上述9类作用的化妆品称为特殊用途化妆品。为进一步确保化妆品的安全性,我国目前已将美白化妆品也列为特殊用途化妆品的范畴,审批要求与祛斑化妆品相同。

三、化妆品的特性

化妆品是人类日常生活使用的一类消费品,除满足有关化妆品法规的要求外,还必须满足以下基本特性。

1. 高度的安全性　化妆品是与人体直接接触的日用化学制品,使用群体广泛,使用时间长久。与外用药品相比,化妆品对人体的影响更为持久,如有副作用,对人体的危害将会更大。因此,防止化妆品对人体皮肤、毛发等的损害,保证化妆品长期使用的安全性是极为重要的。高度的安全性是化妆品的首要特性。

为保证化妆品的安全性,防止化妆品对人体近期和远期所产生的危害,我国制定了《化妆品安全性评价程序和方法》,此程序和方法适用于在我国生产和销售的一切化妆品原料和化妆品产品。

2. 相对的稳定性　化妆品从出厂到顾客手中,再到顾客将化妆品全部用完需要一段时间,在这段时间内要求化妆品的性质,如香气、颜色、形态等方面均无变化。因此,化妆品应具有一定的稳定性,即在一段时间内(保质期内),即使在气候炎热或寒冷的环境中,化妆品也能保持其原有的性质不发生改变。

化妆品的稳定性只是相对的,对一般化妆品来说,要求其在 2~3 年内稳定即可,不可能永久稳定。

3. 良好的使用性　化妆品与药品不同,除要求其安全、稳定外,还必须使消费者乐于使用,不仅需要色、香兼备,而且必须使用舒适,但不同消费者对于化妆品的使用感觉并不完全相同,所以只要产品在使用感上能够满足大多数人群的需求即可。

4. 一定的有效性　化妆品的使用对象是健康人,其有效性主要依赖于配方中的活性物质以及作为构成配方主体的基质的效果。化妆品的有效性应是一种柔和的作用,不仅应具有配方所应达到的一定效应,同时还要达到有助于保持皮肤正常的生理功能以及容光焕发的效果。

从上述化妆品的定义、作用及其特性可以看出,化妆品与外用药品是不同的,其区别主要体现在以下几方面:①对安全性的要求程度不同:化妆品应具有高度的安全性,绝不允许其对人体产生任何刺激及损伤;而由于外用药品使用时间的短暂性,其对人体可能产生的微弱刺激及不良反应在一定范围内是允许的;②使用对象不同:化妆品的使用对象是健康人群,而外用药品的使用对象是患者;③使用目的不同:化妆品的使用目的在于清洁、保护和美化等,而外用药品只用于防病、治病;④外用药品作用于人体后能够影响或改变人体的某一结构或某种功能,而化妆品则不能。虽然某些特殊用途化妆品具有一定的药理活性,但一般都很微弱、很短暂,更不会起到全身作用;而外用药品的药理性能则更强大、深入、持久。许多外用药品在大面积长期涂敷后,可能会出现程度不同的全身反应。

四、化妆品的分类

化妆品品种繁多,形态交错,因此很难科学、系统地对其进行划界分类。目前国际上对化妆品尚没有统一的分类方法,世界各国的分类方法也不尽相同,按化妆品的功用分类的有之,按化妆品的使用部位分类的亦有之,其他还有按剂型分类、按性别及年龄分类等。各种不同的分类方法均有其各自的优缺点。下面仅从化妆品的功用、使用部位和剂型三方面对化妆品的分类进行简要介绍。

1. 按化妆品的功用分类　化妆品按其功用不同可分为清洁类化妆品、护理类化妆品、营养类化妆品、美容类化妆品及特殊用途化妆品五大类。

2. 按化妆品的使用部位分类　化妆品按使用部位不同可分为肤用化妆品、发用化妆品、唇眼用化妆品、指甲用化妆品及口腔用化妆品五类。其中肤用化妆品和发用化妆品根据功用的不同又可分为不同的种类。

3. 按化妆品的剂型分类　化妆品按剂型不同可分为乳剂类化妆品、油剂类化妆品、水剂类化妆品、粉状化妆品、块状化妆品、凝胶类化妆品、膏状化妆品、气雾剂化妆品、笔状化妆品、锭状化妆品等。

五、化妆品的安全风险

1. 化妆品可能引起的不良反应　化妆品可能引起的不良反应主要有皮肤不良反应和全身性的不良反应。其中皮肤不良反应主要包括化妆品接触性皮炎、化妆品光感性皮炎、化妆品皮肤色素异常、化妆品痤疮、化妆品毛发损害以及化妆品甲损害等；全身性的不良反应主要以重金属中毒及致癌致畸为主。

2. 引起化妆品不良反应的主要因素　化妆品不良反应的发生主要与化妆品产品及消费者两方面因素密切相关。

(1) 化妆品方面：化妆品产品本身是引起皮肤不良反应最主要的因素，主要体现为：①产品质量低劣；②微生物感染；③有毒物质含量超标；④违规添加具有毒副作用的药物；⑤化妆品基质原料的刺激；⑥产品说明书未按要求书写使用时的注意事项及警示语。

(2) 消费者方面：消费者自身的一些问题也是引起皮肤不良反应的因素之一，主要包括为：①消费者自身属于过敏体质；②化妆品类型选择不当；③消费者使用化妆品前没有详细阅读产品说明书或没有按要求做相应的皮肤过敏试验；④化妆品使用方法不当：如化妆品涂抹过多、过厚，化妆品的使用顺序不当，使用化妆品后不按时卸妆，以及卸妆方法不当等均可能导致皮肤不良反应的发生。

六、化妆品安全通用要求与安全使用

(一) 化妆品安全通用要求

1. 一般要求

(1) 化妆品应经安全性风险评估，确保在正常、合理及可预见的使用条件下，不得对人体健康产生危害。

(2) 化妆品生产应符合化妆品生产规范的要求。化妆品的生产过程应科学合理，保证产品安全。

(3) 化妆品上市前应进行必要的检验，检验方法包括相关理化检验方法、微生物检验方法、毒理学试验方法和人体安全试验方法等。

(4) 化妆品应符合产品质量安全有关要求，经检验合格后方可出厂。

2. 配方要求

(1) 禁止使用我国《化妆品安全技术规范》(2015 年版)(以下简称《技术规范》)中禁用的物质为化妆品的组分。若技术上无法避免禁用物质作为杂质带入化妆品时，国家有限量规定的应符合其规定；未规定限量的，应进行安全性风险评估，确保在正常、合理及可预见的使用条件下不得对人体健康产生危害。

(2) 对于《技术规范》中限制使用的原料，使用时必须遵循《技术规范》所作规定。

(3) 化妆品配方中所用的防腐剂、防晒剂、着色剂、染发剂，必须是《技术规范》中准许使用的上述物质，使用要求应符合《技术规范》中所规定。

3. 微生物学指标要求　化妆品中微生物指标应符合表 1-1 中规定的限值。

表 1-1 化妆品中微生物指标限值

微生物指标	限值	备注
菌落总数（CFU/g 或 CFU/ml）	≤500	眼部化妆品、口唇化妆品和儿童化妆品
	≤1 000	其他化妆品
霉菌和酵母菌总数（CFU/g 或 CFU/ml）	≤100	
耐热大肠菌群（g 或 ml）	不得检出	
金黄色葡萄球菌（g 或 ml）	不得检出	
铜绿假单胞菌（g 或 ml）	不得检出	

4. 有害物质限值要求 化妆品中有害物质不得超过表 1-2 中规定的限值。

表 1-2 化妆品中有害物质限值

有害物质	限值（mg/kg）	备注
汞	1	含有机汞防腐剂的眼部化妆品除外
铅	10	
砷	2	
镉	5	
甲醇	2 000	
二噁烷	30	
石棉	不得检出	

5. 包装材料要求 直接接触化妆品的包装材料应当安全，不得与化妆品发生化学反应，不得迁移或释放对人体产生危害的有毒有害物质。

6. 儿童用化妆品要求

（1）儿童用化妆品在原料、配方、生产过程、标签、使用方式和质量安全控制等方面除满足正常的化妆品安全性要求外，还应满足相关特定的要求，以保证产品的安全性。

（2）儿童用化妆品应在标签中明确适用对象。

7. 原料要求

（1）化妆品原料应经安全性风险评估，确保在正常、合理及可预见的使用条件下，不得对人体健康产生危害。

（2）化妆品原料质量安全要求应符合国家相应规定，并与生产工艺和检测技术所达到的水平相适应。

（3）原料技术要求内容包括化妆品原料名称、登记号（CAS 号和/或 EINECS 号、INCI 名称、拉丁学名等）、使用目的、适用范围、规格、检测方法、可能存在的安全性风险物质及其控制措施等内容。

（4）化妆品原料的包装、储运、使用等过程，均不得对化妆品原料造成污染。直接接触化妆品原料的包装材料应当安全，不得与原料发生化学反应，不得迁移或释放对人体产生危害的有毒有害物质。对有温度、相对湿度或其他特殊要求的化妆品原料

9

应按规定条件储存。

（5）化妆品原料应能通过标签追溯到原料的基本信息（包括但不限于原料标准中文名称、INCI 名称、CAS 号和 / 或 EINECS 号）、生产商名称、纯度或含量、生产批号或生产日期、保质期等中文标识。属于危险化学品的化妆品原料，其标识应符合国家有关部门的规定。

（6）动植物来源的化妆品原料应明确其来源、使用部位等信息。动物脏器组织及血液制品或提取物的化妆品原料，应明确其来源、质量规格，不得使用未在原产国获准使用的此类原料。

（7）使用化妆品新原料应符合国家有关规定。

（二）化妆品的安全使用

化妆品的安全使用，首先要从选择化妆品入手，只有科学合理地选择化妆品，安全使用化妆品才能够得以保障。

1. 科学合理选择化妆品　在选择化妆品时，应注意以下几方面内容：①关注产品标签标识的内容是否全面，尤其应注意有无化妆品生产许可证号。对于特殊用途化妆品而言，还应标有特殊用途化妆品卫生批准文号；进口化妆品应有中文标签，并应标明进口化妆品卫生许可证批准文号或备案文号。②根据自身皮肤类型、年龄状况以及所处的季节、环境等因素进行合理选择化妆品。选择时把握的最基本原则是任何化妆品均不能影响皮肤的正常分泌、排泄及呼吸等生理功能，且尽可能避免因过度油腻或过度干燥引起的皮肤损害。③孕妇应选择无香料、低乙醇、无刺激性的霜剂或奶液为宜，为确保安全，口红、染发剂、冷烫精之类的化妆品应禁止使用。

2. 安全使用化妆品　主要应注意以下几点：①使用前应认真阅读说明书，对化妆品作全面了解；②身体状况不佳时不宜化妆，面部、唇部患皮肤病时以及眼病未愈时不宜化妆；③不能带妆入睡；④不宜频繁更换化妆品，以免增加皮肤的过敏率，尤其是对于敏感性皮肤而言，在使用一种新的产品之前，应先做皮肤试敏试验，无发红发痒等不适反应时方可使用；⑤合理保存化妆品，应做到防热防冻、防晒防潮、防污染、防过期。

知识链接

如何鉴定化妆品的品质

选购化妆品时，除应注意其合法性外，还应对其品质进行鉴定：①质地要细腻：任何一种膏霜乳剂类化妆品均是质地越细，质量越好。鉴别方法是将少许化妆品均匀涂一薄层在手腕关节活动处，然后手腕上下活动几下，几秒钟后，若化妆品能够均匀而紧密地附着在皮肤上，而且手腕皮纹处没有条纹痕迹的出现，说明此化妆品质地细腻。②色泽要鲜艳：选购化妆品时，要特别注意化妆品的颜色和光泽。应在光线充足的地方观察其色泽是否鲜明。③气味要纯正：品质优良的化妆品散香气优雅，给人以愉悦；香气过重、刺鼻或有怪味，均不符合优质化妆品的要求。

七、化妆品的标签标识

化妆品通用标签包括标签形式、基本原则及必须标注的内容几方面。

1. 标签的形式　根据产品特点,化妆品标签通常采用以下形式:①直接印刷或粘贴在产品容器上的标签;②小包装上的标签;③小包装内放置的说明性材料。

2. 基本原则　化妆品标签的所有内容应简单明了、通俗易懂、科学正确,对产品应如实介绍,不应有夸大和虚假的宣传内容,不应使用医疗用语或易与药品混淆的用语。

3. 必须标注内容　化妆品通用标签中必须标注以下内容。

(1) 产品名称:标注的产品名称应符合国家、行业、企业产品标准的名称,或能够反映化妆品真实属性的、简明易懂的产品名称。若使用新创名称,则必须同时使用化妆品分类规定的名称,反映产品的真实属性。产品名称应标注在包装的主视面。

(2) 制造者的名称和地址:标签中应标明产品制造、包装、分装者的经依法登记注册的名称和地址。对于进口化妆品,应标明原产国及地区名称、制造者名称及地址或经销商、进口商、在华代理商在国内依法登记注册的名称和地址。

(3) 内装物量:标签中应标明容器中产品的净含量或净容量。

(4) 日期标注:日期标注应遵循以下几点:①标注形式(必须按下面两种方式之一进行标注):生产日期和保质期;生产批号和限期使用日期。②标注方法:生产日期标注按年、月或年、月、日顺序标注;保质期标注按保质期 ×× 年或保质期 ×× 月标注;生产批号标注由生产企业自定;限期使用日期标注请在 ×× 年 ×× 月之前使用等语句。③标注部位:日期标记应标注在产品包装的可视面(生产批号除外)。

(5) 生产企业的化妆品生产许可证号和产品执行标准:①《化妆品生产许可证》编号格式为:省、自治区、直辖市简称 + 妆 + 年份(4 位阿拉伯数字)+ 流水号(4 位阿拉伯数字),如粤妆 20160752;②产品执行标准:例如 QB/T2660(QB/T 是指轻工业行业推荐标准;若为 GB,则是指国家标准)。

(6) 特殊用途化妆品须标注特殊用途化妆品卫生批准文号:例如国妆特字 G20120536。

(7) 进口化妆品应标明进口化妆品卫生许可证批准文号或备案文号:对于进口特殊用途化妆品应有批准文号,如国妆特进字 J20080005;对于进口普通化妆品应有备案文号,如国妆备进字 J20094506。

(8) 必要时应注明安全警告和使用指南以及能够满足保质期和安全性要求的储存条件。

(谷建梅)

扫一扫
测一测

复习思考题

1. 化妆品与外用药品的区别有哪些?

2. 通过皮下注射法用于面部组织填充的透明质酸产品是否属于化妆品? 为什么?

3. 我国特殊用途化妆品有何"特殊"性?

第二章

相关基础理论知识

学习要点

各类有机化合物的基本性质及其在化妆品中的主要应用；常用的中药提取与精制方法；影响化妆品透皮吸收的主要因素。

第一节 有机化学基本知识

一、有机化合物的相关概念

（一）有机化合物与有机化学

"有机"即是指来自动植物生命体的意思，最初人们认为有机化合物是在"生命力"的影响下才能生成的物质，是不可能人工合成的。但是，1828年德国青年化学家维勒在实验室里通过加热无机化合物氰酸铵溶液合成了有机化合物尿素；1845年柯尔柏合成了乙酸（CH_3COOH）；特别是1854年，贝特罗合成了脂肪，这一发现引起了巨大轰动，因为脂肪是细胞组织内的物质，它的人工合成意味着"生命力论"被彻底推翻。随着磁共振、质谱、色谱等先进分析仪器的发展，新反应、新试剂的不断涌现，使有机化合物的分离及结构测定更加方便快捷，有机化合物的合成及发现周期大大缩短，现在每年新发现或新合成的有机化合物更是数以万计，有机化学迎来了飞速发展的时代。

有机化合物主要含碳和氢两种元素，有的还含有氧、硫、氮、磷、卤素等元素，因此有机化合物被看作是碳氢化合物及其衍生物，简称有机物。有机化合物广泛存在于自然界中，与人类的生命活动密切相关。

研究有机化合物的组成、结构、性质、合成、应用以及它们之间的相互变化规律的科学就是有机化学，有机化合物分子中都含碳元素，因此有机化学又称碳的化学。

有机化合物有千万种以上，它们都有如下的一些共同特点：绝大多数可燃，生成二氧化碳和水等；一般难溶于水，易溶于有机溶剂；熔点较低；有机化合物反应速度较慢，并常伴有副反应。

（二）有机化合物的结构特点

1. 原子核外的电子排布规律 原子是由质子、中子和电子构成的,质子和中子在原子核中,而电子在原子核外做高速运动,质子带一个单位正电荷,电子带一个单位负电荷,中子不带电,因此质子数和电子数是相等的,也等于该元素在周期表中的原子序数。原子核外的空间可以分为若干层,即电子层;电子层离核越远,层数越高,能量也越高。核外的电子按照能量高低的顺序依次填充在每个电子层中,每个电子层最多所能容纳的电子数为 $2n^2$（n 为电子层数）,如第一层至第三层最多容纳的电子数分别为 2、8、18。主族元素的最外层电子未填满,这层的电子能量最高,在化学反应中易得失电子,因此,又称为价电子层。

2. 共价键 分子中原子与原子之间的强烈的作用力称为化学键。由成键的两个原子共同提供成单电子形成共用电子对,共用电子对能与成键的两原子相互吸引,这样形成的化学键称为共价键。共价键有共价单键、双键和三键三种。成键的两原子共用一对电子的为共价单键,通常用一条短线来表示;共用两对电子的为共价双键,通常用两条短线来表示;共用三对电子的为共价三键,通常用三条短线来表示。如:H—Cl,即表示氯化氢分子中存在一个共价单键;O＝C＝O 则表示 CO_2 分子中 C 与每个 O 之间共用了两对电子,形成两个共价双键;HC≡CH 则表示分子中 C 与 C 之间共用了三对电子,形成了共价三键。一个原子能形成几个共价键取决于其最外层达到饱和结构所需要的电子数。

3. 有机化合物中常见元素原子的成键特点

（1）碳原子的成键特点:碳元素的原子序数为6,原子核外有6个电子,第一层有2个电子已经饱和;第二层（最外层）有4个电子,这4个电子能分别和其他原子的4个价电子配对形成四个共价键,使最外层达到8电子饱和结构,这就是碳的四价说。碳原子在成键时可以形成单键、双键和三键,碳的这种成键特点以及碳连接方式和顺序的不同、分子中碳原子个数的不同、所含元素和基团种类的不同等都会产生不同的物质,形成了有机物种类的多样性。

（2）氢原子的成键特点:氢元素的原子序数为1,原子核外只有一个电子层,电子数为1,这层可以填充2个电子,因此,它只能与1个电子配对达到饱和结构,形成一个共价键。

（3）氧原子的成键特点:氧元素的原子序数为8,最外层有6个电子,可与2个电子配对达到8电子饱和结构,形成两个共价键。

（4）氮原子的成键特点:氮元素的原子序数为7,最外层有5个电子,能与3个电子配对达到8电子饱和结构,形成三个共价键。氮和其他原子形成三个共价键后,价电子层还有一对电子只被氮原子本身所利用,这对电子称为孤对电子,这对电子可与氢离子（H^+）结合,因此,含氮的有机物通常具有碱性。

（三）有机酸碱的概念

有机化合物中有很多是酸或碱,而且许多反应需要酸或碱催化,因此,酸碱的概念对于理解化合物的性质、理解化妆品中某些功能性成分的作用是十分重要的。酸碱理论主要有电离理论、质子理论和电子理论。

1. 酸碱的电离理论 酸碱电离理论认为:在水中能够电离出氢离子（H^+）的物质是酸,能够电离出氢氧根离子（OH^-）的物质是碱。电离理论只适用于水溶液,因此有

较大的局限性。

2. 酸碱的质子理论　酸碱质子理论认为：凡是能够给出质子(H^+)的物质是酸，凡是能够接受质子(H^+)的物质是碱。酸碱质子理论把酸碱概念扩大到了非水体系中。

3. 酸碱的电子理论　酸碱电子理论认为：能够接受电子对的物质是酸，能够给出电子对的物质是碱。这一理论不要求分子中一定要有氢，因此，它的应用更加广泛。

知识链接

原子轨道及其电子排布

原子核外的电子都在各自一定的空间中运动，这个空间被称为轨道。轨道按照离核的远近被分为若干层，即电子层，共有 7 层。每个电子层又可分成不同的亚层，第一层有 s 亚层；第二层有 s、p 亚层；第三层有 s、p、d 亚层；第四层有 s、p、d、f 亚层；第五层有 s、p、d、f 亚层；第六层有 s、p、d 亚层；第七层有 s、p 亚层。s、p、d、f 各亚层所含的轨道数分别为 1、3、5、7，每个轨道最多容纳 2 个电子，因此 s、p、d、f 各亚层所能容纳的最多电子数分别为 2、6、10、14，第一层、第二层、第三层最多容纳的电子数分别为 2、8、18。核外电子总是首先占据能量最低的轨道，只有当能量最低的轨道都占满之后，才会依次进入能量更高的轨道；同一个电子层中，各亚层按 s、p、d、f 次序能量依次增高；不同电子层，层数越高，能量越高；同一电子层同一亚层上的不同轨道具有相同的能量，排布时电子会尽量分占不同的轨道。

（四）有机化合物的结构表示

有机化合物中原子相互连接的顺序和方式称为构造，表示分子构造的化学式称为构造式。有机化合物的构造式主要有：结构式（又称蛛网式）、结构简式（又称缩写式）和键线式。其表示方式见表 2-1。

表 2-1　有机化合物构造表示式

举例	结构式	结构简式	键线式
戊烷	H H H H H H—C—C—C—C—C—H H H H H H	$CH_3CH_2CH_2CH_2CH_3$ 或 $CH_3—CH_2—CH_2—CH_2—CH_3$	
2-甲基戊烷	H H H H H—C—C—C—C—H H H H H H—C—H H	$CH_3CH_2CH_2CHCH_3$ $\quad CH_3$ 或 $CH_3—CH_2—CH_2—CH—CH_3$ $\qquad\qquad\qquad CH_3$	
2-戊烯	H H H H H—C—C—C=C—C—H H H H H	$CH_3CH_2CH=CHCH_3$ 或 $CH_3—CH_2—CH=CH—CH_3$	

结构式是把分子中的所有原子和它们的成键方式完全表示出来的式子，它能完整的表示结构，但是过于累赘，很少使用；键线式只表示出碳链或碳环（统称碳架），碳

原子和氢原子的符号在式中不写出,只写出与碳相连的杂原子或原子团,碳上两个键的夹角与键角接近,它是构造表示式中最简单的一种,在环状化合物中经常用键线式来表示;结构简式是在结构式的基础上省去了碳氢键,每个碳原子周围的氢合写在碳元素旁边,数目用下标形式写在氢的右下角,结构简式具有直观、相对也比较简单的特点,在链状化合物中经常使用。

二、有机化合物的分类

有机化合物种类繁多,主要有两种分类方法:一是按碳架分类,二是按官能团分类。

(一) 按碳架分类

根据碳链骨架的不同可将有机物分为开链化合物、碳环化合物和杂环化合物。

1. 开链化合物　此类化合物分子中碳原子间(有时也含有 O、S、N 等原子)相互连接成链状的结构(可以有支链),故称链状化合物或开链化合物。由于这类化合物最初是从脂肪中发现的,故又将其称为脂肪族化合物。例如:

$$CH_3(CH_2)_{16}COOH \qquad CH_3CHCH_2CH_2CH_3$$
$$| $$
$$CH_3$$

　　　十八碳酸(十八烷酸)　　　　　2-甲基戊烷

2. 碳环化合物　分子中碳原子间相互连接成环状结构的化合物称为碳环化合物。根据碳环结构和性质的不同,又可分为脂环族化合物和芳香族化合物。

(1) 脂环族化合物:此类化合物可看作开链化合物碳链的两端相接而形成的一类环状化合物,它们在性质上与链状化合物相似,故又称为脂环族化合物。例如:

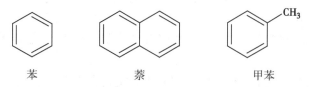

　　环己烷　　　　环戊烷　　　　环戊二烯　　　　环己醇

(2) 芳香族化合物:此类化合物分子中都含有苯环或稠合苯环结构。它们无论从结构上还是从性质上都不同于脂环族化合物。由于最初是从具有芳香气味的有机物中发现的,故称其为芳香族化合物。例如:

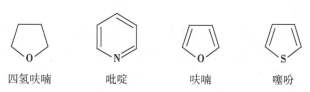

　　　苯　　　　　　　萘　　　　　　　甲苯

3. 杂环化合物　此类化合物也具有环状结构,但组成环的原子除碳原子外还含有其他元素的原子(主要为 O、S、N 等)。例如:

　　四氢呋喃　　　吡啶　　　　呋喃　　　噻吩

（二）按官能团分类

决定某一类有机化合物主要化学性质的原子或原子团称为官能团。一般来讲，含有相同官能团的化合物具有相似的化学性质，因此将它们归为一类化合物。有机物中常见的官能团及其相对应的有机化合物的类别列于表2-2。

表 2-2　常见化合物类别及其官能团

化合物类别	官能团		实例	
烯烃	$>C=C<$	碳碳双键	$CH_2=CH_2$	乙烯
炔烃	$—C\equiv C—$	碳碳三键	$HC\equiv CH$	乙炔
卤代烃	$—X$	卤原子	CH_3CH_2Cl	氯乙烷
醇、酚	$—OH$	羟基	CH_3CH_2OH	乙醇
醚	$—C—O—C—$	醚键	$CH_3CH_2OCH_2CH_3$	乙醚
醛、酮	$>C=O$	羰基	CH_3COCH_3	丙酮
羧酸	$—\overset{O}{\underset{\parallel}{C}}—OH$	羧基	CH_3COOH	乙酸
酯	$—\overset{O}{\underset{\parallel}{C}}—O—$	酯基	$CH_3COOCH_2CH_3$	乙酸乙酯
胺	$—NH_2$	氨基	$CH_3CH_2NH_2$	乙胺
磺酸	$—SO_3H$	磺酸基	$\langle\bigcirc\rangle—SO_3H$	苯磺酸

三、有机化合物的命名

有机化合物种类繁多，结构复杂，又存在多种同分异构现象，必须有一个完善的命名方法才能把它们区别开来。有机化合物的命名是有机化学的重要内容之一。有机化合物的命名方法主要有普通命名法和系统命名法，下面以烃类化合物为重点阐明其命名方法，其他类别有机化合物的命名方法与烃类化合物类似。

（一）烃的命名

烃是碳氢化合物的简称，包括脂肪烃和芳香烃。脂肪烃又可分为烷烃、烯烃和炔烃。

1. 烷烃的命名　烷烃的命名是命名各类有机化合物的基础，非常重要。

（1）普通命名法：较简单的烷烃往往采用普通命名法，含1~10个碳原子的直链烷烃碳原子数用天干"甲、乙、丙、丁、戊、己、庚、辛、壬、癸"表示，从含11个碳原子的烷烃起用汉字数字表示。

从丁烷开始的烷烃有同分异构现象，用正、异和新词头区别同分异构体。"正"表示直链烷烃，"异"和"新"分别表示碳链一端为异丙基$[(CH_3)_2CH—]$和叔丁基$[(CH_3)_3C—]$的烷烃，例如：

$$CH_3CH_2CH_2CH_2CH_3 \qquad \underset{\underset{CH_3}{|}}{CH_3CHCH_2CH_3} \qquad \underset{\underset{CH_3}{|}}{\overset{\overset{CH_3}{|}}{CH_3{-}C{-}CH_3}}$$

正戊烷　　　　　　　　异戊烷　　　　　　　新戊烷

这种命名方法应用范围有限,从含 6 个碳以上的烷烃开始便不能用本法区分所有的同分异构体了。

（2）系统命名法:系统命名法是应用最广泛的命名方法。其命名过程如下:

1）选主链:找出最长的碳链当主链,依主链碳数命名烷烃,前 10 个依次以天干(甲、乙、丙……癸)代表碳数,碳数多于 10 个时,以汉字数字表示,之后加上碳烷两字,若是烯烃或炔烃,则主链中应含有碳碳双键或碳碳三键,支链可看作是取代基。例如:下例化合物的最长碳链含有 8 个碳原子,因此把其称为辛烷。

$$\underset{\underset{\overset{CH_2CH_2CH_3}{5\ \ 6\ \ 7\ \ 8}}{|}}{CH_3CH_2CH_2\overset{4}{C}H\overset{3}{C}\underset{\overset{2}{\underset{|}{CH_3}}}{H_2}\overset{1}{C}HCH_3}$$

2- 甲基 -4- 丙基辛烷

2）给主链碳原子编位次:从靠近取代基的一端开始编号,使取代基的位次最小。

3）定名称:把取代基名称及其所连主链碳的位次按取代基基团由小到大的顺序依次列出,放在母体某烷的前面,取代基位次和名称之间用短线隔开,不同的取代基之间也用短线隔开,相同的取代基合并在一起列出。例如:

$$\underset{\underset{CH_2CH_2CH_3}{|}}{CH_3CH_2CH_2\overset{\overset{CH_3CH_3}{|\ \ \ |}}{CHCHCH}CH_3} \qquad \underset{\underset{CH_3}{|}}{CH_3\overset{\overset{CH_2CH_3}{|}}{CH}CHCH_2CH_3}$$

2,3- 二甲基 -4- 丙基辛烷　　　　3,4- 二甲基己烷

确定基团大小的次序规则如下:

先比较与主链相连的第一个原子的原子序数,原子序数大者为大基团,若第一个原子相同,依次比较第二个、第三个,直到比出大小为止,若基团含有双键或三键,则可看成连接两个或三个相同的原子。例如:

$$—CH(CH_3)_2 > —CH_2CH_2CH_3 > —CH_2CH_3 > —CH_3$$

下面为几例烃类化合物及其命名:

$$\underset{\underset{CH_3}{|}}{CH_3\overset{\overset{CH_3}{|}}{CH}CH{=}CHCH_3} \qquad$$

4- 甲基 -2- 戊烯　　　　　　1,2- 二甲基环戊烷

$$CH_3CH_2CH_2C{\equiv}CH \qquad\qquad CH_3(CH_2)_{10}CH_3$$

1- 戊炔　　　　　　　　　十二碳烷

2. 化妆品中常用的烃类原料　烃类化合物在化妆品中应用非常广泛,尤其是烷烃类化合物,它们具有化学性质稳定、价格便宜等优势,广泛地用作膏霜乳剂类化妆

品的基质原料。

（1）液体石蜡：又称白油。主要成分为16~20个碳原子的液体烷烃的混合物。

（2）固体石蜡：主要成分为20~40个碳原子的固体烷烃混合物。

（3）凡士林：主要成分是18~32个碳原子的软膏状半固体烷烃混合物。

（4）地蜡：主要成分为25个碳以上的带长侧链的环烷烃和异构烷烃及少量的直链烷烃和芳烃的固体烷烃混合物。

（5）角鲨烷：是含有30个碳原子的角鲨烯经氢化后而制得的饱和烷烃。

（二）含氧有机化合物的命名

1. 含氧有机化合物的命名原则　含氧有机化合物主要包括醇、酚、醚、醛、酮、羧酸以及羧酸的衍生物（酰胺、酰卤、酸酐和酯）等。以上含氧有机化合物除醚和酚以外，其系统命名法与烷烃类似，即选择一条含有官能团碳或与官能团相连碳的最长碳链作为主链，从靠近官能团的一端开始编号，命名时称某醇、某酸、某醛、某酮等，除醛和羧酸外，命名时主官能团的位次也应指出（醛基和羧基官能团位次通常为1，因此可省略）。

2. 化妆品中常见的含氧有机物原料及其名称

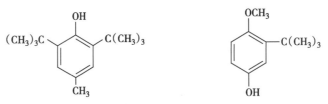

$CH_3-CH-CH_3$ 　$CH_3-CH-CH_2$ 　$CH_3-\underset{CH_3}{\overset{CH_3}{C}}-OH$
　|　　　　　　　　|　　|
　OH　　　　　　　OH　OH

2-丙醇（异丙醇）　　1,2-丙二醇　　　2-甲基-2-丙醇（叔丁醇）　　　苯酚

$(CH_3)_3C$ 　　　　　　　$C(CH_3)_3$
　　　　　CH₃

2,6-二叔丁基-4-甲基苯酚（抗氧剂246）　　　2-叔丁基-4-羟基苯甲醚

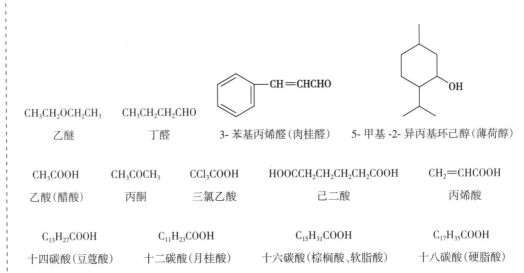

$CH_3CH_2OCH_2CH_3$　　$CH_3CH_2CH_2CHO$　　　$CH=CHCHO$

乙醚　　　　　　　　丁醛　　　　3-苯基丙烯醛（肉桂醛）　　5-甲基-2-异丙基环己醇（薄荷醇）

CH_3COOH　　　CH_3COCH_3　　　CCl_3COOH　　　$HOOCCH_2CH_2CH_2CH_2COOH$　　　$CH_2=CHCOOH$

乙酸（醋酸）　　　丙酮　　　　三氯乙酸　　　　　己二酸　　　　　　　　　丙烯酸

$C_{13}H_{27}COOH$　　　$C_{11}H_{23}COOH$　　　　$C_{15}H_{31}COOH$　　　　$C_{17}H_{35}COOH$

十四碳酸（豆蔻酸）　十二碳酸（月桂酸）　十六碳酸（棕榈酸、软脂酸）　十八碳酸（硬脂酸）

$CH_3(CH_2)_7CH=CH(CH_2)_7COOH$

9-十八碳烯酸(油酸)

$CH_3(CH_2)_4CH=CHCH_2CH=CH(CH_2)_7COOH$

9,12-十八碳二烯酸(亚油酸)

$CH_3CHCOOH$
        $|$
        OH

α-羟基丙酸(乳酸)

3,4,5-三羟基苯甲酸(没食子酸)

苯甲酸(安息香酸)

邻羟基苯甲酸(水杨酸)

丙三醇(甘油)

3-羟基-3-羧基戊二酸(柠檬酸)

丙氨酸

半胱氨酸

$HOCH_2CH_2NH_2$

乙醇胺

$CH_3COOCH_2CH_2CH_3$

乙酸丁酯

$CH_3COOC_2H_5$

乙酸乙酯

对羟基苯甲酸甲酯

邻羟基苯甲酸苄酯(水杨酸苄酯)

$(HOCH_2CH_2)_3N$

三乙醇胺

$C_{12}H_{25}OSO_3Na$

十二烷基硫酸钠

$C_{12}H_{25}SO_3Na$

十二烷基磺酸钠

单硬脂酸甘油酯

三棕榈酸甘油酯

磷脂酰胆碱(卵磷脂)

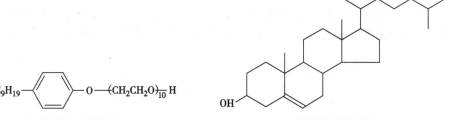

壬基酚聚氧乙烯醚(OP-10)

胆固醇(胆甾醇)

四、有机化合物的基本性质

(一) 烃

根据碳原子间化学键的不同,烃可分为烷烃、烯烃和炔烃。烷烃分子中全是饱和的共价单键,其化学性质比较稳定,对强酸、强碱、氧化剂和还原剂通常都不起反应。但在一定条件下,C—H 键和 C—C 键也可断裂而发生某些化学反应,如:高级烷烃石蜡能部分氧化得到高级脂肪酸,该脂肪酸可作为生产肥皂的原料:

$$R{-}H + O_2 \xrightarrow[\triangle]{MnO_2} R'COOH$$

烯烃以及炔烃由于含有不饱和的碳碳双键或三键,性质较活泼,易发生加成、氧化、聚合等反应。

1. 加成反应　烯烃可与 H_2、X_2、HX、浓 H_2SO_4 等反应生成饱和烃、邻二卤化物、卤化物等。例如:烯烃与氢气的加成:

$$>\!C{=}C\!< \; + \; H_2 \xrightarrow{\text{催化剂}} \underset{\underset{H}{|}}{-}\overset{\underset{}{}}{C}\!-\!\underset{\underset{H}{|}}{\overset{}{C}}\!-$$

2. 氧化反应　在氧化剂(甚至是空气中的氧)的作用下,烯烃的碳碳双键可被氧化,生成醛、酮、羧酸、CO_2 等。例如油脂的酸败就是因为油脂中的不饱和脂肪酸中的双键在空气中的氧、水分和微生物的作用下,发生氧化变质,生成具有臭味的醛、酮和羧酸等物质。

3. 聚合反应　烯烃在一定条件下可发生分子间的自身加成,生成分子量很大的聚合物。

$$nH_2C{=}CH_2 \xrightarrow{\text{高温、高压}} \left[\!\!\!\begin{array}{c} H_2C{-}CH_2 \end{array}\!\!\!\right]_n$$

(二) 醇

1. 醇的结构与分类　醇是脂肪烃分子中的氢原子被羟基取代后生成的化合物,可用 R—OH 表示,羟基(—OH)是醇的官能团。醇分子中因羟基的存在而具有了一些其他类化合物所不具备的性质,如在水中的溶解度增加。醇的分类方法有几种,根据分子中含羟基的数目,可以将醇分为一元醇、二元醇及多元醇等。例如:

$$CH_3CH_2OH \qquad\qquad \underset{\overset{|}{OH}\;\overset{|}{OH}\;\overset{|}{OH}}{H_2C{-}CH{-}CH_2}$$

乙醇(一元醇)　　　丙三醇(多元醇)

也可以根据与羟基所连的碳原子种类的不同,将醇分为一级醇(伯醇 1°)、二级醇(仲醇 2°)、三级醇(叔醇 3°)。这种分类方法更为常见,它与醇的性质密切相关。当与羟基所连的碳原子只连有一个烃基时为伯碳,对应的醇为伯醇,连有两个烃基时为仲碳,对应的醇为仲醇,连有三个烃基时为叔碳,对应的醇为叔醇。例如:

RCH$_2$OH　　　　　　RCHR$_1$　　　　　R—C—R$_2$
　　　　　　　　　　　　OH　　　　　　　　OH

伯醇(1°醇)　　　　仲醇(2°醇)　　　　叔醇(3°醇)

2. 醇的基本性质

(1) 熔沸点：醇分子中由于羟基的存在，可形成分子间氢键，因此，醇的熔沸点较相应的烷烃高得多。例如甲醇的沸点比甲烷高 229℃，乙醇的沸点比乙烷高 167℃，但随着分子量的增大，这种差距愈来愈少。例如，正十二醇与正十二烷的沸点仅相差 25℃。

低级的一元饱和醇为无色液体，具有特殊气味，高于 11 个碳原子的醇在室温下为固体，多数无臭无味。

(2) 水溶解性：醇羟基间不仅能形成分子间氢键，在水中也能与水分子形成氢键。因此，低级醇能与水混溶，如甲醇、乙醇；羟基越多，形成的氢键越多，水溶性越好，如甘油、1,2- 丙二醇等可与水混溶；但随着分子量的增大，醇类化合物的水溶性降低，脂溶性增强，如十六醇（鲸蜡醇）、十八醇（硬脂醇）等难溶于水。

(3) 化学性质：醇可被氧化成醛、酮、羧酸等；可和酸发生酯化反应；可与强的金属如钠、镁等反应放出氢气。

3. 醇类原料在化妆品中的主要用途 应用在化妆品中的醇类原料有低级醇（C_5 以下）和高级醇（C_{12} 以上），以及一元醇和多元醇之分。

低级一元醇一般多作为溶剂来使用，如乙醇、异丙醇、丁醇、戊醇等；高级醇由于其亲水性降低，在化妆品中作为油相原料，主要用作膏霜乳剂类化妆品的增稠剂、乳化稳定剂、润肤剂等，如鲸蜡醇、硬脂醇、油醇（十八碳的不饱和醇）等；而低级多元醇由于强的吸水性，在化妆品中常用作保湿剂，如丙三醇（甘油）、山梨醇等。

 知识链接

氢 键

氢键是一种分子间的作用力，氢键的形成需要两个条件，一是有一个与电负性较大的元素的原子如氧、氟、氮等相连的氢原子。由于氢核外只有一个电子，与电负性大的元素的原子相连后，共用电子对偏向电负性大的原子，致使这个氢基本上等于一个裸露的核，带有较多的正电。二是有一个电负性较大的元素的原子，这个原子带有较多的负电，可以很好地接近另一分子的带有较多正电的氢，从而形成氢键。氢键从本质上来说仍是一种静电引力（分子间作用力），它比范德华力大得多，比化学键力小得多。

（三）酚

羟基（—OH）直接连在苯环上的化合物称为酚。除少数烷基酚如间甲基苯酚为液体外，多数为无色晶体，多数有强烈气味。由于酚羟基能与水形成氢键，因此在水中具有一定的溶解度。酚具有一定的酸性，其酸性比水的强，可和氢氧化钠反应生成水，因此能溶于氢氧化钠溶液中。

$$\text{C}_6\text{H}_5\text{—OH} + \text{NaOH} \longrightarrow \text{C}_6\text{H}_5\text{—ONa} + \text{H}_2\text{O}$$

酚也容易被氧化，在空气中就能被氧化成有颜色的醌。利用此性质，酚类常用作

工业、食品中的抗氧化剂。

$$\text{（苯酚结构式）} \xrightarrow{[O]} \text{（对苯醌结构式）}$$

酚类原料在化妆品中主要用作抗氧化剂,如维生素 E 及 2,6- 二叔丁基 -4- 甲基苯酚等。

维生素 E 为黄色油状液体,为一种天然存在的酚,广泛分布在植物中,因它与动物的生殖功能有关,故又称生育酚,是一种天然的自由基清除剂和抗氧化剂。

维生素 E

(四) 醛和酮

醛和酮分子中都含有羰基($>$C=O),当羰基连接一个氢原子和一个烃基时是醛(RCHO);当羰基连接两个烃基时是酮(RCOR′)。低级醛、酮可与水混溶,随着分子量的增加,醛、酮在水中的溶解度减小。如丙酮在化妆品中可作为溶剂,它对有机物和水都有比较好的溶解性。

由于醛、酮分子间不能形成氢键(没有与电负性大的元素原子相连的氢),因此,其沸点比相应的醇低得多。低级脂肪醛、酮常温下一般为液体。

在植物中存在的某些中级醛、酮及芳香醛具有特殊的芳香气味,可作为化妆品的香料,如苯甲醛、肉桂醛、2- 庚酮等。此外,脱氢乙酸是一种常用的防腐剂,可用于食品、化妆品中,从其结构看,其实可看作是一种酮,而不是酸,结构式如下:

脱氢乙酸

(五) 羧酸

分子中含有羧基(—COOH)的化合物称为羧酸。羧酸可看作烃分子中的氢被羧基取代的衍生物,其通式可写成 RCOOH。羧酸分子中的烃基上的氢原子被其他原子或原子团取代的化合物称为取代羧酸。羧酸和取代羧酸广泛存在于自然界中,如乳酸、柠檬酸、苹果酸、草酸、丁二酸、巴豆酸等。

根据分子中与羧基相连的烃基的不同和羧基数目的不同,羧酸可分为脂肪羧酸、芳香羧酸;饱和羧酸、不饱和羧酸;一元羧酸和多元羧酸等。

低级的饱和一元羧酸为液体,$C_4 \sim C_{10}$ 的羧酸都具有强烈的刺鼻气味或恶臭,如丁酸就有腐败奶油的臭味,许多哺乳动物皮肤上的排泄物就含有这种羧酸。高级的饱和一元羧酸为蜡状固体,挥发性低,没有气味。脂肪族二元羧酸和芳香酸都是结晶固体。

在羧酸分子的羧基之间可以形成分子间氢键,产生二聚体,如下式:

$$R-C\overset{O\ \ -----\ HO}{\underset{OH\ -----\ O}{}}C-R$$

羧酸二聚体

液态甚至气态羧酸都可能有二聚体存在,因此羧酸的沸点比分子量相近的醇的沸点还要高。羧酸与水分子也能形成强的氢键,所以,在饱和一元羧酸中,甲酸至丁酸可与水混溶,其他羧酸随碳链的增长,憎水的烃基愈来愈大,水溶性迅速降低,高级一元羧酸不溶于水,而溶于有机溶剂中,芳香酸的水溶性较小。

羧酸是一种弱酸,可以和碱反应生成盐,也能和醇、胺(RNH$_2$)、另一分子羧酸等发生脱水反应生成酯、酰胺、酸酐等。

1. 酸性　羧酸可以和碱如氢氧化钠发生成盐反应。

$$CH_3COOH + NaOH \longrightarrow CH_3COONa + H_2O$$

2. 酯化反应　羧酸和醇脱水生成酯的反应称为酯化反应。在酯化反应中,羧酸一般脱去—OH,醇脱去—H。

$$C_{17}H_{35}COOH + \underset{\ \ \ \ \ \ \ OH\ OH\ OH}{CH_2-CH-CH_2} \underset{\triangle}{\overset{H^+}{\rightleftharpoons}} \underset{CH_2-O-\underset{O}{C}-C_{17}H_{35}}{\overset{H_2C-OH}{\overset{|}{HC-OH}}} + H_2O$$

硬脂酸　　　　甘油　　　　　　　单硬脂酸甘油酯

在食品及化妆品中,有机酸是一类常用的防腐剂,如:山梨酸、水杨酸、苯甲酸等;硬脂酸是制作膏霜类化妆品的原料,单硬脂酸甘油酯是制备化妆品常用的辅助乳化剂,应用广泛。

知识链接

化妆品中常用羧酸类原料的化学名称与俗名对照

十二碳酸——月桂酸;十四碳酸——豆蔻酸;十六碳酸——棕榈酸;十八碳酸——硬脂酸;苯甲酸——安息香酸;3,4,5-三羟基苯甲酸——没食子酸;邻羟基苯甲酸——水杨酸;α-羟基丙酸——乳酸;3-羟基-3-羧基戊二酸——柠檬酸;丁二酸——琥珀酸;2-羟基丁二酸——苹果酸;乙二酸——草酸;2,4-己二烯酸——山梨酸。

(六) 酯类

酯类可看作羧酸和醇脱水后的产物,其结构可表示为$R-\overset{O}{\overset{\|}{C}}-O-R'$,其广泛分布于自然界中,大多数比水轻,难溶于水,低级酯是具有芳香气味的液体,高级酯为蜡状固体。

在一定的条件下,酯可水解为羧酸和醇,是酯化反应的逆反应。

$$R-\overset{O}{\overset{\|}{C}}-OR' + H_2O \underset{\triangle}{\overset{H^+}{\rightleftharpoons}} RCOOH + R'OH$$

这是一个可逆反应,常温下反应很慢,但在酸或碱的催化下,可加速反应的发生。

酯类原料在化妆品中应用广泛。油质原料中的蜡类原料的主要成分就是高级脂肪酸与高级脂肪醇所形成的酯,在化妆品中具有滋润皮肤、防止皮肤粗糙、减轻产品油腻感、改善产品性能等作用,如棕榈蜡、木蜡、小烛树蜡、蜂蜡、鲸蜡、羊毛脂、霍霍巴油等。此外,尼泊金酯系列是化妆品中具有很长应用历史现仍广泛使用的一类防腐剂,它是对羟基苯甲酸的甲酯、乙酯、丙酯及丁酯。

(七) 多糖

糖又称为碳水化合物,是因为绝大多数分子式可以写成 $C_m(H_2O)_n$ 的形式,其结构为多羟基醛或多羟基酮,如葡萄糖:

$$
\begin{array}{c}
CHO \\
H-C-OH \\
OH-C-H \\
H-C-OH \\
H-C-OH \\
CH_2OH
\end{array}
$$

单糖是一种易溶于水而难溶于有机物的结晶性固体,这是由于其结构中含有多个羟基,它们能与水形成氢键而易溶解于水。糖分子间的多个羟基之间有较强的吸引而形成结晶性固体。多个单糖分子之间脱水即可形成多糖,多糖一般难溶于水,少数形成胶体溶液。下面对最常见的多糖——纤维素和淀粉加以简要介绍。

1. 纤维素　纤维素是自然界中分布最广,存在量最多的有机物,它是植物细胞的主要成分。它的基本结构单元是葡萄糖,由葡萄糖分子之间脱水连接而成,不溶于水及有机溶剂。天然纤维素分子含有 1 000~1 500 个葡萄糖单元,相当于 1.6 百万 ~2.4 百万分子量。

2. 淀粉　淀粉是自然界中分布量仅次于纤维素的多糖,存在于植物的种子和块根中,是人类获取糖的主要来源,为白色、无臭、无味的粉状物质。天然淀粉可分为直链淀粉和支链淀粉。直链淀粉难溶于冷水,但在热水中有一定的溶解度,支链淀粉不溶于水。淀粉中一般含有 20%~30% 的直链淀粉。直链淀粉一般由 250~300 个葡萄糖单元连接而成,支链淀粉一般含有 6 000~40 000 个葡萄糖单元。

以天然纤维素为原料合成的具有胶性的多种纤维素衍生物(如纤维素醚类)以及变性淀粉(如环糊精)被广泛用于化妆品中,具有增黏、增稠、成膜及保湿等多种作用。

(八) 胺类

胺可以看作氨分子(NH_3)中的氢原子被烃基取代的产物。根据氢被取代的情况,胺可分为伯胺、仲胺和叔胺。取代一个氢的是伯胺,取代两个氢的是仲胺,取代三个氢的是叔胺,叔胺还可以再与一个烃基结合,形成铵盐。

RNH_2	R_2NH	R_3N	$R_4N^+X^-$
伯胺	仲胺	叔胺	季铵盐

三种胺分子都可以和水分子形成氢键,所以低级胺在水中有一定的溶解度,而高级胺难溶于水。胺上的氮有一对未利用的孤对电子,因此三种胺都具有碱性,都可以

和酸发生酸碱成盐反应。胺的另外一个重要化学性质是叔胺与卤代烃生成季铵盐的反应：

$$R_3N \ + \ RX \xrightarrow{\triangle} [R_4\overset{+}{N}]X^-$$

季铵盐是两亲物质，带正电的氮原子亲水，而长链的烃基亲油，因此，是一类重要的阳离子表面活性剂。

由于胺的碱性，胺类在化妆品中可以做 pH 值调节剂，如三乙醇胺。季铵盐除可用作表面活性剂，还可以用作防腐杀菌剂，如十二烷基二甲基苄基氯化铵。

三乙醇胺   十二烷基二甲基苄基氯化铵　R＝C$_{12}$H$_{25}$

十二烷基二甲基苄基氯化铵易溶于水，对皮肤无刺激，在极低的浓度下即具有杀菌、消毒的能力，还可用作油 / 水型乳化剂。

对苯二胺几乎用于每种染发剂中，使用浓度越高颜色越黑。

(九) 氨基酸及蛋白质

1. 氨基酸　氨基酸是广泛存在于动植物中的一类含氮有机物，由于其分子结构中既有氨基，又有羧基，所以称为氨基酸。氨基的位置又可以用 α、β、γ、δ 来编号，从羧基邻位碳开始沿着碳链依次往后连接的氨基分别称为 α- 氨基酸、β- 氨基酸、γ- 氨基酸，末端碳上连接氨基的则称为 ω- 氨基酸，自然界中大多数是 α- 氨基酸。

α- 氨基酸　　　　　β- 氨基酸　　　　　　ω- 氨基酸

由于氨基酸分子中同时有酸性基团和碱性基团存在，因此可以发生分子内的酸碱反应形成内盐，因此，它们通常是以内盐的形式存在，结构表示如下：

氨基酸难溶于非极性溶剂，而易溶于水中，具有接近 300℃的高熔点（较强的离子键力）。当氨基酸的水溶液碱化时，偶极离子将转变成阴离子；当氨基酸溶液酸化时，偶极离子将转变成阳离子，阴离子和阳离子的量将根据溶液的 pH 值而定。

2. 蛋白质　蛋白质是与人类生命活动密切相关的基础物质之一，不仅是人体各个组织器官的组成成分，而且几乎主导着全部的生命活动，具催化作用的酶类基本为蛋白质，调节机体代谢的激素类、与免疫功能有关的抗体等大多也是蛋白质，所以没有蛋白质就没有生命。

蛋白质是由氨基酸通过肽键（酰胺键）组成的高聚物，可包括 100~1 000 个氨基酸残基，相对分子质量可高达十几万以上，蛋白质是生物体内最复杂的物质。构成蛋白质的氨基酸主要有 20 种，而且它们除脯氨酸外都是 α- 氨基酸，其结构表示如下，其

中 R 代表侧链基团,不同的 α- 氨基酸具有不同的 R 烃基。

$$R-CH-COOH$$
$$|$$
$$NH_2$$

应用于化妆品中的蛋白质有很多种,常用的有胶原蛋白、弹性蛋白、金属硫蛋白、丝蛋白等。

（吴　蕾）

第二节　中药原料的提取与精制

作为功能性原料,中药具有营养肌肤、延缓衰老以及治疗皮肤病等美容作用,在化妆品中已得到广泛应用。中药在化妆品中的添加形式主要有中药有效成分、中药有效部位、中药粗提物以及中药全粉,其中以中药有效部位、中药粗提物应用较多。

一、中药化学成分的种类

中药中所含化学成分极其复杂,不同中药含有不同的化学成分,每种中药都是多种化学成分的混合物,少则十几种,多则几十种,甚至更多。其中很多化学成分具有生理活性,是发挥美容作用的有效成分,可对人体产生不同的药理作用。与美容关系密切的化学成分主要有以下几类。

（一）氨基酸、肽和蛋白质

氨基酸、肽和蛋白质原来被认为是不具有生物活性的无效成分,但随着科学研究的不断深入,人们发现这些所谓的无效成分,对皮肤具有营养、保湿、修复、增白及抗衰老等作用,对于外用药和中药化妆品而言正是必需的有效成分。许多具有补益作用的中药中都含有此类成分,如人参、当归、黄芪、熟地黄、天门冬、茯苓等。

（二）糖

糖即俗称的碳水化合物,有广泛的美容作用。如麦冬多糖有良好的持水性,是天然保湿成分之一;昆布多糖除具保湿作用外,对皮肤的成纤维细胞和表皮角质层细胞均有促进活化作用;鹿茸多糖可抗溃疡;蘑菇多糖可愈伤、抗炎等。糖类化合物在中草药中分布十分广泛,一些补益药如山药、制何首乌、黄精、熟地黄及大枣等,均含有大量的糖类成分。

（三）有机酸

有机酸种类很多,化学结构多种多样,具有多种美容功效。例如果酸可软化表皮角质层;亚油酸可抑制酪氨酸酶活性,并具保湿和抗过敏作用;迷迭香酸具有强的抗氧化性及抗炎作用等。有机酸类化合物广泛地存在于植物体尤其是具有酸味的果实类中药中,如山楂、乌梅、木瓜、柠檬及覆盆子等。

（四）生物碱

生物碱是存在于生物体内含氮元素的有机化合物,有类似碱的性质,绝大多数具有显著的生物活性。如小檗碱具有广泛的抗菌性;尿囊素可促进肌肤、毛发的水合能力;苦参碱能抑制酪氨酸酶活性等。生物碱较为广泛地存在于中草药中,如黄连、黄柏、商陆、苦参、附子及白鲜皮等。

(五) 黄酮化合物

黄酮化合物是指存在于自然界、具有 2- 苯基色原酮结构的一类化合物,化合物中连接有糖基的称为黄酮苷,黄酮化合物在植物体内多以苷的形式存在。由于结构特点,黄酮化合物大多具有强烈吸收紫外线及抗氧化的共性,而不同种类黄酮化合物还具有不同的其他生物活性。如木犀草素在皮肤上的渗透能力较强,可达皮肤深层起保湿作用;芹黄素能调理皮肤,缓解皮肤的紧张状态;根皮素可减少皮脂的分泌等。含黄酮类化合物的中草药很多,如黄芩、金银花、葛根、桑叶、甘草及陈皮等。

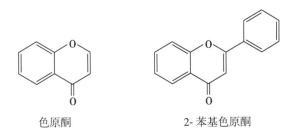

色原酮　　　　　　　　2- 苯基色原酮

(六) 皂苷

皂苷是一类结构较复杂、种类较多样的化合物,其水溶液经震摇后能产生大量、持久、似肥皂样的泡沫,因而得皂苷之名。此类化合物具较广的美容作用。如黄芪皂苷可刺激细胞增殖;蒺藜皂苷能抑制胶原酶活性,防止皮肤皱纹的生成;柴胡皂苷可吸收紫外线等。许多中草药如人参、三七、柴胡、甘草、桔梗、远志、知母等的主要有效成分均是皂苷类化合物。

(七) 萜类和挥发油

萜类化合物是一类分子中具有 2 个或 2 个以上异戊二烯(C_5 单位)结构特征的化合物。此类化合物分布广、种类多,具有多种生理活性。如没药醇具有抗炎、抗过敏及缓和刺激作用;莪术二酮具有抗菌性,能清除氧自由基,抑制酪氨酸酶活性;β- 胡萝卜素能维持上皮组织的正常功能,显著吸收紫外线等。中草药中如白芍、穿心莲、银杏叶、龙胆、独一味及栀子等均含有萜类化合物。

挥发油也称精油,是存在于植物体中的具有挥发性、可随水蒸气蒸馏出来的一类油状液体的总称。该类成分大多具有香气及多方面的生物活性。如肉桂叶油、丁香油等可用作化妆品的香料;薰衣草油可润泽皮肤、收缩毛孔、去除色斑。中草药中如薄荷、当归、白芷、紫苏、玫瑰花及丁香等均含有挥发油。

挥发油为多种类型化合物的混合物,其中有脂肪族化合物、芳香族化合物,但更多为萜类衍生物,主要为单萜与倍半萜类。

(八) 酚及醌

简单酚类衍生物具有挥发性,是精油的组成成分,较为复杂的酚类衍生物多具有显著的生理活性。如姜黄素能抑制酪氨酸酶活性,显著吸收紫外线;芦荟宁对皮肤有调理、愈伤功能;丹皮酚能显著吸收紫外线外,还具有抗菌及抗炎性等。姜黄、芦荟、牡丹皮、厚朴等中药中均含酚类化合物。

醌是碳环上具有两个羰基并含有共轭双键的化合物,具有多种生理活性。如丹参醌能抗菌,具有祛痘、控油、祛黑头粉刺等功能;芦荟苷可促进皮肤新陈代谢,有利于外层皮肤组织的再生;番泻苷能抑制酪氨酸酶和透明质酸酶活性等。丹参、芦荟、

番泻叶、紫草、茜草、赤芍等中草药中均含有醌类化合物。

中药化学成分除以上几大类外,还有甾体化合物、鞣质、苯丙素类、维生素、无机元素等物质,分别具有不同的生理活性,发挥不同的美容作用。

二、中药的提取

中药原料在化妆品中的应用主要以中药提取物的形式添加,中药提取物的形式主要有中药的有效成分、中药的有效部位、中药粗提物。一般需经提取、分离、精制、浓缩与干燥等过程制得。提取是指选用适当的溶剂和提取方法,最大限度地将药材(或饮片)中有效成分或有效部位转移至提取溶剂的过程。

（一）中药材的前处理

1. 干燥　新鲜药材经干燥后,组织内水分蒸发,细胞皱缩,同时,原本溶解在液泡腔中的活性成分等物质干涸沉积于细胞内,使细胞形成空腔,有利于溶剂向细胞内渗透,有利于活性成分的溶出。

2. 粉碎　药材经粉碎后,增加了药材的表面积,使药材与溶剂的接触面积增大,促进药材中活性成分的浸出或溶出,提高提取效率。

3. 脱脂　对于脂肪油含量较多的中药材,若想从中提取水溶性成分,则需先用石油醚、乙醚等非极性或弱极性溶剂浸提药材以除去脂溶性成分,谓之脱脂。否则溶剂很难润湿药材,影响其向组织细胞内渗透,从而妨碍有效成分的提取。

（二）常用提取溶剂

运用溶剂法提取中药有效成分的关键,是选择适当的溶剂。只有溶剂选择适当,才有可能将药材中的有效成分充分地提取出来。优良的溶剂应具备以下特性:①能最大限度地溶解和浸出药材中有效成分,最低限度地浸出无效成分和有害物质;②不与有效成分发生化学反应;③不影响有效成分的稳定性和药物疗效;④安全无毒,价廉易得。

1. 水　为常用提取溶剂之一。是一种价廉、易得、安全的极性溶剂。药材中亲水性成分如有机酸盐、生物碱盐、苷类、鞣质、蛋白质、多糖及无机盐等均能被水浸出。

水作为溶剂的缺点是:所得水提取液易变质发霉,不易保存;某些含多糖类成分的中药水提液较为黏稠,过滤困难;水提取液蒸发浓缩需要的时间也较其他溶剂提取液所需时间为长。

2. 乙醇　为常用的提取溶剂之一。属于半极性溶剂,可与水以任意比例混溶,醇浓度愈高,非极性愈强。选用不同浓度的乙醇,既可提取中药中的水溶性成分,如生物碱及其盐类、苷类、糖等,又可提取脂溶性成分,如挥发油、内酯、芳烃类化合物等。根据被提取成分的性质,可采用不同浓度的乙醇,亲脂性成分选用高浓度的乙醇,亲水性成分选用低浓度的乙醇。

乙醇作为有机溶剂,其优点是毒性小,来源方便,可回收反复使用,乙醇提取液不易发霉变质;缺点是价格较贵,且具有易燃性,使用时应注意安全。

3. 其他有机溶剂　石油醚、苯、乙醚、氯仿等均属于有机溶剂。这些溶剂选择性强,容易得到纯品。但共同的缺点是:挥发性大,损失较多,有的易燃,有的有毒,有的价格较贵,而且由于这些溶剂亲脂性强,不易透入植物组织内,导致提取时间长,溶剂需用量大。

各类溶剂的极性由小到大的顺序为：

$$石油醚 < 苯 < 乙醚 < 氯仿 < 丙酮 < 乙醇 < 甲醇 < 水$$

一般来说，选择溶剂时应遵循"相似者相溶"的原则。若被提取的化学成分极性较强，则应选极性溶剂（如水）；若被提取的化学成分非极性较强，则应选用非极性或弱极性溶剂（如石油醚、乙醚等）；对于中等极性的化学成分，应选中等极性的溶剂（如乙醇、丙酮等）。

（三）提取辅助剂

是指为了增加提取成分的溶解度，提高提取效能，除去或减少杂质，增加化妆品的稳定性，加于提取溶剂中的物质。常用的提取辅助剂有酸、碱及表面活性剂等。

1. 酸　提取溶剂（如水）中加入酸后，能使原料药中的生物碱成盐，增加生物碱的提取率；同时能使有机酸游离，便于有机溶剂提取；还能除去酸不溶性杂质。常用的酸有硫酸、盐酸、醋酸、酒石酸、枸橼酸等。酸的用量不宜过大，以免引起水解等不良反应。

2. 碱　提取溶剂（如水）中加入碱后，能使原料药中的有机酸成盐，增加有机酸的提取率，同时能防止水解反应的发生。碱性水溶液还可溶解内酯、蒽醌、香豆素及某些酚类成分。常用的碱为氢氧化铵。对于特殊提取，常选用碳酸钙、氢氧化钙等。氢氧化钠碱性过强，易破坏有效成分，一般不选用。

3. 表面活性剂　在提取溶剂中加入表面活性剂，能够促进药材表面的润湿性，有助于溶剂进入药材组织细胞内，溶解有效成分，从而提高提取效果。由于中药材中有效成分的种类不同，提取方法不同，故选用的表面活性剂的种类也不同。如何选择提取效果好的表面活性剂，需在实践中摸索。

（四）提取方法

常用的提取方法主要有浸渍法、渗漉法、煎煮法、回流法、水蒸气蒸馏法、超临界流体提取法、超声波提取法及微波提取法等，其中前四种均属于溶剂提取法。

1. 浸渍法　是将中药粗粉装入适当容器中，加入适当的溶剂浸泡数日或数月，取其浸出液的一种方法。浸渍法按提取的温度和浸渍次数可分为冷浸渍法、热浸渍法和重浸渍法几种。

浸渍法简单、常用，适用于有效成分遇热易挥发或易被破坏的中药材（采用冷浸渍法）以及含大量淀粉、树胶、果胶、黏液质的黏性中药。本法提取时间长，提取效率不高，不适于贵重中药。另外，浸渍法一般不宜用水作溶剂，常用不同浓度的乙醇或白酒，故浸渍过程中应密闭，防止溶剂挥发损失。

2. 渗漉法　是将中药粗粉装入渗漉筒内，溶剂连续地从渗漉筒的上部加入，渗漉液不断地从下部流出，从而浸出药材中有效成分的一种方法。

渗漉法的操作一般包括六个步骤：药材粉碎→润湿→装筒→排气→浸渍→收集渗漉液

（1）药材粉碎：药材粉碎要适度，不宜过细或过粗，一般以粗粉为宜。

（2）润湿：药材粗粉在装入渗漉筒前，应先用适量溶剂使其完全润湿，以免药粉在渗漉筒内因加入溶剂后膨胀而造成堵塞，甚至胀裂渗漉筒。一般一份药材加一份溶剂即可。

（3）装筒：装填药粉之前，先在筒底铺一层棉花或泡沫塑料，或放一多孔隔板。药

粉要分次加入,一层一层压紧,压力应均匀,装到渗漉筒高度的 2/3 即可,上面盖上一层纱布或滤纸,再用少量瓷块或石子等重物压住,以免添加溶剂时药粉被冲起或漂浮。

(4) 排气:药粉填装完毕后,先打开渗漉筒下端浸液出口,添加溶剂,待流出部分溶剂,使药材内空气被驱除后,关闭渗漉筒浸液出口。排气的目的是为了避免因添加溶剂后由于存在的气泡冲动粉柱而影响浸出。

(5) 浸渍:排气后,在渗漉前,先加入足量的溶剂,使药粉全部浸没在溶剂中浸泡2h。溶剂加入量以溶剂液面超过药粉表面数厘米高为宜。

(6) 收集渗漉液:浸泡药材后,开启渗漉筒下端浸液出口,使渗漉液徐徐滴下,流速可根据药粉量的多少而定。要边渗漉边添加新溶剂,始终保持溶剂不低于药粉表面。在渗漉过程中,经常取样检查被提取成分是否提尽。

渗漉法的特点是药粉不断与新溶剂接触,提取效率较高,而且溶剂可以套用,即后来流出的含有效成分浓度低的渗漉液可以用来作为渗漉的溶剂。但溶剂用量仍较大,操作过程繁琐是其缺点。

3. 煎煮法　是将药材加水加热煮沸,将有效成分提取出来的一种方法。适用于有效成分能溶于水,且对热较稳定的药材,含挥发性成分及有效成分遇热易被破坏的中药不宜用煎煮法。此法简单易行,可提取药材中的大部分成分,是传统汤剂的制备及提取药材有效成分的基本方法。

煎煮法虽简便、常用,但存在以下缺点:①制得的提取液含杂质较多,给精制带来不利;②对于含多糖类的中药,煎煮后的药液比较黏稠,过滤较困难;③煎出液易发生霉变。

4. 回流法　是用乙醇等挥发性有机溶剂提取中药有效成分时,提取液被加热,挥发性溶剂馏出后又被冷凝,重复流回提取器中提取药材,这样周而复始,直至有效成分提取完全的方法。该法分为回流热浸法和回流冷浸法。

(1) 回流热浸法:需采用回流加热装置,以免溶剂在加热过程中由于挥发而损失。提取装置如图 2-1。

一般少量操作时,可将中药粗粉装入大小适宜的烧瓶中,加入溶剂使其浸过药面 1~2cm 高,烧瓶上部接一冷凝管。将烧瓶置水浴中加热,随着烧瓶内温度的升高,变为蒸气的溶剂经冷凝管冷凝后变为液体又流回烧瓶中,如此回流 1h,滤出提取液,加入新溶剂重新回流,如此再反复 2 次。

回流热浸法中的溶剂可循环使用,但不能不断更新,一般需更换溶剂 2~3 次,同渗漉法相比溶剂用量较少,但受热易被破坏的成分不宜采用此法。

(2) 回流冷浸法:也称连续回流提取法,此法在实验室内常采用索氏提取器,该实验装置由 A、B、C 三部分组成,下面 C 部分是烧瓶,中部 B 部分是带有虹吸管的提取管,上面 A 部分是冷凝器。索氏提取器装置如图 2-2。

提取前首先将装有药粉的滤纸筒置于 B 部分的提取管中,药粉的高度不得超过溶液下行管上端,然后将提取管 B

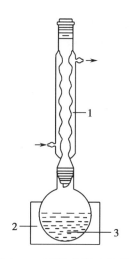

图 2-1　回流热浸法装置示意图

1. 冷凝管　2. 电热套或水浴加热　3. 药粉与溶剂

与烧瓶C连接固定,将溶剂加入提取管B中,经虹吸现象由溶液下行管进入烧瓶C中,最后连接冷凝管A。提取时将烧瓶C置水浴内加热,溶剂气化后,通过中部提取管旁边的溶剂蒸气上行管到达上部的冷凝器中,遇冷凝结为液体,滴入中部的提取管中进行提取。待滴入提取管中的溶剂量超过连接的溶液下行管上端时,则因虹吸作用,提取管内提取有效成分的溶剂即流入烧瓶C中。烧瓶C中的溶剂不断气化,而到达提取管中的溶剂达一定量后,提取液又流回烧瓶C中,如此反复循环多次,即达到提取有效成分的目的,提取出的有效成分留在烧瓶C中。

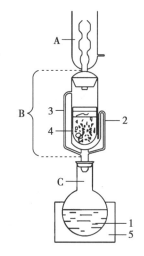

图2-2 索氏提取器装置示意图
A.冷凝管 B.提取管 C.烧瓶
1.溶剂与提取液 2.溶液下行管(虹吸管) 3.溶剂蒸气上行管 4.装有药粉的滤纸筒 5.电热套或水浴

　　回流冷浸法与回流热浸法相比,药材粗粉未经加热,而且提取溶剂不但可循环使用,同时又能不断更新,故溶剂耗用量更少,提取较完全。但因提取液在烧瓶中受热时间较长,所以更适合于选择沸点较低的提取溶剂,对于受热易被破坏的药材成分及提取溶剂沸点较高时则不宜选择此法。

　　5. 水蒸气蒸馏法　系将药材与水共蒸馏,挥发性成分随水蒸气馏出,经冷凝后分离挥发油的方法,常用于中药材中挥发性成分的提取。由于蒸馏方式不同,水蒸气蒸馏法可分为共水蒸馏法(即水中蒸馏法或直接加热法)、水上蒸馏法、通水蒸气蒸馏法。其中最常用的方法是共水蒸馏法,即药材加水浸没,然后进行加热蒸馏的方法,实验室一般采用挥发油提取器来收集挥发油。挥发油提取器装置如图2-3。

　　6. 超临界流体提取法　超临界流体是指某种气体在一定温度和压力下,其密度和该物质在通常状态下液体密度相当的流体。超临界流体与该物质常温、常压下的气体和液体相比较,其密度接近于液体,黏度接近于气体,故其扩散系数约比普通液体大100倍。植物药材中的许多成分都能被超临界流体溶解,并随压力的增大,溶解度增加。可用作超临界流体的气体很多,但最常用的是二氧化碳。

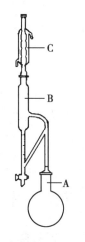

图2-3 挥发油提取器装置示意图
A.烧瓶 B.挥发油提取管 C.冷凝管

　　超临界流体提取法提取的过程主要由四个阶段组成,即超临界流体的压缩、提取、减压和分离。具体过程为:二氧化碳以气态形式被输入到压缩室内,通过对压缩室进行升压和定温过程,使气态的二氧化碳成为操作条件下所需要的超临界流体。将二氧化碳超临界流体再通入提取器中,使中药原料中的可溶组分溶解在流体中,并随着该流体一起经过减压阀减压后进入分离器。在分离器内,被溶在流体中的中药成分(通常为液体或固体)从二氧化碳气体中分离出来。用此减压方法,使流体中的中药成分与流体分离,实际上将提取与提取后的蒸发或蒸馏合二为一。超临界流体经减压后转为气态,与提取物分离后,经压缩机压缩后可循环使用。

超临界流体提取法具有提取与蒸馏双重作用,操作周期短,提取效率高,适用于含量低、产值高、高质量成分的提取。

7. 超声波提取法　是利用超声波的机械效应、空化效应及热效应等作用,通过增大溶剂分子的运动速度及穿透力来提取中药有效成分的方法。该法与传统的煎煮法、浸渍法、回流法、渗漉法等提取方法相比,具有节能(不需加热)、省时、提取率高等显著优点。

8. 微波提取法　是利用微波能的强烈热效应,短时间内提取药材中有效成分的方法。微波是频率介于 300MHz(兆赫)和 300GHz(千兆赫)之间的电磁波,常用频率为 2 450MHz,具有穿透力强、选择性高、加热效率高等特点。该法用于中药有效成分的提取,具有选择的溶剂较多、溶剂用量小、快速、安全、污染小等特点。

(五)影响提取的因素

1. 药材粒度　通常情况下,药材粒度越小,提取效果越好。但粉碎过细的植物药材粉末则不利于有效成分的提取,主要原因为:①过细的粉末会导致吸附作用增加;②粉碎过细的药材组织中大量细胞破裂,致使细胞内大量不溶物及较多的树脂、黏液质等无效成分浸出,使提取液中杂质增加,提取液的黏度增大,导致滤过困难;③过细的药材粉末会给提取操作带来困难,如用渗漉法提取时,药材粉末过细,则粉末之间的空隙过小,溶剂流动阻力增大,容易造成阻塞,导致渗漉发生困难或渗漉不完全。

确定适宜的药材粉碎粒度,可主要从提取溶剂和药材种类两方面考虑。从提取溶剂来看,以最常用的两种溶剂(水和乙醇)为例:如以水为溶剂时,药材易膨胀,提取时药材可粉碎得粗一些,或切成薄片或小段;若以乙醇为溶剂时,由于其对药材的膨胀作用较小,药材可粉碎成能通过一号筛或二号筛的粗粉末。从药材种类来看,若入药部位为叶、花、全草等质地疏松的药材,宜粉碎得粗一些,甚至可以不粉碎;若入药部位为根、根茎、果实、皮等质地坚硬的药材,宜切成薄片。

2. 提取温度　一般情况下,提取温度的提高不仅可提高提取效果,同时也可杀死药材中的微生物,有利于制品的稳定性。但若药材中的有效成分为挥发性成分或不耐热成分时,则提取温度不宜过高。另外,高温情况下得到的提取液往往含杂质较多,放冷后会因溶解度降低而出现沉淀或浑浊现象。因此,提取温度应视具体情况而定。

3. 提取时间　提取时间越长,提取越完全。但当扩散达到平衡后,延长提取时间不会再增加有效成分提取量,反而会导致杂质溶出增加以及有效成分的水解、破坏,且可促进微生物的繁殖。

4. 浓度梯度　浓度梯度是指药材组织内的浓溶液与外部溶液的浓度差。药材提取过程中提取效果的高低与浓度梯度有着密切关系。提高浓度梯度可提高提取效果。通过不断搅拌、经常更换溶剂、强制提取液循环流动、采用流动溶剂渗漉等方法均可达到提高浓度梯度的目的。

5. 提取辅助剂　在提取过程中,除根据药材中有效成分的理化性质选择溶剂外,还需加入辅助提取的附加剂,如前面所述的酸、碱、表面活性剂等,这些提取辅助剂的添加能够提高有效成分的溶解度,促进溶出,提高提取效果。

6. 药材成分　药材中分子量小的成分容易溶解和扩散,往往含在最初部分的提取液内,大分子成分主要存在于继续收集的提取液内,而且其量逐渐增多。药材的有效成分多为小分子物质,故应重视最初的提取液,避免损失。

此外,溶剂的 pH 值、提取压力、新的提取技术等因素也会对药材中有效成分的提取率产生影响,提取时应结合药材中所含成分的理化性质进行考察。

三、中药提取液的浓缩

(一) 含义

浓缩是将中药提取液采用加热等方式除去部分溶剂,从而使其体积变小、药液浓度增高的一种操作过程。若蒸发除去的溶剂被回收,则称之为蒸馏。一般而言,中药的水提液采用蒸发方式除去溶剂(水),以乙醇或其他有机溶剂为提取溶剂的提取液则采用蒸馏方式除去溶剂。

(二) 浓缩方法

1. 常压蒸发 是指在一个大气压下进行蒸发,适用于有效成分耐热,而溶剂不易燃、无毒、无回收价值(如水)的药液浓缩。

2. 减压蒸发 是指在密闭容器内,抽去液面上的空气和蒸气而使容器内气压降低,使得药液沸点降低,以比常压下较快速度浓缩药液的一种方法。此法与常压蒸发相比,具有耗时短、药液受热温度较低的优点,尤其适用于含热敏性成分药液的浓缩,同时可以回收溶剂。实验室内一般采用减压蒸馏装置进行操作。

3. 薄膜蒸发 是指使药液在蒸发时形成薄膜而增加气化面积的方法,具有速度快、药液受热时间短、成分不易被破坏等优点,在常压下或减压下均可进行,也可回收溶剂重复使用。实验室内常采用小型薄膜蒸发仪进行操作。

四、中药提取液的精制

经溶剂提取法制得的中药提取液一般情况下都存在着体积较大、有效成分含量较低、所含杂质较多的缺点。为提高疗效,减少用量,增加制剂的稳定性,常需对其进行进一步分离和精制。精制的方法较多,目前常用的有水提醇沉淀法、醇提水沉淀法、大孔吸附树脂法、透析法、盐析法、酸碱法等。

(一) 水提醇沉淀法

水提醇沉淀法,简称水醇法,是最常用的精制方法。它是先以水为溶剂提取中药有效成分,再向提取液中添加乙醇,使提取液中不溶于乙醇的杂质以沉淀的形式被除去,从而达到精制目的的一种方法。

1. 适用范围 适用于有效成分为生物碱盐类、苷类、氨基酸、有机酸等提取液的精制。通过水和不同浓度的乙醇交替处理,可保留上述成分,去除蛋白质、糊化淀粉、黏液质、油脂、色素、树脂、树胶、部分糖等杂质。

2. 操作要点 将中药材饮片先用水作为溶剂进行提取,再将其提取液浓缩至浓度为每毫升含原药材 1~2g 的浓缩液,加入适量乙醇,边加边搅拌,于 5~10℃下静置 12~24h 后,去除沉淀,最后制得澄清的液体。

(二) 醇提水沉淀法

醇提水沉淀法,简称醇水法,是先以适宜浓度的乙醇为溶剂提取药材有效成分,再向提取液中加水而除去提取液中杂质的方法。适用于含蛋白质、黏液质、多糖等杂

质较多的药材的提取和精制,使其不易被乙醇提出。但树脂、油脂、色素等杂质可溶于乙醇而被提取出来,通过将醇提液回收乙醇后,再加水搅拌,静置冷藏一定时间,即可除去这些杂质。此法操作大致与水提醇沉淀法相同。

（三）大孔吸附树脂法

大孔吸附树脂法是将中药提取液通过大孔吸附树脂柱,有效成分或有效部位通过分子筛、表面吸附、表面电性及氢键物理吸附截留于树脂,再经适当的溶剂洗脱回收,以除去杂质的一种精制方法。其具有如下特点:①提取物的纯度高;②杂质分离率高,可降低提取物的吸湿性,增加提取物稳定性;③对有机物的选择性强、吸附迅速、吸附量大、树脂再生方便等。

（四）透析法

是利用小分子物质在溶液中可通过半透膜,而大分子物质不能通过的性质,借以达到分离的方法。半透膜膜孔的大小,按需要分离成分的具体情况进行选择,原则上以能选择性地让某些物质通过而不让另一些物质通过为宜。

（五）盐析法

是利用不同蛋白质在高浓度的盐溶液中,由于溶解度降低而沉淀,从而与其他成分分离的方法。适用于有效成分为蛋白质的药材。

（六）酸碱法

当药材中有效成分的溶解度随溶液 pH 值不同而改变时,可加入酸或碱调节 pH 值至一定范围,使有效成分溶解或析出,以达到分离的目的。该法适用于生物碱、苷类、有机酸、羟基蒽醌类化合物的分离。

五、干燥

中药提取液经分离、精制及浓缩后一般为流浸膏或浸膏,还需进一步干燥,提高提取物稳定性,便于贮存及应用。

（一）含义

干燥是指利用热能除去湿的固体物质或膏状物中所含的水分或其他溶剂,获得干燥物品的工艺操作。

（二）干燥方法

1. 烘干法　是将浸膏摊放在烘盘内,放入烘箱或烘房进行干燥的最简便方法。该法由于物料静止,故干燥速度慢。所得干燥物块大、较硬,需砸碎后粉碎。

2. 减压干燥法　又称真空干燥,是将浸膏或流浸膏摊放在浅盘内,放到干燥柜的隔板上,密闭,抽去空气减压而进行的干燥方法。该法温度低、速度快、产品易于粉碎。适用于热敏性或高温下易氧化的物料。

3. 喷雾干燥法　是流化技术用于中药提取液干燥的一种较好方法,系直接将提取液喷雾于干燥器内使之在与通入干燥器的热空气接触过程中,水分迅速汽化,从而获得粉末或颗粒的方法。该法物料受热面积大,干燥速度快,干燥品质地松脆,溶解性能好,特别适用于热敏性物料的干燥。

其他还有微波干燥法、红外线干燥法、冷冻干燥法等,目前在浸膏的干燥中应用较少。

第三节　影响化妆品透皮吸收的主要因素

化妆品透皮吸收,也称为化妆品渗透吸收,系指化妆品中的功效成分通过表皮角质层,并到达不同作用皮肤层发挥各种功能的过程。需要注意的是,化妆品透皮吸收与药物透皮吸收不同,主要区别在于化妆品功效性成分是以经皮渗透后积聚在作用皮肤层为最终目的,并不需要穿透皮肤进入体循环。

根据产品功用的不同,化妆品中的功效性成分需要到达皮肤的不同作用层,包括皮肤表面、表皮及真皮,并在该部位层积聚和发挥作用。如美白产品中的美白剂应渗入表皮中的基底层,作用于黑色素细胞来阻断黑色素的产生;抗衰老产品中的抗皱性功效成分应吸收至真皮层,促进成纤维细胞的分化与增殖,使皮肤富有弹性;而防晒化妆品中的防晒剂则应防止其渗透进入皮肤,需停留在皮肤表面,对照射到皮肤表面的紫外线进行屏蔽或吸收。

一、化妆品透皮吸收的途径

化妆品透皮吸收主要有两条途径:经表皮的角质层途径和经皮肤附属器途径。

1. 经表皮的角质层途径　角质层为表皮的最外层,由多层死亡的角质化细胞组成,胞质内充满了纤维化角蛋白。角质层是化妆品透皮吸收的主要途径,同时也是透皮吸收的主要屏障。化妆品透皮吸收能力与角质层薄厚、皮肤完整性、角质层的水合程度及被吸收物质的理化性质有关。

经角质层的透皮吸收途径主要有通过角质细胞膜扩散和通过角质细胞间隙扩散两条途径,其中非极性物质主要通过细胞间隙途径渗透吸收,而极性物质则主要依靠角质细胞通道进入皮肤。但由于角质细胞间隙的脂质双分子层结构的阻力较角质细胞小,所以通过角质细胞间隙扩散途径在角质层透皮吸收过程中发挥主要作用。

2. 经皮肤附属器途径　化妆品透皮吸收的另一条途径是皮肤附属器途径,即化妆品中功效成分可通过毛囊、皮脂腺和汗腺渗入皮肤。虽然通过皮肤附属器穿透速度比经表皮的角质层途径快,但皮肤附属器仅占角质层面积的 1% 左右,故该途径不是透皮吸收的主要途径,但对于离子型物质及极性较强的大分子物质而言,由于难以通过富含类脂的角质层,可能经由这一途径进入皮肤。另外,这些通道在物质渗透开始阶段具有缩短"时滞"的作用,当物质透皮吸收达到稳态后,皮肤附属器途径的作用可忽略。

二、影响化妆品透皮吸收的主要因素

(一)皮肤因素

1. 皮肤部位　由于人体面部不同部位的角质层厚度以及皮肤附属器数量等各不相同,所以对化妆品的透过能力也就存在差异。一般情况下,鼻翼两侧部位的吸收能力最强,上额和下颌次之,两侧面颊皮肤最差。

2. 性别与年龄　性别及年龄差异也会影响化妆品的皮肤透过性。男性皮肤比女性皮肤厚,所以女性皮肤对化妆品的透过性强于男性;女性在不同年龄段的角质层状态不同,而男性则没有变化。不同年龄段皮肤的角质层含水量、血流量不同,导致皮

肤对化妆品的透过性也不同。婴儿皮肤的透过性强于其他年龄段人群;而对于老年人皮肤的透过性,目前存在两种不同的观点,一种认为其透过性强于青年人,而另一种观点则完全相反。

3. 皮肤温度、湿度与角质层含水量　皮肤温度升高,可增加物质的弥散速度,增加皮肤表层与皮肤深层有效物质的浓度差,促进有效物质的渗透吸收;皮肤湿度及角质层含水量增加,均有利于角质层的水合作用,引起角质层肿胀,细胞间隙疏松,促进皮肤对化妆品的渗透吸收。如蒸汽熏面、利用面膜促进角质层的水合作用以及化妆品中添加保湿剂均有利于功效性成分的渗透吸收。

4. 皮肤健康状况　皮肤病理状态或受到机械、物理、化学等损伤时,皮肤结构会被破坏,角质层屏障作用将降低或丧失,化妆品的皮肤透过性明显增加。但某些皮肤疾病如硬皮病、牛皮癣、老年角化病等使皮肤角质层致密,可降低化妆品透过性。

（二）功效成分的理化性质

1. 分配系数与溶解度　角质层具有类脂质特性,非极性强,一般脂溶性物质比水溶性物质更易穿透,但组织液是极性的,因此,既有一定脂溶性又有一定水溶性的物质,即在水相及油相中均有一定溶解度的功效成分更易透过吸收,透过速率与该物质的油/水分配系数成正比,分配系数愈大,对渗透吸收愈有利,直至达到最佳值,超过最佳值时,则渗透吸收作用降低。

2. 分子量　一般认为分子量小的物质利于皮肤吸收,分子量大于500的物质较难透过角质层。但分子量与通透常数之间并不是简单的相关性,因为有些小分子物质可以透皮吸收,而有些则不能。所以,物质的透皮吸收能力应与其分子结构、溶解度等多方面因素有关而不是简单的分子量的问题。

另外,化妆品功效性原料的熔点高低也是影响其透皮吸收的因素之一,一般情况下,低熔点的物质更易于透过皮肤。

（三）化妆品剂型及配方组成

1. 剂型　不同剂型的化妆品影响功效成分的释放性能,进而影响皮肤吸收率。利于透皮吸收的化妆品应是油与水的乳化剂型,单纯的油相和水相均较难吸收。故在皮肤护理时紧贴皮肤一层要选用乳剂类型的化妆品。各种剂型化妆品的透皮吸收速度依次为:乳剂 > 凝胶或溶液 > 悬浮液。

2. 基质　基质的种类与组成不同,影响功效成分在基质中的理化性质及皮肤的生理功能。如油脂性强的基质,利于皮肤水合作用,透皮吸收效果较好;水溶性基质,成分释放快,但吸收差。对于基质中的油相原料,其透皮吸收程度依次为:动物油 > 植物油 > 矿物油,矿物油基本不被皮肤吸收。基质与功效成分的亲和力不同,会影响功效成分在基质和皮肤间的分配。另外,基质适宜的 pH 值,利于功效成分的吸收,一般调整至偏酸状态或接近皮肤 pH 值较为适宜。

3. 功效成分浓度　化妆品中功效成分浓度与皮肤吸收率在一定范围内成正比关系。因此,基质中功效成分浓度愈大,透皮吸收量愈大,但浓度超过一定范围时,吸收量则不再增加。

4. 透皮吸收促进剂　在化妆品基质配方中,适当添加透皮吸收促进剂,可提高皮肤吸收速率。但需要注意的是,应用量小时可能效果差,而应用量大时又可能会对皮肤产生刺激性。

三、促进化妆品透皮吸收的方法

皮肤作为人体的天然屏障,阻碍了化妆品功效成分的进入,为促进化妆品中功效成分更好地渗入皮肤,达到理想的美容效果,是目前化妆品研发的重点与难点。目前促进化妆品透皮吸收的方法,主要借鉴药剂学领域的研究技术,主要包括物理方法、化学方法及其他方法。

（一）物理方法

物理促渗法主要是通过热效应的散射或电荷吸引等作用干扰正常的角质层屏障,以促进化妆品中功效性成分的透皮吸收。主要有离子导入技术、超声波技术以及激光微孔技术等。

1. 离子导入技术 是利用微量电流帮助活性物质解离,经由电极定位导入皮肤,以达到增加活性物质透皮吸收的一种方法。此技术只适用于在电流作用下能够解离成离子的化妆品功效性成分。

2. 超声波技术 超声波是一种超出人耳听觉界限的声波。超声波技术的促渗机制可能与热效应(温度升高)、力学效应(由超声诱导的辐射压)以及空化效应(气泡的产生与震荡)等因素有关。此技术与化学促渗剂相比,安全性高,超声停止后皮肤屏障功能恢复更快,同时活性成分不会被电解破坏,无电刺激现象。但也存在很多局限性,需要系统地研究皮肤对超声波的耐受性和经皮渗透性、不同活性成分导入时对超声波条件的需求等,从而逐渐完善这项技术。

3. 激光微孔技术 是利用聚焦到微米级的激光微束作用于皮肤,把活性成分导入到皮肤所需部位,使之瞬时发挥作用的一种方法。其作用机制可能与热效应、光化过程以及光压效应有关。

上述物理促渗方法中,离子导入技术及超声波导入技术更为常用,如美容院较为常用的离子导入仪、超声波导入美容仪等即是这两项技术的具体应用。

知识拓展

一种新的透皮促渗技术——微针

微针是一种类似注射器针头的微米级实心或空心针,具有给药意义的装置是微针阵列,即许多微针以阵列的方式排列在一起。微针的长度在几百毫米不等,它可以恰好穿过角质层而又不触及痛觉神经,在发挥促渗作用的同时不会引起疼痛和皮肤损伤。微针的促渗机制与其他物理促渗法不同。离子导入、超声波导入等方法实施的结果都是打乱皮肤角质层脂质的有序排列,使活性物质对角质层的通透性增加;而微针则与之不同,它在角质层上造成了事实上的通道,理论上讲,这种通道远比用化学促渗剂、离子导入及超声波导入等方式造成的"模糊"通道功能强大。尽管微针技术属于侵入式促渗方式,但由于其体积属于微米级,所以仍然可认为是一种对人体无损伤的促渗方式。

目前美容市场出现的电动纳米微晶促渗仪就是根据微针技术原理而研发的一种美容导入仪器,而且该仪器的微针已达到纳米级,对皮肤安全性更高。可用于美白、祛斑、祛痘、祛妊娠纹等功效性产品的皮肤护理。

（二）化学方法

促进化妆品透皮吸收的化学方法主要是在化妆品基质配方中加入透皮吸收促进剂。透皮吸收促进剂也称透皮吸收促渗剂或渗透促进剂，系指能够增加化学物质透皮速度或透过量的一类物质。主要包括氮酮、有机酸、醇、表面活性剂、萜及吡咯酮类等物质。有时单独应用效果较差，常联合应用。另外有些中药挥发油也具有促渗作用，如桉叶油、薄荷、丁香油等，由于毒副作用小，正日益受到关注。

目前，氮酮是化妆品中较为理想的透皮促进剂，其毒性和刺激性均较小，应用广泛，常用浓度为1%~3%。此外，在常用的化妆品原料中，高级脂肪酸如油酸、天然保湿因子如吡咯烷酮羧酸钠、多元醇类保湿剂如丙三醇及丙二醇、表面活性剂如十二烷基硫酸钠及聚山梨酯80等均具有一定的透皮吸收促进作用。

（三）其他方法

促进化妆品透皮吸收的其他方法主要是指借鉴一些药物制剂的新技术，来促进化妆品中功效成分的透皮吸收。

1. 脂质体技术　脂质体是一种由磷脂等类脂组成、能将活性成分封闭其中的具有双分子层结构的封闭空心小球。作为活性成分的载体，脂质体既可携载脂溶性物质，又可携载水溶性物质。脂质体的类脂双分子层结构使其易于透过角质层，将其携带的活性成分带入皮肤内部，增加化妆品功效性成分的透皮吸收。

2. 微乳技术　微乳是指分散相粒径在10~100nm之间的油水混合体系，是热力学稳定的透明或半透明溶液。由于分散相粒子细小到纳米级，容易渗入皮肤。与普通乳状液相比，其界面张力小，具有非常强的乳化和增溶能力，可以通过微乳液的增溶性提高功效成分的稳定性和透皮吸收性。

3. β-环糊精（倍他环糊精）包合技术　β-环糊精为环状糊精葡萄糖基转移酶作用于淀粉而生成的7个葡萄糖以α-1,4-糖苷键结合的环状低聚糖，具有筒状结构，可作为载体包封活性成分。化妆品中的功效成分制成β-环糊精包合物后，可使其渗透系数增大，提高其透皮吸收性。对于水溶性物质来说，角质层是透皮吸收的一大障碍，利用具有表面活性的烷基化环糊精进行包合后，可使其透皮吸收增加。

4. 纳米技术　化妆品中有些难溶性的功效成分很难被皮肤吸收，通过纳米技术能使功效成分转变为稳定的纳米微粒，使其粒径减小，比表面积增大，利于功效成分的释放、溶出、渗透，使其功效充分发挥，大大提高化妆品的性能。

（李树全）

扫一扫
测一测

复习思考题

1. 有机化合物按官能团可以分为哪几类？
2. 中药含有的化学成分主要有哪些种类？采用的提取方法有哪些？
3. 化妆品透皮吸收的途径以及影响透皮吸收的因素有哪些？

第三章

化妆品原料

 学习要点

> 各类油质原料的主要化学组成及其常用原料;常用的粉质原料和溶剂原料;表面活性剂的定义、结构特点、主要作用及其分类;水溶性高分子化合物的主要作用及常用原料;各种美容中药、生物制品及天然功效性成分在化妆品中的主要作用。

化妆品是由各种化妆品原料经过合理调配加工而成的复配混合物。化妆品原料种类繁多,性能各异。根据各类原料的性能和用途,可将化妆品原料分为基质原料、辅助原料及功能性原料三大类。基质原料是化妆品中的主体原料,在化妆品配方中占有较大比例,是化妆品中发挥主要作用的物质;辅助原料是对化妆品的成型、稳定、色调、香气等方面发挥作用的一类物质,这些物质在化妆品配方中用量不大,但却极其重要;功能性原料则是能够赋予化妆品特殊功用的一类原料,可以说是功能性化妆品的灵魂。本章将会对上述三类原料进行详细介绍。

 知识链接

INCI 名称与 CAS 号

INCI:为 "International Nomenclature Cosmetic Ingredient" 的缩写,中文名为"国际化妆品原料命名"。为规范、统一化妆品原料名称,使其能够在国际上通用,美国化妆品盥洗用品和香水协会(Cosmetic Toiletry and Fragrance Association,CTFA)为化妆品配料建立了统一的命名体系,并对现有化妆品原料进行了统一命名,即 INCI 名称,每种化妆品原料均有其对应的 INCI 名称。目前,澳大利亚、日本、韩国、中国等国家都认可 INCI,日本、韩国以及中国还将 INCI 译为本国文字。世界其他国家直接引用 INCI。

CAS 号:CAS 编号(CAS Registry Number 或称 CAS Number,CAS Rn,CAS#),又称 CAS 登记号或 CAS 登记号码,是某种物质(化合物、高分子材料、生物序列、混合物或合金)的唯一的数字识别号码,相当于每一种化学物质都拥有的自己的"学号"。这是美国化学会的下设组织化学文摘社(Chemical Abstracts Service,简称 CAS)为每一种出现在文献中的物质所分配的一个 CAS 编号,主要是为了避免化学物质有多种名称的麻烦,使数据库的检索更为方便。如今的化学数据库普遍都可以用 CAS 编号检索。

课件
03章PPT

扫一扫
知重点

第一节　基质原料

基质原料是根据化妆品类别和形态的要求,能够赋予产品基础架构的主要组成部分,是化妆品的主体,体现了化妆品的基本性质和基本作用。基质原料主要包括油质原料、粉质原料及溶剂原料,产品类型不同,其各自在化妆品配方中占有的比例也不相同。

一、油质原料

油质原料是化妆品中的一类主要基质原料,在化妆品中主要具有以下几方面作用:①屏障作用:能够在皮肤表面形成憎水性薄膜,抑制表皮水分蒸发,防止来自外界物理、化学的刺激,保护皮肤;②滋润作用:能够使皮肤及毛发柔软、润滑,并赋予其弹性和光泽;③清洁作用:根据相似相溶原理,油质原料可溶解皮肤上的油溶性污垢而使之更易于清洗;④溶剂作用:液态的油质原料可作为功能性原料的载体,使之易被皮肤吸收;⑤乳化作用:高级脂肪醇在乳剂产品中具有辅助乳化的作用,磷脂是性能优良的天然乳化剂;⑥固化作用:固态油质原料可作为赋形剂,赋予产品一定的外观形态,使产品的性能和质量更加稳定。

根据来源不同,油质原料可分为天然油质原料和合成油质原料两大类。其中天然油质原料包含动植物油质原料和矿物油质原料两类,而动植物油质原料根据其主要化学组成的不同又可分为动植物油脂和动植物蜡两类。

(一)动植物油脂原料

由动植物组织中得到的油脂称为动植物油脂。通常情况下,在常温下呈液态的称为油,呈半固态或软性固体的称为脂,油和脂的主要化学组成均为甘油三脂肪酸酯,且理化性质有很多相似之处,所以在此一并进行介绍。

1. 动植物油脂的化学组成　从化学组成来看,动植物油脂的主要化学成分是一分子甘油和三分子高级脂肪酸所形成的脂肪酸甘油酯,简称甘油三酯。

构成动植物油脂中甘油三酯的脂肪酸,几乎全部都是含有偶数碳原子的直链单羧酸基脂肪酸,其中以 16 和 18 个碳原子的脂肪酸分布最广,分饱和脂肪酸和不饱和脂肪酸。不饱和脂肪酸分子中第一个碳碳双键的位置都在 C_9 和 C_{10} 之间,而且含多个碳碳双键的不饱和脂肪酸也都是非共轭多烯酸。其中饱和脂肪酸主要有硬脂酸(十八碳酸)、棕榈酸(十六碳酸)、豆蔻酸(十四碳酸)、月桂酸(十二碳酸)等;不饱和脂肪酸主要有棕榈油酸(9-十六碳烯酸)、油酸(9-十八碳烯酸)、亚油酸(9,12-十八碳二烯酸)、亚麻酸(9,12,15-十八碳三烯酸)、蓖麻酸(12-羟基-9-十八碳烯酸)等。

不同的动植物油脂,所含甘油三酯中的主要脂肪酸组成各不相同。表 3-1 中列出了几种化妆品中常用动植物油脂的主要脂肪酸组成。

另外,动植物油脂中还含有少量游离脂肪酸、高级醇、高级烃、色素及磷脂等其他物质,所以动植物油脂常具有颜色和气味。实际应用于化妆品中的动植物油脂必须经物理、化学等方法进行精制、提纯后,方可达到使用要求。

2. 动植物油脂的物理性能　纯净的动植物油脂一般是无色、无臭、无味的中性物质。其密度小于 $1g/cm^3$,不溶于水,易溶于乙醚、石油醚、苯等有机溶剂。作为化妆品

表 3-1　几种常用动植物油脂的主要脂肪酸组成

油脂名称	主要脂肪酸	油脂名称	主要脂肪酸
橄榄油	油酸	月见草油	亚油酸、亚麻酸
杏仁油	油酸、亚油酸	棕榈油	棕榈酸、油酸
椰子油	月桂酸、豆蔻酸	澳洲坚果油	油酸、棕榈油酸
蓖麻油	蓖麻酸	乳木果油	油酸、硬脂酸、棕榈酸
茶籽油	油酸	水貂油	油酸、棕榈油酸、亚油酸

原料,油脂的凝固点、熔点及相对密度等物理性质对化妆品的质量和稳定性来说是极为重要的。

(1) 凝固点及熔点:液态油脂凝结成固态时的温度叫做油脂的凝固点。固态油脂转化成液态时的温度叫做油脂的熔点。凝固点及熔点是油脂的重要理化指标,在设计化妆品配方时,若能了解配方中油脂的凝固点和熔点,对产品的制备工艺选择、质量监督以及将产品的季节性变化控制在最小范围内都非常有意义。一般来说,脂肪酸的熔点随烷基碳原子数的增加而提高,并随其不饱和程度的增加而降低。因此,油脂含饱和脂肪酸较多,或其脂肪酸的相对分子质量较大,则其熔点就相对较高,反之亦然。

(2) 相对密度:相对密度是指在同温度条件下,一定体积物料的质量与同体积水的质量之比,一般规定温度为 25℃。油脂的相对密度与相对分子质量及黏度成正比,与油脂的温度成反比。

3. 动植物油脂的化学性质　动植物油脂的主要成分是脂肪酸的甘油酯,所以在酸或碱的催化下可发生水解反应。同时,构成各种油脂的脂肪酸在不同程度上含有双键,可以发生加成、氧化等反应。

(1) 皂化反应:油脂在碱性条件下进行水解而生成皂的反应称为皂化反应。

使 1g 油脂完全皂化所需要的氢氧化钾的毫克(mg)数称为皂化值。皂化值主要具有以下三方面意义:①根据皂化值大小,可以推知油脂的近似平均相对分子质量,皂化值与油脂的平均相对分子质量成反比;②皂化值可以表明油脂的纯度:各种油脂都有一定的皂化值范围,若测出的皂化值在此范围之外,表明该油脂不纯;③根据皂化值可计算出皂化一定量油脂所需要的氢氧化钾的总量。

此外,油脂中常含有少量不可皂化物,这些物质大部分为高分子的酸、甾醇、色素及碳水化合物等。

(2) 加成反应:含不饱和脂肪酸的油脂,分子中不饱和键可以与碘、氢、氧等发生加成反应。

1) 加碘:油脂中含有的不饱和脂肪酸可以和碘发生加成反应。油脂的碘值是指100g 油脂所能吸收碘的克(g)数。碘值表明油脂的不饱和程度。碘值高,表明油脂中不饱和脂肪酸含量高或油脂的不饱和程度高,在空气中易被氧化,即容易酸败。

2) 氢化:含不饱和脂肪酸的油脂在金属催化剂的作用下加氢,可制得氢化油。加氢后可提高油脂中饱和脂肪酸的含量,使油脂由原来的液态转变为固态或半固态,这样形成的氢化油又称为硬化油。通过氢化,可使油脂熔点提高,稳定性增强,防止酸败。因而,为了化妆品的某些性能要求,有时选用硬化油来满足产品需求。

3）酸败：油脂在空气中放置过久或贮存于不适宜的条件下，就会变质而产生难闻的气味，这种变化叫做酸败。油脂酸败过程的实质是由于油脂中游离不饱和脂肪酸的双键部分受到空气中氧的作用，发生加成反应生成过氧化物，然后继续氧化或分解，生成具有特殊异味的低分子醛和羧酸。

油脂的酸值是指中和 1g 油脂中的游离脂肪酸所需要的氢氧化钾的毫克（mg）数。酸值代表了油脂中游离脂肪酸含量的高低。酸值越大，说明油脂中游离脂肪酸含量越高，即油脂酸败程度越严重。为了防止油脂酸败，油脂应储存在密闭容器中，存放于阴凉处，并添加适当的抗氧剂。

知识链接

依据碘值大小对油脂的分类

碘值 >130 的油脂，称为干性油；碘值在 100~130 的油脂，称为半干性油；碘值 <100 的油脂，称为不干性油。其中干性油是指涂成薄层后，在空气中能够很快变成有韧性（弹性）的固态薄膜的一类油脂；不干性油是指涂成薄层后，在空气中不能形成固态薄膜的油脂；半干性油介于上述两者之间，虽能结膜，但结膜速度较慢。

4. 化妆品中常用动植物油脂　动植物油脂品种繁多，但适用于化妆品原料的并不多，其中植物油脂主要有橄榄油、杏仁油、椰子油、蓖麻油、棉籽油、花生油、茶籽油、月见草油、鳄梨油、澳洲坚果油、乳木果油、玫瑰果油等；动物油脂主要有水貂油、蛋黄油等。

植物油脂在常温下多为油状液体，动物油脂在常温下则多为半固体脂状形态，但也有例外，如椰子油和乳木果油均为半固态猪脂状，而水貂油则为无色透明液体。动植物油脂的上述性状特点主要与油脂中所含有的主要脂肪酸的饱和程度有关。无论动植物油脂是液态还是半固态，在化妆品中均具有较好的润肤作用。表 3-2 列出了常用动植物油脂在化妆品中的主要功用。

表 3-2　常用动植物油脂在化妆品中的主要功用

名称	在化妆品中的主要功用
橄榄油	易被皮肤吸收，有较好润肤作用。主要用于润肤霜、抗皱霜、按摩膏、护发素、高级香皂和防晒油等化妆品中；在口红中，用作四溴荧光素的分散剂
杏仁油	清爽不油腻、温和、稳定。使用很广泛，可替代橄榄油用于发油、按摩膏及润肤膏霜等化妆品
椰子油	是制作香皂不可缺少的油脂原料，也是制取天然脂肪酸和表面活性剂的原料。皂化后主要应用于香波、浴液等化妆品
蓖麻油	典型不干性液体油。主要用于膏霜乳液等化妆品中，尤其适用于毛发定型、唇膏及戏剧用化妆品
棉籽油	对皮肤无害，有较好润肤作用，可替代橄榄油和杏仁油应用于香脂、香皂及发油等化妆品
花生油	对皮肤无明显副作用，有较好润肤作用，可代替橄榄油应用于润肤膏霜乳液及发用化妆品中。但该品被列入可能会促使粉刺生长的物质中

名称	在化妆品中的主要功用
茶籽油	含有一定量的维生素、氨基酸以及杀菌、止痒成分,易被皮肤吸收,与白油相比不油腻,涂在皮肤上有舒适感。可用于膏霜、乳液等化妆品
月见草油	优良润肤剂,有效降低低密度脂蛋白。可用作健美化妆品的功能性添加剂以及高级化妆品的油相原料
鳄梨油	含有各种维生素、卵磷脂等有效成分,有较好的润滑性、稳定性和乳化性,与其他天然植物油相比,经皮渗透速度快,可用于膏霜、乳液、香波及香皂等化妆品
澳洲坚果油	可用作皮肤棕榈油酸的来源,能够保护细胞膜,使老化的皮肤复原,对于已被紫外线伤害的皮肤尤为重要。目前主要用于面部护肤膏霜、乳液、婴儿制品、唇膏及防晒制品
乳木果油	易被皮肤吸收,可改善皮肤柔软性,对于干裂皮肤以及由于晒斑、湿疹和皮炎引起的皮肤失调具有康复作用。可用于润肤膏霜、乳液、护手霜、防晒霜和婴儿护肤品中
水貂油	优良的抗氧化及热稳定性,易吸收,润滑而不腻。主要用于营养霜、营养乳液、护发素及唇膏等化妆品
蛋黄油	用于护手霜、润肤膏霜及乳液等化妆品中

(二) 动植物蜡类原料

动植物蜡是从动植物组织中得到的蜡性物质。与动植物油脂不同的是,动植物蜡的化学组成主要是由高级脂肪酸与高级脂肪醇所形成的酯,其化学通式为 $RCOOR'$,碳链长度因蜡的来源不同而异,一般在 $C_{16} \sim C_{30}$ 之间。另外,还含有一定量的游离脂肪酸、游离脂肪醇和高级烃类等。因此,动植物蜡的熔点比油脂高,常温下通常呈固态。

动植物蜡在化妆品中能够提高膏体稳定性,调节黏度,改善产品使用感,并具有滋润、柔软皮肤的作用。同时,动植物蜡能使皮肤表面憎水性油膜的形成功能增强,并可提高化妆品的光泽度。

1. 动植物蜡的分类 根据蜡类物质的来源不同,可分为动物蜡和植物蜡。动物蜡主要包括蜂蜡、鲸蜡、羊毛脂、卵磷脂等;植物蜡主要包括棕榈蜡、小烛树蜡、棉蜡、霍霍巴蜡等。

2. 化妆品中常用的动植物蜡

(1) 蜂蜡:又称为蜜蜡。是将蜜蜂的蜂巢经熔化、水煮、氧化、脱色等过程而得到的白色或者淡棕色无定形蜡状物,薄片时呈透明状,略带有蜂蜜的芳香气味。本品溶于油性溶剂,微溶于乙醇。其主要成分包括棕榈酸蜂蜡醇酯(十六酸三十酯)、十六碳烯酸三十酯、二十六酸三十酯、游离脂肪酸、游离脂肪醇及高级烃类化合物等。

蜂蜡质软但熔点高、韧性强而有可塑性,为制备冷霜的必备原料,也可用于发蜡、胭脂、唇膏、眼影棒、睫毛膏等美容修饰化妆品的制备。此外,蜂蜡还具有抗菌、愈合创伤的功能,可用于洗发香波等产品。

在化妆品生产中,蜂蜡常与矿物油质原料调配使用,可提高化妆品的性能。

(2) 鲸蜡:是取自抹香鲸头腔和其他鲸鱼的鲸脂,经加工处理,再精制得到的白色半透明、有珠光、略带油性的结晶性蜡状固体,质脆易形成粉末状。可溶于油类物质,在冷乙醇中不溶而溶于热乙醇。

鲸蜡的主要成分有棕榈酸鲸蜡酯、高级脂肪醇及脂肪酸等,主要用于制备冷霜和对光泽及稠度要求较高的乳液,也用于唇膏等固融体油膏状的制品。

鲸蜡在碱性溶液中水解后能得到相应的鲸蜡酸和鲸蜡醇。长期暴露在空气中易氧化酸败而变黄。

(3)羊毛脂:又称为羊毛蜡。是将清洗羊毛的废水经提取加工精炼而制得的油性原料,为羊的皮脂腺分泌物。纯的羊毛脂呈白色或淡黄色半透明油蜡状,略有臭味。溶于热乙醇,不溶于水,但如与水混合,羊毛脂可逐渐吸收相当于其自身重量 2 倍的水分。羊毛脂主要成分为各种酯的复杂混合物和少量的游离醇、游离脂肪酸及烃类,构成各种酯的醇是 $C_{18}~C_{26}$ 的脂肪醇、少量的二醇和胆固醇等。

羊毛脂是应用较广泛的一种化妆品原料,与其他油脂相容性好,具有优良的润湿性、保湿性和渗透性,可在皮肤表面形成一层薄润肤膜且无油腻感,是化妆品重要的优质原料之一。常用于护肤类、洁肤类及美容类化妆品。

羊毛脂对皮肤几乎无不良作用,普通人对羊毛脂的过敏率极低,大约为 5~6 人 / 百万人,对眼睛刺激极小。

(4)棕榈蜡:取自于巴西蜡棕叶,主产于巴西北部和东部,因此也称为巴西棕榈蜡。精制棕榈蜡为白色至淡黄色无定形的蜡状固体,质硬而韧,有光滑断面,具有光泽和令人愉快的气味。可溶于热乙醇,熔点为 82.5~86℃。

棕榈蜡因其具有硬度大、熔点高的特点,与其他所有植物、动物和矿物蜡相匹配可提高蜡质的熔点,增加硬度、坚韧度及光泽度,降低黏着性、塑性和结晶的倾向。多用于口红、染睫毛锭、发胶、发乳、脱毛蜡等需要较好成型的制品中。

(5)小烛树蜡:取自苇类植物小烛树的茎部,主要产于墨西哥北部、美国加利福尼亚州和德克萨斯州南部。呈淡黄色或棕色蜡状固体,质地脆硬,具有光泽和芳香气味,略有黏性。溶于油性溶剂。其主要成分为高级烃类(占 50%~51%)及高级脂肪酸和高级脂肪一元醇形成的蜡酯(占 28%~29%)等。

小烛树蜡较容易乳化和皂化,熔化后凝固很慢,有时需要几天后才能达到最大硬度,加入油酸等可以延缓其结晶作用或使其很快变软。在化妆品中多用于赋形剂,还可作为唇膏及毛发类化妆品的光亮剂等。

(6)霍霍巴蜡:取自墨西哥产的霍霍巴植物种子。为淡黄色或无色的透明油状液体,故通常称为霍霍巴油,但其主要成分与一般动植物油脂不同,不是甘油酯,而是高级脂肪酸与高级脂肪醇形成的酯,因此,从化学组成的角度来看,它是一种特殊的植物性蜡。熔点为 6.8~7.0℃。霍霍巴蜡脂肪酸平均组成见表 3-3。

表 3-3　霍霍巴蜡脂肪酸平均组成

脂肪酸组成	质量分数 %
11- 二十烯酸	64.4
13- 二十二烯酸	30.2
油酸	1.4
棕榈油酸	0.5
饱和脂肪酸	3.5

霍霍巴蜡作为优质的化妆品油质原料,主要具有以下性能:①冷、热稳定性均好,黏度随温度变化影响小;②抗氧化性强;③是很好的润肤剂,其所形成的油膜既可透过蒸发的水分,又能控制水分的损失;④易被皮肤吸收,能与皮脂混溶,用后无油腻感。

霍霍巴蜡安全性高,主要用于护肤、护发、沐浴和防晒化妆品中,而且随配方需要,乙氧基化和丙氧基化的水溶性霍霍巴油也已普遍应用于各类化妆品中。

(三)矿物油质原料

矿物油质原料主要来源于以石油、煤为原料的加工产物,经进一步精制而得到的油蜡性物质。其来源丰富,易精制,是化妆品中价廉物美的原料。尽管此类原料有些方面不如动植物油质原料,但至今仍是化妆品工业中不可缺少的原料。

1. 矿物油质原料的化学组成及主要作用 矿物油质原料的化学组成是只含有碳、氢两种元素的高级烃类,包括烷烃和烯烃两大类,以直链饱和烃为主要成分。虽然矿物油质原料的主要化学组成与动植物油脂不同,但它们的物理性质却有诸多相似之处,因此在化妆品原料选择上,常将两类物质配合使用,以求达到更佳的效果。

在化妆品中,矿物油质原料既可提高产品的稳定性,又可作为清洁皮肤的溶剂,还可以在皮肤表面上形成憎水油膜,抑制皮肤表面水分蒸发,提高化妆品的润肤作用。

2. 化妆品中常用的矿物油质原料

(1) 液体石蜡:又称为白油或矿物油。是在炼油生产过程中沸点为315~410℃范围内的烃类馏分。为无色、无臭、无味的黏性液体,加热后稍有石油气味,对酸、热和光均很稳定。不溶于水、冷乙醇和甘油。主要成分为十六个碳以上的直链饱和烃、支链饱和烃及环状饱和烃的混合物。表3-4列出了我国化妆品用液体石蜡的质量规格。

表3-4 液体石蜡质量规格

牌号	运动黏度 $\upsilon/mm^2 \cdot s^{-1}$ (40℃)
10	7.6~12.4
15	12.5~17.5
26	24~28
36	32.5~39.5

液体石蜡的主要成分为饱和烷烃,具有抗氧化性,稳定性高,对皮肤的渗透性弱于动植物油质原料。主要用于膏霜乳剂类及油剂类化妆品。

(2) 凡士林:又称矿物脂。为白色或淡黄色均匀膏状物,几乎无臭、无味。化学惰性好、黏附性好、密度高且价格低廉。不溶于水、甘油,难溶于乙醇,溶于各种油脂。主要成分为 C_{16}~C_{32} 高级烷烃和少量不饱和烃的混合物。

凡士林主要用作皮肤润滑剂和油溶性溶剂。加氢精制得到的凡士林常作为护肤霜、发用化妆品及彩妆化妆品的原料,同时也是药物化妆品的重要基质。

(3) 固体石蜡:又称石蜡、硬蜡。为无臭、无味、白色或无色的半透明蜡状固体,并有一定的脆性,表面有油腻感。微溶于乙醇,易溶于液体石蜡。与其他矿物油质原料一样,化学稳定性好,价格低。主要由 C_{16} 以上的直链饱和烃以及少量支链烷烃和环

烃组成。

固体石蜡主要用于发乳、发蜡及各类护肤膏霜乳液、唇膏等化妆品。

（4）地蜡：因其最初来自于大自然地蜡矿而得名，又称石油地蜡。为无臭、无味、白色、黄色至深棕色的硬的无定形蜡状固体。具有一定韧性，不易破碎。市售的地蜡一般为石蜡和地蜡的混合物。

地蜡主要用于乳化制品及唇膏、发蜡等化妆品。

（5）微晶蜡：是从提炼润滑油后的残留物中，经过脱蜡精制而得到的产物，亦称无定形蜡。为无臭、无味、黄色或棕黄色的无定形固体蜡，纯品为白色。不溶于冷乙醇（含量95%），稍溶于无水乙醇。其黏性较大，具有延展性，在低温下不脆，与液体油混合时具有防止油分分离析出的特点。

微晶蜡不含芳香烃，对皮肤无不良作用，在化妆品生产中广泛用于唇膏、棒状除臭剂、香脂、发蜡及膏霜、乳液类化妆品。

（四）高级脂肪酸与高级脂肪醇

化妆品用脂肪酸及脂肪醇多来自动植物油脂、蜡的水解产物，由于是取自脂肪，故称为脂肪酸、脂肪醇，又因其碳链长、分子量高，故又称为"高级脂肪酸""高级脂肪醇"。从动植物油脂中可取得多种碳数（C_{12}~C_{18} 等）饱和或不饱和脂肪酸及脂肪醇，一般以原料来源称呼，如椰子油脂肪酸、鲸蜡醇等，但此种来源远远不能满足化妆品行业的需要，所以目前多数的脂肪酸及脂肪醇是应用各种有机物进行合成得到的。

1. 高级脂肪酸　脂肪酸的化学通式为 RCOOH，其中"R—"称为"烃基"，"—COOH"称为"羧基"。高级脂肪酸中碳数一般为12~30，且都是偶数，在化妆品中应用最广的为碳数为 12~18 的脂肪酸。市售脂肪酸产品一般多为混合物，其性质与单纯脂肪酸略有差异。

（1）月桂酸：又名十二烷酸（十二碳酸）。为白色结晶性蜡状固体，主要取自椰子油及棕榈油。不溶于水，溶于乙醚等有机溶剂。熔点为44.2℃。一般市场销售的月桂酸为混合物，主要用于生产香皂，各种表面活性剂等，是化妆品重要的间接原料，很少直接应用于化妆品生产中。

（2）肉豆蔻酸：又名十四烷酸（十四碳酸）。为无臭、无味的白色结晶固体，溶于无水乙醇。熔点为58.5℃。市售肉豆蔻酸多为混合物，除了制造高级香皂外，多作为化妆品的间接原料，用于酯类原料的合成。

（3）棕榈酸：又名十六烷酸（十六碳酸）、软脂酸。为白色结晶性蜡状固体。可溶于热乙醇。熔点为62.85℃。棕榈酸对皮肤无不良作用，主要与硬脂酸复配使用，可调节膏体或乳液的触变性，也是合成各种表面活性剂和酯类的重要原料。

（4）硬脂酸：又名十八烷酸（十八碳酸）。为白色鳞片状结晶固体，也可呈现块状、片状、粉状或粒状。可溶于热乙醇。熔点为69.3℃。硬脂酸对皮肤无不良刺激，是乳化制品不可缺少的原料，用于生产雪花膏、粉底霜、剃须膏、发乳和护肤乳液等。也是合成表面活性剂的重要原料。

（5）异硬脂酸：是由油酸经催化反应产生的一种轻度支链化液态脂肪酸。为无色到略带浅黄色液体。兼具硬脂酸和油酸的优点，稳定性高，耐热，抗氧化性强，润滑性能好，在皮肤表面形成的膜具有良好的透气性。作为润肤剂，可用于粉底及肤用膏霜、乳液等产品中。

（6）油酸：又名红油，顺式 9- 十八碳烯酸。为黄色或红色透明油状液体，常含有少量的棕榈酸和亚油酸。在高温条件下容易被氧化，暴露于空气中容易变暗。具有促渗作用，可促进其他功效性成分的渗透吸收，也用于制备皂类表面活性剂。

（7）亚油酸：又名十八碳二烯酸，是人和动物营养中必需的脂肪酸。为无色或淡黄色液体，在空气中易发生氧化反应。常作为润肤剂用于肤用化妆品中。

2. 高级脂肪醇　脂肪醇的化学通式为 ROH，其中"R—"为饱和或不饱和烃基。C_5 以下为低级醇，C_{12} 以上为高级醇。在化妆品中，低级醇一般用作溶剂或合成醇的原料，如甲醇、乙醇、异丙醇、丁醇等，作为油质原料的为 C_{12}~C_{18} 的高级脂肪醇。

（1）月桂醇：又称十二醇、正十二烷醇。一般为无色或白色半透明固体，具有弱而持久的油脂气息，熔点为 24℃，所以在夏天则为无色透明油状液体。不溶于水，溶于乙醇。一般以 C_{12}~C_{13}、C_{12}~C_{14} 混合醇形式出现，是制备表面活性剂的重要原料，也是制备众多有机化合物如酯类或胺类等物质的原料。

月桂醇可用于玫瑰型、紫罗兰型和百合花型香精配方中。

（2）鲸蜡醇：又名十六醇或棕榈醇。为白色块状或小立方状的固体。不溶于水，溶于油脂、矿物油以及沸腾的 95% 乙醇等。纯的鲸蜡醇熔点为 49.3℃。化妆品用鲸蜡醇中常含有约 10%~15% 的十八醇。

鲸蜡醇本身虽无乳化作用，但具有良好的助乳化作用，与 O/W 型乳化剂配合使用，可形成稳定的 O/W 型乳液，增加乳液的稳定性，也可以与 W/O 型乳化剂配合，得到稳定的 W/O 型乳液。鲸蜡醇还具有润滑皮肤，抑制油腻感，降低蜡类原料的黏性，促进乳化制品白色化的作用，且可使产品变软。可用作护肤膏霜等化妆品的乳剂调节剂、软化剂及助乳化剂，是各类化妆品中使用最为广泛的原料之一。

（3）硬脂醇：又名十八醇或硬蜡醇。为白色蜡状小片晶体或粒状体，有特殊气味。不溶于水，溶于乙醇等有机溶剂。纯品熔点为 59℃。

硬脂醇与鲸蜡醇相似，具有良好的助乳化性能，且作用强于鲸蜡醇，与鲸蜡醇配伍使用，可调节制品的稠度和软度。主要用作护肤膏霜类化妆品的乳化调节剂、软化剂，也具有润滑皮肤、抑制产品油腻感、降低蜡类原料的黏性以及促进乳化制品白色化等作用。

（4）异硬脂醇：又名异十八醇。为无味、透明液体。不溶于水。化学性质稳定，在 0℃ 左右仍维持液体状态。涂展性好，凝固点低，透气性好，抗氧化性良好。可作为润肤剂、溶剂、脂肪醇的代替品，用于日霜、乳液和防晒产品中。

（5）山嵛醇：又名正二十二醇。为白色球状或薄片固体。不溶于水。熔点为 68~72℃。增稠性优于十六醇、十八醇，且随温度的变化值非常小。作为赋脂剂，对头发具有更好的调理效果；作为珠光剂，可使表面活性剂体系产生珠光效应，广泛用于各类化妆品中。

（6）辛基十二烷醇：又名异二十醇。为无色至淡黄色透明液体，几乎无臭。性质稳定，适用于 pH 值在 1~14 范围内的任意配方。无刺激，无致敏性，无致黑头粉刺的副作用。中等极性及铺展性，肤感滑爽，对皮肤的亲和性好。作为润肤剂、溶剂用于清爽型润肤油及乳剂产品中。

（五）合成油质原料

化妆品用油质原料除来源于天然油质原料外，还有一个重要来源就是合成油质原料。合成油质原料可分为两类:一类是将天然油质原料经化学反应,然后经分离、提纯或精制等一系列处理后得到的各种天然油质原料的衍生物;另一类则是以合成化工原料,模拟天然油质原料的结构,进行化学合成而制得的油质类原料。

合成油质原料一方面可以更好地发挥天然油质原料所具有的优势,舍弃它们的不足或缺点(如颜色、气味等);另一方面也是为了制备满足化妆品性能和作用所需要的新型油质原料,从而使所制得的合成油质原料在纯度、物理性质、化学稳定性、皮肤吸收性、滋润性、抗微生物性及安全性等各方面均具有更优良的性能和作用。

1. 角鲨烷　是取自鲨鱼肝油的角鲨烯经加氢还原而得到的饱和烃。为无臭、无味、无色、惰性的透明油状液体,因其结构为角状而得名。稍溶于乙醇,溶于矿物油和其他动植物油。据研究表明,人体皮肤皮脂腺分泌的皮脂中约含有 10% 的角鲨烯、2.4% 的角鲨烷,人体可把角鲨烯转变成角鲨烷。现在多从橄榄油等植物油中提取角鲨烯加氢后获得角鲨烷。

角鲨烷的惰性很强,具有高度的稳定性(抗氧化、抗微生物)以及良好的安全性,熔点低,能使皮肤柔软,且没有油脂的强油腻感。主要作为高级化妆品的油性原料,用于各种膏霜、乳液、眼线膏和护发素等化妆品。

2. 羊毛脂衍生物　羊毛脂虽是一种性能良好的化妆品原料,但是由于其色泽及气味等问题,使其应用受到了限制。为此,人们对羊毛脂进行了大量的改性研究,以求在保留其良好特性的基础上消除其缺陷。目前已制得了许多性能优良的羊毛脂衍生物,现简要介绍如下。

(1) 聚氧乙烯羊毛脂:是利用羊毛脂上的羟基与环氧乙烷加成所得到的产物,并且根据加成环氧乙烷的摩尔数不同,可得到不同性质的产品。其产品性质随环氧乙烷加成数的增加而由油溶性变为水溶性,水溶性聚氧乙烯羊毛脂不仅具有较强的表面活性,同时仍保留了羊毛脂本身的特性,对头发、皮肤具有较好的柔软性和滋润性能。

(2) 聚氧乙烯氢化羊毛脂:由氢化羊毛脂和环氧乙烷加成反应制得。为乳白色至淡黄色的蜡状固体,带轻微气味,溶于水,微溶于矿物油和肉豆蔻酸异丙酯。由于聚氧乙烯氢化羊毛脂的抗氧化性好、稳定性高,非常适用于烫发剂。另外,它对各种活性成分,如苯酚、水杨酸等都有很好的相容性。同时,它保存了天然羊毛脂的许多特性,作为润滑剂用于护发素、唇膏和各种膏霜、乳液等化妆品。

(3) 羊毛脂醇:由羊毛脂经皂化水解而得。溶于热无水乙醇,不溶于水,但可吸收其 4 倍质量的水。比羊毛脂有更好的保湿性,对皮肤有很好的渗透性及柔软性。因其有降低表面张力的作用,所以具有乳化性和分散性,可作为 W/O 型乳液的乳化助剂。其性能较羊毛脂优越,可替代羊毛脂,多用于膏霜、乳液等化妆品。

(4) 羊毛脂酸:是由羊毛脂水解后再进一步脱臭精制得到的一种黄色蜡状固体,微有蜡质气味。本品能分散于蓖麻油、热白油中,不溶于水,与三乙醇胺等碱性物质作用,能制成 O/W 型乳化剂。通过进一步处理,羊毛脂酸还可生成许多羊毛脂衍生物。

(5) 乙酰化羊毛脂:将羊毛脂与乙酸酐反应,羊毛脂分子内的羟基和乙酸酐发生乙酰化反应,制得乙酰化羊毛脂。呈象牙色至黄色半固体状。溶于白油,不溶于水、乙醇及蓖麻油。熔点为 30~40℃。

乙酰化羊毛脂具有较好的油溶性及抗水性能,能形成抗水薄膜,减少水分蒸发,对皮肤无刺激,是很好的柔软剂。可用于护肤膏霜、乳液及防晒化妆品,与矿物油混合后,可用于婴儿油、浴油及唇膏、发油、发胶等化妆品。

3. 聚硅氧烷 又称硅油或硅酮,属于高分子聚合物,是一类无油腻感的合成油质原料。近三十多年来,由于聚二甲基硅氧烷及其衍生物所具有的许多优异特性使其在化妆品中已获得广泛应用。表3-5中列出了化妆品中常用的几类聚硅氧烷类原料在肤用产品及发用产品中所具有的主要作用。

表3-5 化妆品中常用的聚硅氧烷类原料及其特性

名称	在肤用产品中的作用	在发用产品中的作用
二甲基硅油	在皮肤表面形成疏水透气保护膜,降低产品黏腻感,改善皮肤的光滑度、柔软度和保湿效果,防止产品泛白	在头发表面铺展并形成疏水性的透气保护膜,改善头发的干、湿梳理性,为头发提供顺滑感和光泽度
苯基硅油	高折射率,与油脂相容性好,降低防晒剂油腻感,赋予皮肤丝滑肤感	高折射率,赋予头发光泽,抗紫外线
聚醚硅油	水溶性好,赋予皮肤丝滑感	赋予头发丝滑感,为产品提供保湿、稳泡作用
氨基硅油	不适合用于护肤品	抗静电,改善头发干、湿梳理性;赋予头发光泽、柔软、顺滑特性;修复受损的头发
烷基硅油	与有机原料相容性好,降低油脂的油腻感,提高润滑性,赋予皮肤丝滑肤感	与有机原料相容性好,降低产品的黏腻感;增强光泽和亮度

4. 脂肪酸酯 多数是由高级脂肪酸与低分子量的一元醇或多元醇酯化所得。合成脂肪酸酯多为饱和油脂,化学稳定性高,肤感从清爽到厚重,应有尽有,在化妆品中作为润肤剂、助渗剂及溶剂已被广泛应用。根据酯基个数,脂肪酸酯包括单酯、双酯、三酯等。

(1) 脂肪酸单酯:为一元醇脂肪酸酯,一般为液体,对油脂互溶性好,黏度较低,铺展性佳,渗透性好。

1) 棕榈酸异丙酯(IPP):又名十六酸异丙酯。为无臭、无味、无色或淡黄色透明油状液体。溶于乙醇,不溶于水,能与有机溶剂以任何比例混合。具有良好的润滑性及皮肤渗透性,无油腻感,也是油脂类原料的良好溶剂。可作为润肤剂、溶剂、助渗剂,用于各种护肤、护发及美容化妆品。

2) 肉豆蔻酸异丙酯(IPM):又名十四酸异丙酯,豆蔻酸异丙酯。为无味、无臭、无色至淡黄色透明油状液体。不溶于水,溶于乙醇。用作润肤剂、润滑剂时可代替矿物油,使产品不感到油腻,还可以用作乳剂类化妆品的油相原料和色素、香精及各种添加剂的溶剂。

3) 棕榈酸异辛酯:又称十六酸异辛酯。为无色至微黄色油状液体。是优良的润肤剂,其亲肤性优于IPP及IPM,刺激性低于IPP及IPM,是IPP及IPM的升级换代品。

4) 硬脂酸异辛酯:为无色至淡黄色透明液体,具有很好的触变性、延展性和流动性,亲肤性好。主要用于膏霜乳剂类化妆品。

此外,棕榈酸-硬脂酸异丙酯、异硬脂酸异丙酯、油酸癸酯、异十三醇异壬酸酯、月桂醇乳酸酯等均为脂肪酸单酯类原料。

（2）脂肪酸双酯

1）碳酸二辛酯：为无色、几乎无味的澄清液体。极性低，具有干爽的肤感和良好的延展性，对皮肤和黏膜刺激性较低，是有机防晒剂、硅油良好的溶剂。可用于防晒、彩妆、卸妆、护发、染发类产品。

2）新戊二醇二辛酸酯/二癸酸酯：为无色、透明的低黏度油状液体，稳定性好。具有良好的透气性、吸附性，可促进活性成分的吸收。亲肤性好，无黏腻感，不泛油光，赋予皮肤清爽、丝滑、天鹅绒般的肤感。用于护肤、防晒、护发、彩妆及婴儿产品。

（3）脂肪酸三酯

1）辛酸/癸酸三甘油酯：为近无色、无臭、低黏度的透明油状液体。无毒、无刺激，易与多种溶剂混合。延展性中等。常作为溶剂、渗透剂和润肤剂用于化妆品中。

2）甘油三（乙基己酸）酯：为无色至淡黄色透明液体。溶于大部分有机溶剂，是有机防晒剂较好的溶剂，也是固体粉末较好的分散剂。中等极性及中等延展性。化学稳定性好，抗氧化、耐酸碱。适用于彩妆、发用产品及防晒产品等化妆品。

5. 合成烷烃　烷烃是化妆品中常用的油质原料。矿物油质原料的主要成分是不同长度的碳链的直链烷烃。正构烷烃的封闭性强，合成烷烃都带有支链。

（1）氢化聚异丁烯：为有轻微特征气味的无色液体，无毒、无刺激性，致敏性低。具有很好的耐热性和耐光性，在 pH 值 3.0~11.0 范围内稳定性好。透气性、渗透性比白矿油、凡士林等正构烷烃强，滋润不油腻。可与大部分紫外吸收剂相配伍。市售产品有低聚和高聚两种氢化聚异丁烯，低聚物黏度低，延展性好，有轻盈丝质的肤感；高聚物黏度高。常用于各种护肤、彩妆、护发、防晒等产品。

（2）氢化聚癸烯：是由聚合度不同的系列化合物组成的混合物。为无色、无味的透明液体。微溶于乙醇，溶于甲苯。无毒、无刺激性。肤感清爽不油腻，能与环甲基硅油、矿物油、油脂完全相容，在较宽的 pH 值范围内稳定。市售产品根据聚合度或分子量的不同制成不同型号的产品。常作为润肤剂、头发调理剂和活性物及香精的增溶剂，广泛用于护肤、护发、彩妆、按摩油等化妆品，特别适合于婴儿、敏感皮肤护理产品。

（3）异构烷烃：主要包括异辛烷、异十二烷、异十六烷及异二十烷等。为无色、无味的澄清透明液体。安全、无刺激性，稳定性好。与其他油性原料有较好的配伍性，不黏腻，具有丝般滑爽感。挥发性和肤感取决于碳链的不同而不同。可作为 IPM、IPP、硅油以及角鲨烷等油质原料的代替品，用于各类护肤品和彩妆等产品。

（六）油质原料的安全风险

理想的油质原料应该是无臭的无色液体或白色固体，并且要求不易氧化。

1. 动植物油质原料的安全风险　动植物油质原料中多含有大量的不饱和脂肪酸，不饱和键的存在使其容易被氧化而发生酸败变质现象，不仅发出异味，使化妆品变色，影响化妆品质量，还会刺激皮肤，引起皮肤炎症。

2. 矿物油质原料的安全风险　矿物油质原料的主要成分以饱和正构烷烃为主，不易被皮肤吸收，不易清洗。长期使用矿物油会导致毛孔粗大、皮脂腺功能紊乱，阻止营养物质的吸收；还会吸附空气中的灰尘，造成汗腺口和毛囊口的堵塞，使得细菌繁殖，引起毛囊炎、痤疮等，还可能出现黑皮和皱纹。质量低劣的凡士林含卤素物质，容易引起痤疮。羊毛脂有潜在的变态反应性。精制石蜡危害性较小，但粗制石蜡则是致癌物质。

3. 合成油质原料的安全风险 合成油质原料综合了动植物油质原料和矿物油质原料的优点,用途广泛。但在存储过程中可能会受到温度、湿度、微生物、空气及阳光等作用的影响而变质,对皮肤产生刺激性和过敏性。

安全性是化妆品的首要特性,油质原料作为化妆品的基质原料,其质量的优劣以及选用是否合理,直接影响产品的安全性。了解油质原料存在的安全风险并加以防范,严把原料质量关,合理选用,对确保化妆品的安全性是至关重要的。

二、粉质原料

粉质原料是化妆品中的重要原料,主要用于粉类化妆品中,如爽身粉、香粉、粉饼等,其用量可高达配方组分总量的 30%~80%,在化妆品中主要发挥遮盖、滑爽、附着、吸收和延展等作用。

化妆品用粉质原料一般均来自天然矿产粉末,如滑石粉、高岭土、黏土等,这些粉质原料的质量应满足以下要求:①细度达 300 目以上,水分含量在 2% 以下;②重金属含量不可超过质量标准规定含量;③具有良好的遮盖性、延展性、附着性及吸收性。

(一) 化妆品常用的粉质原料

1. 滑石粉 又称画石粉、水合硅酸镁超细粉。为无臭、无味、白色或类白色、微细、无砂性的粉末,主要成分为含水硅酸镁。手摸有滑腻感,不溶于水。

滑石粉化学性质不活泼,其延展性为粉质原料中最佳者,但其吸油性和附着性稍差。本品是粉类化妆品不可缺少的原料,主要用于制造香粉、胭脂、爽身粉和痱子粉等。

2. 氧化锌 又称锌白粉。为无臭、无味的白色晶体或粉末。不溶于水和乙醇。长期置于潮湿空气中易变质。

氧化锌具有较强的遮盖力和附着力,且对皮肤具有收敛性和杀菌性,在化妆品中主要用于香粉类化妆品,还可用于粉底液、粉底霜等化妆品中。

3. 二氧化钛 又称钛白粉。为无臭、无味的白色无定形粉末。不溶于水。

二氧化钛化学性质稳定,是重要的白色颜料,为颜料中颜色最白的物质。其遮盖力及着色力为粉质原料中最强者,其中遮盖力为锌白粉的 2~3 倍,着色力为锌白粉的4 倍。本品的附着性及吸油性亦佳,但延展性差,不易与其他粉料混合均匀,所以最好与锌白粉混合使用,以克服此项不足。用量一般在 10% 以内。

二氧化钛在粉类化妆品中应用很广,可作为香粉、粉饼及粉底等化妆品的遮盖剂,也常作为紫外线屏蔽剂用于防晒化妆品。

4. 高岭土 是一种以高岭石为主要组成的黏土,有滑腻感、泥土味。易分散悬浮于水中,具有良好的可塑性和较高的黏结性。

高岭土具有白度高、质软等特点,能够抑制皮脂,吸收汗液,对皮肤有黏附作用;与滑石粉配合使用,可消除滑石粉的闪光性,是粉类化妆品的主要原料。主要用于制造香粉、粉饼、胭脂及面膜等化妆品。

5. 膨润土 是以蒙脱石为主要成分的可塑性很高的黏土。为无臭、微带泥土气味的近白色或浅黄色粉末。不溶于水,但与水的亲和力较强,遇水可膨胀到原体积的

8~14倍。在化妆品中主要用作增稠剂、填充剂、黏合剂和悬浮剂,pH 值 >7 时稳定。可用于含粉剂的乳液、膏霜和面膜等化妆品。

6. 硬脂酸锌　又称为脂蜡酸锌、十八酸锌。为稍带刺激性气味的白色轻质粉末,有滑腻感。溶于热乙醇、苯等有机溶剂,不溶于水、乙醇、乙醚。

硬脂酸锌对皮肤有良好的黏附性和润滑性,在化妆品中主要用作黏附剂,常用于胭脂、香粉等化妆品的制备,还可作 W/O 型乳状液的稳定剂。

7. 硬脂酸镁　又称为十八酸镁。为无臭、无味的白色微细轻质滑腻粉末,易附着于皮肤。硬脂酸镁性质稳定,其性能特点与应用与硬脂酸锌大致相同。

8. 碳酸钙　分为天然和人工两类,不溶于水,能被稀酸分解出 CO_2。天然碳酸钙又称重质碳酸钙,因其粉末颗粒较粗,色泽较差,在化妆品中很少应用;人工碳酸钙又称轻质碳酸钙,粉末质地细腻,化妆品中较为多用。

碳酸钙对皮肤分泌物如汗液、油脂具有吸着性,且具有掩盖作用,还能除去滑石粉的闪光现象。多用于香粉、粉饼等粉类制品。另外,由于碳酸钙具有良好的吸收性,故可作为香精的混合剂。

9. 碳酸镁　为无臭、无味的白色轻质粉末。不溶于水和乙醇,常以碱式碳酸镁的形式存在,遇酸会分解放出 CO_2。

碳酸镁具有很强的吸附性,其吸附性是碳酸钙的 3~4 倍,主要作为吸附剂用于香粉、水粉等化妆品中。

 知识链接

粉质原料的表面处理

通过各种表面处理剂及物理化学方法在粉体表面进行表面化学反应及表面化学包覆,可改善粉末分散性能以及耐光、耐温、耐化学品等诸多性能。了解粉质原料的表面处理可以有针对性地开发各种鲜明特点的产品。

表面处理剂的分类:根据表面处理剂的不同,分为无机表面处理剂和有机表面处理剂。依据处理后的粉体性质,可分为亲水性表面处理剂和疏水性表面处理剂。

不同的表面处理剂,可赋予粉质原料不同的表面特性。例如,聚二甲基硅氧烷处理剂可赋予粉体更强的疏水性、柔滑性、亲肤性强;全氟辛基三乙氧基硅烷可赋予粉体很好的防水防油性,可使彩妆妆容持久;月桂酰天冬氨酸钠可使粉体肤感柔和,具有较好的延展性和丝滑性;月桂酰赖氨酸可使粉体具有柔滑的肤感,且可抗静电、抗氧化。此外,粉体原料还可进行丙烯酸酯处理、蜡类处理、钛酸酯处理、金属皂处理等。

(二)粉质原料的安全风险

粉质原料一般都来自天然矿物,主要用于制造香粉类化妆品,长期使用这类化妆品可能会堵塞人体皮肤毛孔,造成皮肤粗糙。此类原料还有可能会携带如铅、砷等一些有毒物质,氧化锌中还可能会带有金属镉,滑石粉中可能会有石棉的存在。因此,使用粉质原料时,对其安全性有较高要求,应严把原料质量关,所携带的有毒物质限量必须符合《化妆品安全技术规范》(2015 年版)中的规定。

三、溶剂原料

溶剂是绝大多数化妆品中不可缺少的一类主要组成部分,在制品中主要起溶解作用。一些固态化妆品的组分中虽不包括溶剂,但在生产过程中,有时也常需要使用一些溶剂,例如制品中的香料、颜料需借助溶剂进行均匀分散,制作粉饼等产品中需要用一些溶剂溶解胶黏剂等。此外,溶剂原料还具有润湿、增塑、收敛等作用。

1. 水 水是化妆品的重要原料,是一种优良的溶剂。水的质量对化妆品产品的质量有重要影响,所以化妆品中所用的水必须经过处理,要求水质纯净、无色、无味,且不含钙、镁等金属离子。选用去离子水或蒸馏水均可。现在常用离子交换树脂进行离子交换使硬水软化,从而得到去离子水。

2. 醇 低碳醇作为溶剂原料在化妆品中使用广泛,作用突出,是多数产品中不可或缺的原料。

(1) 乙醇:俗称酒精。在常温、常压下是一种易燃、易挥发的无色透明液体,其水溶液具有特殊的、令人愉快的香味,并略带刺激性。沸点为 78.3℃。

乙醇用途很广,在化妆品中主要用作溶剂,是制造香水、花露水等化妆品的主要原料。

(2) 丙二醇:为无色、几乎无臭、味微苦的易燃性透明黏稠液体。可与水、乙醇和大多数有机溶剂混溶。

丙二醇在化妆品中被广泛用作保湿剂和溶剂。是染料和精油的良好溶剂,在染发化妆品中用作匀染剂。

(3) 正丁醇:为无色液体,有乙醇味。能与乙醇、乙醚及其他多种有机溶剂混溶。沸点为 117.7℃。

正丁醇在化妆品中是制造指甲油等化妆品的溶剂原料。

3. 酯 在化妆品中可作为溶剂的酯类原料主要有以下几种。

(1) 乙酸乙酯:又称醋酸乙酯。为无色、具有芳香气味的易燃性澄清液体。沸点为 77.2℃。

乙酸乙酯在化妆品中主要作为溶剂,用于指甲油等化妆品中,用以溶解硝化纤维素等皮膜形成剂,也是指甲油脱膜剂的原料,以溶解和去除指甲油的皮膜。又因其具有令人愉快的芳香气味,也被用于制备合成香料。

(2) 乙酸丁酯:又称醋酸丁酯。为无色的易燃性透明液体。有甜的果香,稀释后会散发出令人愉快的菠萝、香蕉似的香气。溶于乙醇、乙醚、丙酮,微溶于水,在弱酸性介质中较稳定。沸点为 118℃。

乙酸丁酯在化妆品中主要作为溶剂用于指甲油中,以溶解硝化纤维素、丙烯酸树脂等皮膜形成剂,可与醋酸乙酯合用,也可用于配制指甲油的脱膜剂。

(3) 乙酸戊酯:又名醋酸戊酯。为无色、具有水果香味的易燃性透明液体。微溶于水,能与乙醇、乙醚互溶。沸点为 149.3℃。

乙酸戊酯常用作溶剂、稀释剂,可用于指甲油等化妆品及香精的制备。

第二节　辅　助　原　料

化妆品辅助原料是化妆品配方中用量较少,但又必不可缺的一类原料,对于化妆品的功能性、稳定性及化妆品的成型、颜色、气味等都发挥着重要作用。主要包括表面活性剂、增稠剂、防腐剂、抗氧化剂、香精、香料及着色剂等。

一、表面活性剂

表面活性剂在化妆品中用途十分广泛,具有去污、润湿、分散、发泡、乳化、增稠等多种功能,是化妆品辅助原料中最为重要的一类。大多数化妆品都是应用表面活性剂的某些功能而制得的具有不同性能的产品,下面将表面活性剂的基本知识加以简要介绍。

(一)表面活性剂概述

1. 表面活性剂的相关概念

(1)均相体系和非均相体系:为了便于研究,人们通常把所研究的对象中的物质或空间称为体系。体系中性质完全相同而与其他部分有明显分界面的均匀部分称为相。如:在一杯茶水中,茶叶和水之间有分界面,茶叶为固相,茶水为液相。只含一个相的体系称为单相体系或均相体系,如:空气、糖水、食用油等。含有两个或两个以上相的体系称为多相体系或非均相体系,如:压榨果汁、防晒霜等。

(2)分散系:一种或几种物质以细小的微粒分散在另一种物质中所得到的体系叫做分散系。如盐水、泥浆、洗面奶等。其中被分散的物质叫做分散相或分散质,容纳分散质的物质叫做分散介质或分散剂。如盐水、泥浆、洗面奶中的盐、泥土、油脂等都是分散相,而水则是分散剂。分散系可以是单相体系,如盐水,也可以是多相体系,如洗面奶、泥浆。

根据分散相粒子的大小可将分散系分为:粗分散系(分散相粒径 >100nm)、胶体(分散相粒径在 1~100nm)、分子离子分散系(分散相粒径 <1nm)。

(3)界面和表面:在非均相体系中相与相之间的接触面称为界面,如水油分散系中水与油的接触面。而构成接触面的两个面就是各相的表面,如河面,就是河水与空气的界面。

(4)表面张力:又称为界面张力,它是相表面(界面)层分子所受到的一种力。我们以液体和气体组成的体系为例来理解液体表面层分子的受力情况,如图 3-1。

物质分子之间存在作用力,每一分子都会受到周围分子的吸引,并且在不同的相中,分子吸引力的大小不同。对于图中液体 A 分子而言,它处在液体内部,来自各方向的吸引力大小相等,彼此相互抵消,合力为零。对于图中表面层的 B 分子而言,它处在液体表面,表面上方空气分子对它的吸引力是微不足道的,因此它在上下方向上所受的合力不为零,其合力是一个指向液体内部并与液面垂直的作用力,这种合力把液体表面上的

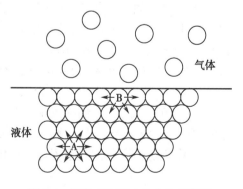

图 3-1　液体表面张力的产生示意图

分子拉向液体内部,使液体表面积具有缩小的趋势。我们将单位长度上表面层分子受到的这种向内收缩的作用力,称为表面张力,单位为 N/m(牛顿/米)。

日常生活中我们见到的荷叶上的水珠、吹出的肥皂泡沫等,它们都是球形,就是因为表面层分子受到向内收缩的表面张力作用的缘故。

表面张力的大小取决于表面层分子受力的大小,在气液界面上,液面上分子的受力主要是液体内部分子的吸引力,分子间的吸引力越大,表面张力越大;在液液界面上,液面上分子的受力取决于界面上力的合力,即液体内部分子的吸引力和界面上另一液相中分子对它的吸引力,这两个力方向相反,因此,两液相间分子作用力相差越大,表面张力也越大;表面张力越大,表面层向内收缩越紧密,两相之间的相溶性就越小,越容易产生同相间的聚合而出现分层现象。因此,要使多相分散体系稳定,降低表面张力是最主要的因素。

(5)表面活性剂的含义:在油水体系中,由于油与水互不相溶,所以油水两相的界面张力使其无法形成均匀而相对稳定的分散体系,只能以油水分层的稳定形式存在。如果加入合适的表面活性剂,经过一定的搅拌后,就能得到外观为乳白色的比较稳定的油水分散体系。这是由于表面活性剂显著降低了油水两相的界面张力的缘故。因此,我们把这种能够显著改变其他物质的表面性质(表面张力,表面润湿等)的物质称为表面活性剂,也称为界面活性剂。

2. 表面活性剂的结构特点

(1)结构特点:表面活性剂分子是由亲水基和亲油基两部分组成,因此,我们又称其为两亲分子。其亲水基是亲水(憎油)的极性基团,如—OH、—NH$_2$、—COOH、—COONa 等;亲油基是亲油(疏水)的非极性基团,如—R(长链烃基)等。以肥皂($C_{17}H_{35}COONa$)为例,它就是由亲水基—COONa 和亲油基 $C_{17}H_{35}$—组成的。

(2)标示:表面活性剂的分子结构比较复杂,分子式的书写也比较麻烦,为了方便表达,我们用矩形和圆分别表示表面活性剂的亲油和亲水两部分。现仍然以肥皂分子($C_{17}H_{35}COONa$)为例,表面活性剂结构如图 3-2。

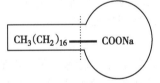

图 3-2 表面活性剂结构示意图

(3)HLB 值的含义:表面活性剂分子的两亲性随着基团极性的不同而不同。为了测量表面活性剂的两亲能力,Griffin 提出了 HLB 值的概念。HLB 值是指表面活性剂的亲水基和亲油基之间在大小和力量上的平衡程度的量。简单地说,HLB 值表示亲水亲油的平衡。它与分子的化学结构、极性强弱或分子中的水合作用有关。HLB 值高表示表面活性剂的亲水性强;反之,则表示其亲油性强。

离子型表面活性剂的 HLB 值在 1~40 之间,非离子型表面活性剂的 HLB 值在 1~20 之间。表面活性剂的 HLB 值不同,应用也不同,其应用情况见下表 3-6。

表 3-6 不同 HLB 值下表面活性剂的应用

HLB 范围	应用	HLB 范围	应用
1.3~3.0	消泡剂	8~14	O/W 乳化剂
3~6	W/O 乳化剂	9~13	去垢剂
7~9	润湿剂	13~20	增溶剂

上表数据说明,对于化妆品中应用最多的乳化剂,可以根据产品乳化类型的要求,选择 HLB 值为 3~6 或 8~14 范围内的表面活性剂。但这种选择不是绝对的,例如,鲸蜡醇虽然有较强的亲油性,却常用作 O/W 型乳剂的助乳化剂。

(4)表面活性剂溶液的定向排列与胶束形成

1)表面活性剂分子的定向排列:将表面活性剂加入到油水分散系中,由于其两亲分子的结构特征,分子中的极性基团受水分子的吸引伸入水中,非极性基团被水分子排斥,与油相相溶而伸入油中。因此,表面活性剂分子总是选择尽可能停留在油水界面上,从而达到亲水部分在水中,亲油部分在油中,形成表面活性剂分子在油水界面上定向有序排列,使两相界面性质发生改变,降低了油水之间的表面张力。

2)胶束形成:将表面活性剂溶于水中,当水溶液中表面活性剂浓度较低时,表面活性剂的两亲性使得大部分表面活性剂分子定向有序地排列在分散系的界面(即水溶液表面)上;而它的运动性,使得有少部分表面活性剂分子处于溶液内部。随着表面活性剂的浓度增大,界面上渐渐被表面活性剂分子排满,形成单分子吸附层;随着单分子吸附层的形成,溶液内部表面活性剂分子的数目也在增多,由于其亲油基团的疏水性,使得它们的亲油基会相互靠拢,亲水基朝向水而分散在水中,当达到一定浓度时,表面活性剂分子立即会相互聚集成较大的球状、棒状或层状的集团——胶束。组成胶束结构的众多表面活性剂分子中,亲水基团朝外,与水相接触;亲油基团朝里被包裹在胶束内部,几乎和水脱离。

我们把表面活性剂达到形成胶束的最低浓度称为临界胶束浓度,以 CMC 表示。CMC 是表面活性剂的一个重要指标,表面活性剂的用量总是以略高于 CMC 为好。人们通过实验已经测定出大多数表面活性剂的 CMC。

3. 表面活性剂在化妆品中的主要作用　表面活性剂的应用促进了化妆品这门学科的发展,其性能的多样性促使了化妆品品种的多样化。在化妆品中表面活性剂主要具有乳化、增溶、洗涤、发泡、润湿、分散、抗菌、柔软等作用,可用作乳化剂、增溶剂、洗涤剂、发泡剂、润湿剂、分散剂等。

(1)乳化作用及乳化剂:表面活性剂在化妆品领域中应用最广的就是乳化作用。化妆品中的膏霜、奶液等都是油水混合体系,油与水彼此难以溶解,要将油在水中分散或水在油中分散,并形成稳定的分散体系,只有添加表面活性剂,降低了表面张力才可以实现。这种具有促进油水分散并使分散体系相对稳定的表面活性物质称为乳化剂,乳化剂所起的作用叫乳化作用,这种油水分散体系称为乳剂,有水包油(表示为“油 / 水”或“O/W”)和油包水(表示为“水 / 油”或“W/O”)两种基本类型。

(2)增溶作用及增溶剂:表面活性剂能使不溶或微溶于水的有机化合物的溶解度显著增大,且溶液呈透明状,这种作用称为增溶作用。能产生增溶作用的表面活性剂称为增溶剂,被增溶的有机物称为被增溶物。

(3)洗涤作用及洗涤剂:表面活性剂具有清除人体表面油脂和污垢的作用,这种作用称为洗涤作用。具有洗涤作用的表面活性剂称为洗涤剂。

(4)润湿作用及润湿剂:润湿是指固体表面的气体被另一种液体代替的过程,通常另一种液体是水,能增强这一取代能力的物质称为润湿剂,这样的作用叫润湿作用。几乎所有的表面活性剂都有一定的改善水润湿的能力。

人体的皮肤表面含有一定的油脂,水溶液类型的化妆品不易润湿皮肤,使其不容易在皮肤上铺展开来。利用表面活性剂的润湿作用,能增加油水间的亲和性,化妆品就比较容易在皮肤表面铺展开,它的营养成分等才能与皮肤充分接触并渗入到皮肤深层,从而发挥其自身作用。

(5) 分散作用及分散剂:固体粉末加入液体中往往会聚集而下沉或上浮,加入某些表面活性剂后便能降低固体颗粒之间的聚集,使颗粒稳定地悬浮在溶液中。这种使悬浮溶液得以稳定的作用称为分散作用,具有这种作用的表面活性物质称为分散剂。

4. 表面活性剂的分类　表面活性剂分子具有双亲结构,其亲油基团一般是由碳、氢元素组成的原子团,即烃基,而亲水基团种类则较多,多为含有氧元素或氮元素的原子团。其中亲水基在种类和结构上的不同,要比亲油基的不同对表面活性剂的影响大,因此,表面活性剂的分类也多以其亲水基的结构特点作为依据。

表面活性剂通常可分为离子型表面活性剂和非离子型表面活性剂两大类。非离子型表面活性剂溶解于水时不发生电离而呈电中性。离子型表面活性剂在水中可以电离,根据亲水基所带电荷的不同又可将其分为阴离子型表面活性剂、阳离子型表面活性剂和两性表面活性剂三类,其中亲水基带有负电荷的为阴离子型表面活性剂,亲水基带有正电荷的为阳离子型表面活性剂,亲水基既带有负电荷、又带有正电荷的为两性表面活性剂。

在化妆品中应用最多的是非离子型和阴离子型表面活性剂。阳离子型表面活性剂应用较少,而且其不宜与阴离子型表面活性剂共用,否则它们具有表面活性部分的离子就会相互结合而成为不溶性高分子物质,失去表面活性作用,使用时应加以注意。两性表面活性剂由于具有阴离子、阳离子和非离子的特点,因而和其他类型的表面活性剂均有很好的相容性。

(二) 化妆品中常用的表面活性剂

1. 阴离子型表面活性剂　阴离子型表面活性剂根据亲水基的不同又可分为高级脂肪酸盐、磺酸盐、硫酸酯盐、磷酸酯盐、N-酰基氨基酸及其盐等不同的类型,其亲水基分别为羧基、磺酸基、硫酸基、磷酸基、氨基与羧基等。

在化妆品原料中,阴离子型表面活性剂多作为洗涤剂、发泡剂,也可作为乳化剂。

(1) 高级脂肪酸盐:高级脂肪酸盐即为肥皂,其化学式为 RCOOM,R—为烃基,其碳原子数在 $C_8 \sim C_{22}$ 之间,M 为 K^+、Na^+ 等。肥皂是以动植物油脂与碱的水溶液经加热皂化反应而制得。其反应式如下:

$$
\begin{array}{c}
CH_2O-\overset{\overset{O}{\|}}{C}-R_1 \\
| \\
CHO-\overset{\overset{O}{\|}}{C}-R_2 \quad + \quad 3KOH \xrightarrow{\triangle} \quad
\begin{array}{c}
CH_2OH \\
| \\
CHOH \\
| \\
CH_2OH
\end{array}
\quad + \quad R_1COOK \ + \ R_2COOK \ + \ R_3COOK \\
| \\
CH_2O-\overset{\overset{O}{\|}}{C}-R_3
\end{array}
$$

制备肥皂所用的碱可以是氢氧化钠、氢氧化钾或三乙醇胺等,制得的肥皂分别称为钠皂、钾皂和胺皂。通常情况下,钠皂较钾皂硬,胺皂最软。肥皂的硬度还与其脂肪酸碳链的长短及饱和度有关,脂肪酸的碳链越长、饱和度越高,则肥皂就越硬。如硬脂酸皂较月桂酸皂硬,月桂酸皂较油酸皂硬。

具有代表性的皂类原料有硬脂酸钠、月桂酸钾等。其中硬脂酸钠常用作化妆品

的乳化剂;月桂酸钾常用作洗涤剂,主要用于液体皂和香波等化妆品中。

(2) 磺酸盐:磺酸盐的化学通式为 $R-SO_3M$,R——的碳数在 $C_8\sim C_{20}$ 之间,M 主要为 Na^+ 等。易溶于水,具有良好的发泡性,在酸性溶液中不易发生水解,主要用于洗涤剂。

具有代表性的磺酸盐原料有十二烷基苯磺酸钠、琥珀酸酯磺酸钠、烯基烷磺酸盐和羟基磺酸盐等。

(3) 硫酸酯盐:硫酸酯盐的化学通式为 $ROSO_3M$,R——的碳数在 $C_8\sim C_{18}$ 之间,M 为 Na^+、K^+、$[NH(CH_2CH_2OH)_3]^+$。此类表面活性剂有良好的发泡性和洗涤能力,在硬水中稳定,其水溶液呈中性或微碱性,主要用于清洁用化妆品中。

具有代表性的硫酸酯盐原料有十二烷基硫酸钠、十二烷基硫酸三乙醇胺、聚氧乙烯十二醇硫酸酯钠、单月桂酸甘油酯硫酸钠等。

(4) 磷酸酯盐:磷酸酯盐主要包括单酯盐和双酯盐两种,a 为单酯盐,b 为双酯盐。其中 M 为 Na^+、K^+ 等。

$$\begin{array}{cc}
\begin{array}{c} OM \\ | \\ RO-P=O \\ | \\ OM \end{array} &
\begin{array}{c} OR \\ | \\ RO-P=O \\ | \\ OM \end{array} \\
(a) & (b)
\end{array}$$

此类表面活性剂对酸碱有良好的稳定性,洗涤能力好,易生物降解。主要用作乳化剂、洗涤剂、抗静电剂和消泡剂等。

具有代表性的磷酸酯盐原料有十二烷基磷酸酯钾及月桂基磷酸酯钠等。

(5) N- 酰基氨基酸及其盐:是由 α- 氨基酸的氨基酰化后制得,酰基部分可以由单一的脂肪酸或天然脂肪酸引入。氨基的电性由于酰化而被中和,故属于阴离子型表面活性剂。N- 酰基氨基酸的化学通式为 $RCONHR'COOH$,R'——为氨基酸的脂族基,酰基可为月桂酰基、肉豆蔻酰基、硬脂酰基、油酰基等。

N- 酰基氨基酸的碱金属盐有较好的洗涤能力,作用温和,没有脱脂的缺点,对皮肤、头发和眼睛的刺激性较小,且对硬水稳定,因此主要作为洗面奶、浴液、洗发护发香波和其他洗涤用品的原料。

具有代表性的 N- 酰基氨基酸及其盐原料有 N- 酰基谷氨酸盐、N- 酰基肌氨酸及其盐、N- 酰基多肽及 N- 甲基 -N- 酰基牛磺酸盐等。

2. 阳离子型表面活性剂　阳离子型表面活性剂的去污力和发泡力虽然比阴离子型表面活性剂差,但易在头发表面形成吸附性保护膜,能赋予头发光泽、柔软、抗静电、易梳理等特性,同时也具有较好的杀菌作用。一般主要用作头发调理剂和杀菌剂等。

阳离子型表面活性剂主要包括季铵盐和胺盐型两类,前者在化妆品中应用较为广泛。

(1) 季铵盐类阳离子型表面活性剂:在阳离子型表面活性剂中应用最广。此类表面活性剂在形式上可看作是铵离子(NH_4^+)的氮原子上的 4 个氢原子被烃基取代生成,可表示为 $R_1R_2R_3R_4N^+X^-$,4 个烃基中只有 1~2 个是长碳链的,而其余的为短碳链,短碳链的碳数为 $C_1\sim C_2$ 的烷基。

代表性季铵盐类阳离子型表面活性剂原料主要有十二烷基三甲基氯化铵(1231)、

十六烷基三甲基氯化铵(1631)、十八烷基三甲基氯化铵(1831)、十二烷基二甲基苄基氯化铵及油酰乙胺基二甲基苄基氯化铵等。其中前三种属于烷基三甲基氯化铵型,主要用作头发调理剂;十二烷基二甲基苄基氯化铵属于二烷基二甲基氯化铵型,主要用作杀菌剂;油酰乙胺基二甲基苄基氯化铵属于酰胺基季铵盐型。

(2) 胺盐类阳离子型表面活性剂:伯、仲、叔胺的盐总称为胺盐,它们的性质相近,难以区分。可分为高级胺盐型与低级胺盐型两大类,在此不做详细介绍。

3. 两性表面活性剂 两性表面活性剂的亲水基部分既带有正电荷、也带有负电荷,可表示为 R—A^+—B^-。其中 R— 为亲油基;A^+ 为带正电荷的亲水基团,常为含氮基团;—B^- 是带负电荷的亲水基团,通常是羧酸基和磺酸基。

两性表面活性剂可分为咪唑啉型、氨基酸型、甜菜碱型、牛磺酸型及氧化胺型等几种类型。下面仅对甜菜碱型、氨基酸型和氧化胺型加以简要介绍。

(1) 甜菜碱型两性表面活性剂:甜菜碱型两性表面活性剂最早是从甜菜中得到的,故得名,其化学结构通式为:

$$\underset{CH_3}{\overset{CH_3}{R—\overset{|}{\underset{|}{N^+}}—CH_2CH_2COO^-}} \qquad R— 为 C_7 以上$$

此类表面活性剂具有良好的发泡、洗涤和增稠性能,多用于洗发香波和沐浴液中。代表性原料有十二烷基二甲基甜菜碱及椰油酰胺丙基甜菜碱等。

(2) 氨基酸型两性表面活性剂:主要是指 β- 氨基丙酸的衍生物。常用的有 N- 烷基 -β- 氨基丙酸钠及二丙酸盐。

此类表面活性剂处于中性或碱性 pH 值范围时,有优良的发泡能力;处于两性状态时,对头发亲和力好;而在低 pH 值状态下,则表现出阳离子性质,失去发泡能力。代表性原料有十二烷基 -β- 氨基丙酸钠及十二烷基 -β,β- 氨基二丙酸钠等。

(3) 氧化胺类:就化学性质而言,氧化胺为两性表面活性剂,与阴离子型、阳离子型和非离子型表面活性剂均具有相容性。其在中性和碱性介质中显示出非离子特征,而其在酸性介质中显示出弱阳离子特征。

氧化胺具有发泡、稳泡、乳化、润滑、抗静电和润湿等性能,对皮肤性能温和,对眼睛刺激性小,与其他组分混合使用可提高抗刺激性效果。与季铵盐配合使用,可使季铵盐作为化妆品的防腐剂。在化妆品中主要有三种类型氧化胺,即烷基二甲基氧化胺、烷基二羟乙基氧化胺以及烷酰丙氨基二甲基氧化胺。

(4) 磷脂类:磷脂是指含有磷酸的脂类,是生命的基础物质之一。纯净的磷脂为白色蜡状固体,普遍存在于动植物细胞的原生质和细胞膜中,是天然表面活性剂。目前,磷脂类表面活性剂主要来源于大豆。磷脂对皮肤有很好的适应性和渗透性,能增进皮肤的柔软性和弹性,减少皮肤皱纹,具有延缓皮肤衰老的功效,常用作膏霜和乳液的乳化剂、泡沫稳定剂。

4. 非离子型表面活性剂 非离子型表面活性剂溶于水时不发生解离,其亲水基主要是由具有一定数量的含氧基团,如羟基、聚氧乙烯链以及聚氧丙烯链等构成的。

由于非离子型表面活性剂在水溶液中不是以离子状态存在,因此不易受酸、碱和电解质的影响,稳定性好,并有良好的溶解性,与其他类型表面活性剂相容性好。具

有较好的洗涤、乳化、发泡、增溶、杀菌、抗静电和保护胶体等多种功能,广泛应用于各类化妆品。按照亲水基的不同,可将非离子型表面活性剂分类介绍如下。

(1) 聚乙二醇类:这类非离子型表面活性剂是采用具有活泼氢原子的亲油性原料和环氧乙烷进行加成反应而制得。其中活泼氢原子是指—OH、—COOH、—NH$_2$ 和—CONH$_2$ 等基团中的氢原子。此类表面活性剂的制备是通过在亲油性原料的分子结构中引入亲水基团(聚氧乙烯链),使得该原料的分子结构中既具有亲油基团、又具有亲水基团,从而符合表面活性剂的结构特点。

1) 长碳链脂肪醇聚氧乙烯醚(脂肪醇聚醚 -n):由长碳链脂肪醇与环氧乙烷进行加成反应制得,控制反应条件,可与不同数目的环氧乙烷分子加成,n 在 10~15 时,则表现出较好的洗涤能力。反应式为:

$$R{-}OH \ + \ nCH_2{-}CH_2 \xrightarrow[\text{NaOH}]{\text{催化剂}} RO{-}(CH_2CH_2O)_n H$$

其中 R—OH 可为:月桂醇、十四醇、鲸蜡醇、油醇与硬脂醇等。

这类表面活性剂稳定性高,生物降解性和水溶性好,且具有良好的润湿性能。可用作乳液类化妆品的乳化剂。

2) 烷基酚聚氧乙烯醚(烷基酚聚醚 -n):利用酚羟基与环氧乙烷进行加成反应制得,反应式为:

$$R{-}C_6H_4{-}OH \ + \ nCH_2{-}CH_2 \xrightarrow[\text{NaOH}]{\text{催化剂}} R{-}C_6H_4{-}O{-}(CH_2CH_2O)_n H$$

其中 R—为 C$_9$H$_{19}$—时,生成壬基酚聚氧乙烯醚;当 n 取不同数值时,烷基酚聚氧乙烯醚的性质也不相同。当 n 为 4 时,产物不溶于水;n 为 6~7 时,常温下产物全部溶于水;n 为 8~12 时,产物具有良好的润湿、渗透、乳化和洗涤能力;n 大于 15 时,产物渗透和洗涤能力降低,可作为特殊乳化分散剂。

烷基酚聚氧乙烯醚稳定性好,具有耐酸碱、耐氧化、耐硬水及耐盐类的特点,可与阴离子型、阳离子型及非离子型表面活性剂混用。在化妆品中具有洗涤、分散、乳化、渗透、润湿等功能。

3) 脂肪酸聚氧乙烯酯(PEG-n 脂肪酸酯):由脂肪酸与环氧乙烷加成而制得。这类表面活性剂分子中结合的乙氧基数目越多,其增稠能力就越强。与上述两类聚乙二醇型表面活性剂的性能相比,其洗涤和渗透能力较差,而且在酸碱存在条件下可能发生水解,使用时应加以注意。

常用的脂肪酸有月桂酸、油酸、硬脂酸等。油酸和硬脂酸的聚氧乙烯酯常用作膏霜、乳液的乳化剂,并具有较好的亲水性能。

4) 乙氧基化天然油脂:是由天然植物油与环氧乙烷(EO)进行加成反应而制得,它保存了天然油脂的功能,同时增加了其水溶性和分散性,水溶性的强弱取决于所含 EO 摩尔数。此类表面活性剂无毒、刺激性低,使用安全,在化妆品中已被较为广泛地使用,由于所含 EO 摩尔数的不同,可分别用作乳化剂、增溶剂以及水溶性润滑剂等。如 PEG-40 玉米油、PEG-60 杏仁油、PEG-45 棕榈仁油、PEG-40 氢化蓖麻油等。

(2) 甘油酯类:是以甘油与高级脂肪酸进行酯化反应而制得的多元醇酯类物质。

这类表面活性剂具有良好的乳化性能和对皮肤的滋润性能,常用于护肤膏霜等各类化妆品。

1) 单脂肪酸甘油酯:是一类亲油性乳化剂,用于 W/O 型或 O/W 型膏霜、乳蜜等化妆品。也可用作增稠剂、润肤剂、乳化稳定剂、珠光剂等,是应用最广泛的化妆品原料之一。

2) 聚甘油脂肪酸酯类:是聚甘油与脂肪酸直接酯化制得的从亲水性到亲油性的酯类原料。可代替聚氧乙烯失水山梨醇脂肪酸酯(Tween 类表面活性剂),用作于 O/W 型乳剂的乳化剂、增稠剂、保湿剂、分散剂等。

(3) 山梨醇酯类:山梨醇是由葡萄糖加氢制得的带有甜味的六元醇。山梨醇在适当条件下,能从分子内脱掉 1 分子水成为失水山梨醇,继而还可以再失掉 1 分子水成为二失水山梨醇。由二失水山梨醇制得的表面活性剂表现出良好的各种性能,尤其是乳化性能。因此,由山梨醇制得的非离子表面活性剂都是失水山梨醇酯型非离子表面活性剂。

1) 失水山梨醇脂肪酸酯:商品名为 Span(司盘或斯潘),是一类亲油性乳化剂,乳化效果较好,广泛用于 W/O 型膏霜、乳蜜类化妆品。

常用的失水山梨醇脂肪酸酯品种主要有:①失水山梨醇单月桂酸酯(司盘 -20),HLB 值为 8.6;②失水山梨醇单棕榈酸酯(司盘 -40),HLB 值为 6.7;③失水山梨醇单硬脂酸酯(司盘 -60),HLB 值为 4.7;④失水山梨醇单油酸酯(司盘 -80),HLB 值为 4.3。

2) 聚氧乙烯失水山梨醇脂肪酸酯:是由失水山梨醇脂肪酸酯进一步乙氧基化得到的,商品名为 Tween(吐温)。这类表面活性剂有很好的稳定性,可作为 O/W 型乳化剂,广泛用于各类化妆品中。

常用的聚氧乙烯失水山梨醇脂肪酸酯品种主要有:①聚氧乙烯失水山梨醇单月桂酸酯(吐温 -20),HLB 值为 16.7;②聚氧乙烯失水山梨醇单棕榈酸酯(吐温 -40),HLB 值为 15.6;③聚氧乙烯失水山梨醇单硬脂酸酯(吐温 -60),HLB 值为 14.9;④聚氧乙烯失水山梨醇单油酸酯(吐温 -80),HLB 值为 15。

(4) 糖类衍生物:包括蔗糖酯类和葡萄糖苷类,主要是以糖类物质为原料,在一定的催化条件下,与脂肪酸或醇类物质通过脱水聚合、分离纯化等工艺制备而成。此类表面活性剂无毒、无味,性质温和,可生物降解,在酸性、碱性和高电解质体系中表现出很好的相容性。

1) 蔗糖脂肪酸酯:为无毒、无臭、无味的透明溶液。溶于水,常用于低泡沫洗涤化妆品中。

2) 烷基糖苷:是一类温和的新型非离子表面活性剂,具有去污力强、水溶性好、作用温和、生物降解性能好等优点。与阴离子、非离子和阳离子型表面活性剂复配具有协同效应,能够降低其他表面活性剂的刺激性。可用于洗面奶、洗发香波、浴液及各种护肤膏霜、乳液等化妆品中。

(5) 烷基醇酰胺类:是由脂肪酸和单乙醇胺或二乙醇胺缩合而成,是一类多功能的非离子表面活性剂,具有使水溶液和一些表面活性体系增稠的特性。其性能取决于组成的脂肪酸和烷醇胺的种类、两者之间的比例和制备方法。

1) 烷基醇酰胺:这类化合物具有优异的发泡、稳泡、增溶、增稠等作用,也可用作 O/W 型乳液的乳化剂,同时具有良好的耐水解性能。近年来,由于亚硝基化合物残留

的可能性的存在,该原料开始被甜菜碱类表面活性剂取代。

2)聚氧乙烯烷基醇酰胺(PEG-n 烷基醇酰胺):又称为乙氧基化烷基醇酰胺。是由烷基醇酰胺与环氧乙烷反应制得。其水溶性取决于烷基碳链长短和环氧乙烷(EO)物质的量,可做增稠剂、稳泡剂及分散剂等。

(6)有机硅类表面活性剂:有机硅类表面活性剂一般是以聚硅氧烷为亲油基团,聚醚链为亲水基团构成的一类表面活性剂。此类表面活性剂具有比其他类别表面活性剂更好的表面活性与铺展性,能够显著降低水的表面张力,尤其适合用作 W/O 型乳剂制品的乳化剂。

1)双 -PEG/PPG-14/14 聚二甲基硅氧烷:又名双聚乙二醇 / 聚丙二醇 -14/14- 聚二甲基硅氧烷。PPG 是指与原料聚合的环氧丙烷(PO)链。本品为透明至轻微浑浊的液体。能赋予产品天鹅绒般丝滑肤感,在以硅油为主要油性原料的 W/O 型乳剂产品中作为乳化剂,同时也可作为 O/W 型乳剂产品的辅助乳化剂,也适用于彩妆配方体系。

2)甲氧基 PEG/PPG-25/4 聚二甲基硅氧烷:为无色透明液体。是一类多功能硅油类 O/W 型乳化剂,可提供产品天鹅绒般的肤感和长效保湿性,热配及冷配乳剂均适用。本品稳定性好、配方灵活,与大部分油质原料、防晒剂及其他活性成分均有良好的相容性。

(三)表面活性剂的安全风险

表面活性剂的危害程度按其种类从大到小依次为:阳离子型表面活性剂 > 阴离子型表面活性剂 > 非离子型和两性表面活性剂。离子型表面活性剂对皮肤具有较明显的脱脂作用。各类表面活性剂被长期或高浓度使用,均可出现皮肤或黏膜损伤,使皮肤变得粗糙,不仅会损伤皮脂膜和表皮层,甚至基底细胞也会受到损伤。现代化妆品工业对表面活性剂的使用原则逐渐趋于首先满足产品的长远安全性,保持皮肤及毛发完好、健康,对人体产生尽可能少的毒副作用的前提下,才去考虑发挥其相应的最佳效果。

知识链接

含氟表面活性剂

含氟表面活性剂是一类分子中亲油基团是由全氟烃链[F—(CF$_2$CF$_2$)$_n$—]组成的表面活性剂,式中 n=2~8。与传统表面活性剂相似,含氟表面活性剂可含有各种各样的亲水基团,如聚氧乙烯链、磺酸基、甜菜碱等。

含氟表面活性剂最大的特点是在低浓度下可达到低的表面张力,并且具有极高的化学稳定性,可抵抗强氧化剂、强酸及强碱的作用;也具有极高的润湿能力以及良好的渗透、发泡、稳泡等性能。

全氟聚醚是最早用于化妆品中的含氟表面活性剂,具有润肤、护发、成膜及改善肤感的作用,可赋予皮肤柔滑的天鹅绒般感觉,突出特点是透气性好,不会堵塞毛孔。可作为皮肤及毛发调理剂、乳化稳定剂、润湿剂,用于保护性持久、高润滑性的润肤产品以及洗发护发、彩妆等化妆品中。

二、增稠剂

增稠剂是一类能够增强体系黏稠度的物质。其种类很多,从官能团来看有电解质类、醇类、羧酸类、酰胺类和酯类等;从相对分子质量看有低分子增稠剂,也有高分子增稠剂。

(一)低分子增稠剂

1. 无机盐　以无机盐来做增稠剂的体系一般是表面活性剂水溶液体系,如部分洗发香波、沐浴液及洗面奶配方中就是用无机盐作为增稠剂。常用的无机盐增稠剂有氯化钠、氯化铵、氯化钾、磷酸钠、磷酸氢二钠和三磷酸钠等。其中最常用的为氯化钠和氯化铵。加入量一般为 1%~2%。

2. 高级脂肪醇和高级脂肪酸　用作增稠剂的有月桂醇、肉豆蔻醇、C_{12}~C_{16} 醇、癸醇、辛醇、鲸蜡醇、硬脂醇、月桂酸、C_{18}~C_{36} 酸、亚油酸、亚麻酸、肉豆蔻酸、硬脂酸等。

3. 烷基醇酰胺　能与电解质相容,共同进行增稠并且达到最佳效果。不同的烷基醇酰胺在性能上有很大差异,而且单独使用与复配使用的效果也不相同。

常用的烷基醇酰胺类增稠剂有椰油二乙醇酰胺、椰油单乙醇酰胺、椰油单异丙醇酰胺、月桂酰 - 亚油酰二乙醇酰胺等。其中最常用的是椰油二乙醇酰胺。

4. 醚　常见的醚类增稠剂有鲸蜡醇聚氧乙烯(3)醚、异鲸蜡醇聚氧乙烯(10)醚、月桂醇聚氧乙烯(3)醚、月桂醇聚氧乙烯(10)醚等。

5. 酯　是最普遍使用的增稠剂,主要用于表面活性剂水溶液的体系中。在较宽的 pH 值和温度范围内黏度稳定。最常用的是 PEG-150 二硬脂酸酯。这类化合物除了在化妆品中用作增稠剂外,还可以作为润肤剂。

(1) PEG-150 二硬脂酸酯:为白色片状蜡状固体,熔点为 54~62℃。能显著增加香波的稠度,并能调理、柔软毛发,防止毛发干枯,抗静电。常用于洗发香波、液体皂、液体洗涤剂的增稠。

(2) PEG-120 甲基葡萄糖二油酸酯:别名为甲基葡萄糖苷二油酸酯聚氧乙烯(120)醚,是葡萄糖改性增稠剂。为蜡状薄片,适用于 pH 值 4~9 的体系,常与卡波树脂同用。性能温和,可有效降低表面活性剂的刺激性,适用于表面活性剂水溶液体系的增稠,多被用于温和的敏感肌肤用洗面奶、婴儿香波、无硅香波以及祛痘产品等。

6. 氧化胺　作为有效的增稠剂,当 pH 值在 6.4~7.5 时,烷基二甲基氧化胺可使复配物黏度达 13.5~18Pa·s,而烷基酰胺丙基二甲基氧化胺可以使复配物黏度达 34~49Pa·s,后者加入食盐也不会降低黏度。

7. 两性表面活性剂　主要有鲸蜡基甜菜碱、椰油氨基羟磺基甜菜碱等。

(二)水溶性高分子化合物

水溶性高分子化合物是一类亲水性的高分子材料,有些书中将其称为胶黏剂。这类物质在水中能溶解或溶胀而生成具有黏性的溶液或凝胶状的分散液,属于高分子增稠剂。

水溶性高分子化合物的亲水性来自其结构中的羧基、羟基、酰胺基、胺基、醚基等亲水性基团。这些基团不但能使高分子化合物具有亲水性,而且能赋予其许多重要的特性和功能,如增稠、分散、润滑等功能。

水溶性高分子化合物在化妆品中主要具有以下几方面作用:①增稠、增黏及凝

胶化作用;②胶体保护作用:能够稳定悬浮液或乳状液等分散体系;③稳定泡沫作用;④成膜作用;⑤润滑和保湿作用;⑥黏合作用;⑦营养作用。在上述作用中,水溶性高分子化合物通常不是只起到单独某一种作用,而往往是几种作用同时发生,产生复合效果。

用于化妆品的水溶性高分子化合物应具备的条件包括:①无毒、安全;②无臭、无味、质量稳定;③溶解性和匹配性好。

水溶性高分子化合物按其来源可分为天然水溶性高分子化合物、半合成水溶性高分子化合物和合成水溶性高分子化合物三大类。其中合成水溶性高分子化合物的聚合度可以按需求加以控制和调节,从而使其具有多种多样的品种和各种特定的性能。

1. 天然水溶性高分子化合物　天然水溶性高分子化合物主要来源于植物、动物及矿物,其中植物性高分子化合物种类较多。化妆品中常用的天然水溶性高分子化合物及其在化妆品中的主要应用见表3-7。

表 3-7　常用天然水溶性高分子化合物在化妆品中的主要应用

原料名称	在化妆品中的主要应用
明胶	主要用作胶体保护剂,也常用作营养成分添加于化妆品中
阿拉伯胶	可用作化妆品的增黏剂、乳化稳定剂及润肤剂等
黄蓍树胶	主要用于牙膏配方中的增稠剂、悬浮剂和黏结剂,也可用于发胶等发类化妆品
黄原胶(汉生胶)	主要用作悬浮剂、增稠剂及保湿剂
果胶	主要作为胶体保护剂和乳化剂等,适用于牙膏及微酸性乳液等化妆品
木瓜子胶	赋予产品爽快而润滑的肤感,主要用于护肤乳液
海藻酸钠	主要用作胶体保护剂、黏合剂、成膜剂、增稠剂及保湿剂
鹿角菜胶	主要用作牙膏的悬浮剂以及粉饼的黏合剂;也可用作乳剂类化妆品的增稠剂和悬浮剂
淀粉	主要用于香粉类化妆品中,在牙膏及胭脂中可用作黏合剂。微生物稳定性差,故现在多使用变性淀粉
硅酸铝镁	主要作为悬浮剂、增稠剂,用于牙膏及护肤、护发产品
胶性二氧化硅	主要用作牙膏增稠剂

2. 半合成水溶性高分子化合物　是由天然物质经化学改性而制得,兼有天然水溶性高分子化合物和合成水溶性高分子化合物的优点,改性纤维素和改性淀粉是其中最为重要的两大类,常见的有甲基纤维素、乙基纤维素、羟乙基纤维素、羟丙基纤维素及各类改性淀粉等。

(1) 甲基纤维素(MC):为无臭、无味的白色或类白色纤维状或颗粒状粉末。在80~90℃的热水中能够迅速分散、溶胀,降温后迅速溶解,水溶液在常温下相当稳定。

甲基纤维素具有优良的分散性、黏结性、增稠性、乳化性、保水性和成膜性。所成膜具有优良的韧性、柔曲性和透明度。主要用作增稠剂、黏合剂和成膜剂等。

(2) 乙基纤维素(EC):又称纤维素乙醚。为无臭、无味的白色或浅灰色粉末。一般不溶于水,溶于不同的有机溶剂。热稳定性好,且有极强的抗生物降解性能,但在阳光或紫外光下易发生氧化降解。

乙基纤维素在化妆品领域的应用与甲基纤维素相同。

(3) 羧甲基纤维素钠(CMC—Na):是纤维素羧甲基醚的钠盐。为无臭、无味的白色或乳白色纤维状粉末或颗粒。易分散在水中呈澄明胶状液,不溶于乙醇等有机溶剂。在 pH 值为 7 时性能最佳。

羧甲基纤维素钠具有黏合、增稠、乳化及悬浮等作用。主要用作膏霜、乳液的增黏剂、乳化稳定剂及泡沫稳定剂等。

(4) 羟乙基纤维素(HEC):为白色至淡黄色粉末,易分散在水中成凝胶状。在化妆品中主要作为增稠剂、悬浮剂、乳液稳定剂、乳化剂、水分保留剂等,用于各类发用化妆品、膏霜乳液及牙膏等制品。

(5) 羟丙基纤维素:为无臭、无味的白色颗粒或纤维状粉末。可溶于水,也可溶于极性有机溶剂,具有较高的表面活性。

羟丙基纤维素作为增稠剂、稳泡剂、乳液稳定剂、黏合剂和成膜剂用于膏霜、乳液、香水、古龙水和摩丝等化妆品中。

(6) 微晶纤维素:为天然纤维素经水解、滤去无定型部分后余下的结晶部分。为无臭、无味的白色或类白色多孔状粉末。不溶于水、稀酸、有机溶剂和油脂,流动性强,可吸水溶胀。按照制备工艺的不同可分为超精细粉和粒径稍大的磨砂颗粒。粒径在 $0.1\sim2.0\mu m$ 的超精细粉具有优异的悬浮和雾化效果,在水中借助大的剪切力可形成触变性极佳的凝胶;作为磨砂剂的 $4\sim100\mu m$ 的磨砂颗粒拥有柔和的触感、哑光、控油、比表面积大等独到的特点,有优异的清洁和去角质效果。微晶纤维素使用温和安全,常用于牙膏、膏霜乳液、面膜、彩妆、爽身粉和皮肤清洁产品。

(7) 变性淀粉:是以淀粉为原料经结构改造得到的性能特殊的淀粉衍生物,主要为筒状结构的环糊精(CD)。根据结构不同又分为 α-环糊精、β-环糊精、γ-环糊精。其中 β-环糊精在化妆品中表现出特殊的性能。

β-环糊精由于其筒状结构的包合作用,在化妆品中具有以下性能:①延长化妆品的储存期;②降低化妆品的刺激性;③可代替表面活性剂制备乳剂化妆品;④保持化妆品留香持久;⑤增强化妆品的脱臭、杀菌作用。

3. 合成水溶性高分子化合物　是由单体成分聚合而制得。与天然水溶性高分子化合物相比,这类化合物具有高效和多功能的特性,其应用更为广泛。

(1) 聚乙烯类:在化妆品中使用广泛,常见的有以下几种。

1) 聚乙烯醇(PVA):为无臭、无味的白色粉末。易溶于水,但加热溶解易沉淀。主要用作黏合剂、增稠剂和成膜剂。

2) 聚乙烯吡咯烷酮(PVP):是一种水溶性的聚酰胺。多用作整发化妆品的成膜剂,还可用以稳定泡沫、增稠以及降低化妆品的刺激性等。

3) 聚乙烯吡咯烷酮/乙酸乙烯酯共聚物:是聚乙烯吡咯烷酮改性的水溶性聚合物。主要用作整发产品的成膜剂,起到护发定型的作用。

(2) 聚氧乙烯(PEO):由环氧乙烷经聚合反应而制得。为无臭、无味的白色粉末。其水溶液具有高黏性,主要用作黏合剂、增稠剂和成膜剂等。

(3) 聚乙二醇(PEG):为环氧乙烷在微量水存在下的聚合产物。根据平均相对

分子质量大小不同,PEG可从无色透明黏稠液体(PEG 200~700)到白色脂状半固体(PEG 1 000~2 000),直至坚硬的蜡状固体(PEG 3 000~20 000)。

化妆品中常用低分子量的聚乙二醇(PEG600以下)作为保湿剂、增稠剂和乳化稳定剂,用于制备膏霜、乳液、牙膏、剃须膏及免洗的护发制品等。

(4) 聚丙烯酸类聚合物(Carbopol 树脂):中文有卡波、卡波树脂、卡波姆等不同名称,根据聚合度不同可分为940、941、934及1342等不同型号,且均为白色、松散、微酸性的粉末,是一类非常重要的流变调节剂。

中和后的Carbopol树脂水溶液是优秀的凝胶基质,性质稳定,且具有较强的增稠、悬浮等作用,可广泛用于凝胶、膏霜、乳液等类型的化妆品中。不同型号的Carbopol树脂,其用途也有所不同,使用时可根据不同要求进行选择。

(三) 表面改性微粉增稠剂

表面改性微粉增稠剂是将微粉增稠剂的表面经过疏水改性,一般用于油相的增稠。

1. 疏水型硅石　硅石为非常细微的白色胶体状粉末,具有生理惰性、粒径非常小、比表面积非常大、成链性能高等特点,增稠悬浮效果好。因其颗粒孔径多,表面吸附能力强,可减少产品的油腻感。疏水型硅石是表面经过油相处理的硅石,适于护肤、防晒和彩妆等产品,以提高产品的涂抹性,降低油性体系的厚重油腻感,特别适用于油脂含量较高的产品。表面未作处理的为亲水型硅石,可用于水相和油相的增稠,特别适用于护肤品、彩妆、高档洗发水和牙膏等水性体系的增稠。

2. 司拉氯铵膨润土　是以膨润土为原料,通过离子交换技术插入司拉氯铵覆盖剂而制得。本品为白色粉末,既具有无机膨润土的膨胀性、吸附性和分散性,同时又具有疏水亲油性的巨大比表面积,因此与有机物具有很好的亲和性和相容性。可用于各种有机体系产品中。对于防晒产品,还能提高产品的抗汗能力;对于香波,能增强产品的去污力、中和水中钙盐的能力。加入量至少10% 时,可将无色的油制成无色的凝胶。

三、防腐剂与抗氧剂

防腐剂是指能够防止和抑制微生物生长和繁殖的物质。抗氧剂是指能够防止和减缓油脂等化妆品组分氧化酸败的物质。在化妆品中添加防腐剂与抗氧剂,能够保证化妆品在保质期内的安全性和有效性。

(一) 防腐剂

1. 化妆品用防腐剂的要求　理想的化妆品防腐剂应具有如下特性:①广谱抗菌性;②对光和热的稳定性;③对产品的颜色、气味、结构无显著影响;④有合适的水 / 油分配系数;⑤不应有毒性、致敏性和刺激性;⑥与配方中其他组分相容性好;⑦对产品的 pH 值不产生明显影响;⑧价格合适,易于采购。

目前,尽管防腐剂种类很多,但能满足上述要求的并不多,因此在选用时应严格筛选。

2. 化妆品准用防腐剂　世界各国准许使用的化妆品防腐剂超过200 种,我国《化妆品安全技术规范》(2015 版) (以下简称为《技术规范》)中列出 51 种在化妆品限量使用的防腐剂,《技术规范》中所列的防腐剂为准用防腐剂。《技术规范》中介绍了每种防腐剂的中文名、英文名、INCI 名、在化妆品中使用的最大允许浓度、适用范围和限制条件以及标签上必须标印的使用条件和注意事项。所列的防腐剂多为可通过化学方法合成的、具有特定化学结构的单一化学物质,但某些醇类和精油并未列出。按照化学结构类型可分为醛类、酯类、季铵盐类、酸及其盐类、酚及其衍生物类、醇类、醚类、无机盐类等。

(1) 醇醚类:是以苯氧乙醇为代表的苯环取代的醇醚类化合物,具有毒性弱、安全性好的优点。但抗菌谱较窄,作用较弱。《技术规范》中所列出的准用醇醚类防腐剂有苯甲醇、苯氧乙醇、苯氧异丙醇、二氯苯甲醇、三氯叔丁醇、氯苯甘醚、三氯生、2-溴 -2- 硝基丙烷 -1,3 二醇。

(2) 酚类:是杀菌剂中种类较多、使用最早的消毒杀菌剂之一。优点是性质稳定,生产工艺简单,腐蚀性弱,使用浓度下对人体基本无害。缺点是有特殊气味,部分消费者不易接受,对皮肤有一定的刺激性。《技术规范》中所列出的准用酚类防腐剂有苄氯酚、氯二甲酚、溴氯芬、苯基苯酚、邻伞花烃 -5- 醇、邻苯基苯酚及其盐类等。

(3) 羧酸及其盐类:此类防腐剂的抗菌活性与 pH 值有关,多数以盐的形式用于化妆品。具有生物降解性好、安全性相对较高的优点,缺点是抗菌谱窄、适用的 pH 值范围较窄。《技术规范》中所列出的准用羧酸及其盐类防腐剂有甲酸、丙酸、苯甲酸、山梨酸、水杨酸、脱氢醋酸以及上述酸的盐。

(4) 季铵盐类:是一类季铵化的阳离子表面活性剂,低浓度时有抑菌作用,较高浓度时具有灭菌杀毒作用。季铵盐类防腐剂具有防腐效率高、毒性低、刺激性小、水溶性好、性质稳定、生物降解性好以及使用安全等优点,缺点是对部分微生物的防腐效果不佳、配伍禁忌较多、易受有机物的影响以及价格较高等。《技术规范》中所列出的准用季铵盐类防腐剂有苯扎氯铵、苄索氯铵、西曲氯铵(十六烷基三甲基氯化铵)、硬脂基三甲基氯化铵、山嵛基三甲基氯化铵、氯己定、海克替啶、己脒定及其盐、聚氨丙基双胍。

(5) 酯类:以 4- 羟基苯甲酸酯类为代表,是世界上公认的具有广谱抗菌作用的防腐剂。其缺点在于水溶性较低,生物降解性差。《技术规范》中所列出的准用酯类防腐剂有 4- 羟基苯甲酸酯类、碘丙炔醇丁基氨甲酸酯。

4- 羟基苯甲酸酯又称为对羟基苯甲酸酯,商品名称尼泊金酯,主要有尼泊金酯甲酯、尼泊金乙酯、尼泊金丙酯、尼泊金异丙酯和尼泊金丁酯等不同品种。为一类无臭、无味的白色晶体或结晶性粉末,具有不易挥发、无毒、稳定性好等特点,迄今为止仍然是化妆品行业最主要的防腐剂,在酸碱条件下均有良好的抗菌活性。在化妆品生产中常以两种或两种以上不同品种按一定比例加入,其抗菌效果更好。单酯最大允许限量为 0.4%,混合酯的最大允许限量为 0.8%。

(6) 醛类:是最早在化妆品中广泛使用的防腐剂。醛类防腐剂包括两类,一类是结构式中含有醛基的化学物质,另一类是在使用过程中极为缓慢地释放出微量游离甲醛的物质。《技术规范》中所列出的准用醛类防腐剂有甲醛和多聚甲醛、甲醛苄醇半缩醛、咪唑烷基脲、双(羟甲基)咪唑烷基脲、DMDM 乙内酰脲、戊二醛。

(7) 噁唑烷类:为广谱抗菌剂,对细菌、霉菌及藻类均有活性,使用 pH 值范围广。《技术规范》中所列出的准用噁唑烷类防腐剂有 5- 溴 -5- 硝基 -1,3- 二噁烷、7- 乙基双环噁唑烷。

(8) 无机盐:《技术规范》中所列出的准用无机盐防腐剂有苯汞的盐类(硫柳汞、硼酸苯汞)、沉积在二氧化钛上的氯化银。

(9) 其他类:《技术规范》中所列出准用的其他类防腐剂主要有三氯卡班、甲基异噻唑啉酮、N- 羟甲基甘氨酸钠。

3. 防腐剂的安全风险　防腐剂是引起化妆品中毒、刺激和过敏的主要原因之一,对人体无毒害作用是防腐剂使用的最重要的先决条件。化妆品中所使用的防腐剂应为《化妆品安全技术规范》(2015 年版)中的准用防腐剂,并且应严格遵循《技术规范》中对于限量、适用范围和限制条件所作的规定要求,以确保防腐剂的使用安全。

（二）抗氧剂

1. 抗氧剂的分类　按照化学结构不同,可将抗氧剂大致分为以下五类:①酚类:包括丁基羟基茴香醚、丁基羟基甲苯、2,5- 二叔丁基对苯二酚、没食子酸及其丙酯、维生素 E、2,6- 二叔丁基对甲酚及去甲二氢愈创木脂酸等;②醌类:包括叔丁基氢醌等;③胺类:包括乙醇胺、磷脂、异羟肟酸、嘌呤、酪蛋白等;④有机酸、酯及醇类:包括柠檬酸、草酸、酒石酸、硫代丙酸、葡萄糖醛酸、半乳糖醛酸及其酯和盐、硫代二丙酸双月桂醇酯、维生素 C、山梨醇、甘油、丙二醇等;⑤无机酸及其盐类:包括磷酸、亚磷酸、聚磷酸及其盐类。上述五类化合物中,前三类起主抗氧化剂作用,后两类则起辅助抗氧化剂作用。

2. 化妆品中常用抗氧剂

(1) 丁基羟基茴香醚(BHA):为略有酚的特殊气味的白色蜡状固体。不溶于水,易溶于油。遇铁等金属会变色,光照也会使之变色。在有效浓度内无毒,允许用在食品中,是食品工业和化妆品工业中通用的抗氧剂。最大允许限量为 0.15%,建议用量为 0.005%~0.01%。

(2) 丁基羟基甲苯(BHT):为白色或淡黄色晶体。易溶于油脂,不溶于水及碱溶液。与柠檬酸和维生素 C 等配伍使用,能提高抗氧性,最大允许限量为 0.15%。

(3) 2,5- 二叔丁基对苯二酚:为白色或淡黄色粉末。不溶于水及碱溶液。在植物油脂中有较好的抗氧性。

(4) 没食子酸丙酯:为无臭、略有苦味的白色至淡黄褐色结晶性粉末。易溶于热水、乙醇、植物油和动物油脂,耐热性较好。最大允许限量为 0.15%,建议用量为 0.005%~0.01%。单独使用或与柠檬酸等复配使用,均有较好的抗氧性。

(5) 维生素 E:又称 α- 生育酚,为略有气味的红色至红棕色黏稠液体。不溶于水,溶于乙醇和植物油。对光和热稳定。主要用作高级化妆品的抗氧剂,一般用量为 0.01%~0.1%。

(6) 叔丁基氢醌:为略有气味的白色至淡棕色结晶。是一种较新的抗氧剂。一般用量为 0.01%~0.02%。

(7) 硫代琥珀酸单十八酯和羧甲基硫代琥珀酸单十八酯:是近年来新研制的两种抗氧剂,有效浓度仅为 0.005%,遇热易分解。

(8) 小麦胚芽油:为稍有特殊气味的微浅黄色透明油状液体。是优良的天然抗氧剂,其中生育酚的含量非常高,且含有少量其他天然抗氧化剂如阿魏酸与二羟基 -γ- 谷甾醇结合成的酯。此外,小麦胚芽油作为优异的润肤剂也广泛用于护肤化妆品。

（三）金属离子螯合剂

金属离子螯合剂能够与金属离子相结合,生成稳定的络合物,从而避免金属离子对于化妆品中油脂类成分氧化反应的催化作用,具有抗氧化作用。

1. 乙二胺四乙酸(EDTA) 为无臭、无味的白色结晶性粉末。微溶于水,能溶于5%以上的无机酸中,是化妆品中最常用的金属离子螯合剂。用苛性碱中和EDTA,可以生成EDTA的单钠、二钠、三钠和四钠四种碱金属盐。EDTA及其四种碱金属盐均可以用作金属离子螯合剂。

2. 乙二胺四乙酸二钠 也称为EDTA二钠盐,为白色结晶性粉末。溶于水和酸,几乎不溶于乙醇。是化妆品中使用较多的一种金属离子螯合剂。

此外,柠檬酸、酒石酸、琥珀酸、磷酸等均可作为金属离子螯合剂。

四、香精与香料

化妆品的香气是通过添加一定量的香精所赋予的,而香精则是由各种香料调配混合而制成的。在各类化妆品中,虽然香精的用量很少,但却是关键性原料之一。香精选用适宜,不仅能够掩盖产品的某些不良气味,而且会受到消费者的喜爱;但若香精选用不当,则会引起产品质量不稳定,导致变色、刺激皮肤等现象,而且还可能会影响消费者对产品的欢迎程度。下面将对香精及香料的基本知识及其在化妆品中的应用作简要的介绍。

（一）香料的含义及分类

1. 香料的含义 香料是指在常温下能够散发出香气的物质。它可能是一种单体成分,也可能是混合物。一般为淡黄色或棕色、淡绿色油性液体,树脂类香料则为黏性液体或结晶体。其比重大多小于1,不溶于水,但可溶于乙醇等有机溶剂,也可溶于各种油脂中,香料本身也是溶剂。

香料所具有的香气与香料物质的化学结构有密切关系。其分子量一般在26~300,分子中常含有—OH、—NH$_2$、—SH、—CHO、—COOH、—COOR、—CN、—SCN、—NCS等基团,这些基团在香料化学中常称为发香基团或发香基。含有发香基团的物质能够对嗅觉产生不同的刺激,使人感到有不同香气的存在。

2. 香料的分类 香料依其来源大致可分为天然香料和合成香料两类。

(1) 天然香料:天然香料是指从动植物某些生理器官或分泌物中经加工处理而得到的含有发香成分的物质。

动物香料主要有麝香、灵猫香、海狸香和龙涎香四种。在香料中占有重要地位,因其来源较少,价格十分昂贵,是配制高档香精不可缺少的定香剂。

植物香料是从植物的花、叶、枝、干、皮、果实、根茎或树脂中提取出来的有机混合物。大多数外观呈油状或膏状,是取自植物的具有芳香性气味的油状物,是植物芳香的精华部分,所以也把植物香料称为精油。

(2) 合成香料:是通过有机合成的方法而制得的香料,具有化学结构明确、纯度高、产量大、品种多、价格低廉的特点。不仅弥补了天然香料不足的问题,而且扩大了香料的来源,同时也增加了天然香料尚没有的新品种。

（二）香精、调香、赋香率的含义

将数种或几十种香料按一定的配比和加入顺序调和成具有某种香气或香型及一

定用途的调和香料的过程称为调香,得到的调和香料称为香精。香精含有挥发性不同的香气组分,构成其香型和香韵等差别。

添加到化妆品中香精用量的百分数称为该化妆品的赋香率。不同化妆品有不同的赋香率,常见化妆品类型的赋香率见表3-8。

表 3-8　常见各类化妆品赋香率

化妆品类型	赋香率(%)	化妆品类型	赋香率(%)
香水	15~25	膏霜、乳液类	0.1~0.8
古龙水	3~8	香波	0.2~0.5
花露水	1~5	护发素	0.2~0.5
化妆水	0.05~0.5	唇膏	1~3

五、着色剂

着色剂是指具有浓烈色泽,与其他物质相接触时,能使其他物质着色的一类物质。着色剂在化妆品中的用量虽然很少,但它能赋予化妆品十分动人悦目的颜色,因此也是化妆品中不可缺少的一类重要原料。

化妆品用着色剂大致可分为有机合成色素、无机色素(无机颜料)和动植物天然色素,还有一类称为珠光颜料的也经常应用于化妆品中。有机合成色素也称合成色素,是以石油化工、煤化工得到的苯、甲苯、二甲苯、萘等芳香烃为基本原料,再经一系列有机合成反应而制得;无机色素也称矿物性色素,是以天然矿物为原料而制得,用于化妆品的主要有白色颜料,如滑石粉、氧化锌、钛白粉、高岭土、碳酸镁、碳酸钙等,有色颜料如氧化铁、氧化铬氯、炭黑、群青等;动植物天然色素由于其资源有限,价格贵等原因,故多被合成色素所取代。随着生活水平的提高,消费者越来越青睐安全、天然、无污染的色素,因此,天然色素的应用和开发亦受到重视。此外,珠光颜料也被广泛用于化妆品中,如天然鱼鳞片、氯氧化铋、二氧化钛 - 云母等。

我国《化妆品安全技术规范》(2015 年版)表 6 中列出 157 种化妆品可用的着色剂。介绍了每种着色剂的索引号(CI 通用名称)、索引通用名(INCI 名称)、颜色、索引通用中文名、使用范围和使用限制要求。例如某种着色剂,其索引号、索引通用名、索引通用中文名分别为 CI59040、Solvent green 7、溶剂绿 7。我国化妆品产品标签上标识的着色剂名称通常是该着色剂的索引号,如 CI59040。

(祁永华)

第三节　功能性原料

功能性原料是指能够赋予化妆品特殊功能的一类原料。主要包括美容中药、生物制品、天然功效性成分等,这些原料的添加,使得现代化妆品具有了嫩肤、美白、防晒、祛痘、抗衰老等多种特殊功能。

一、美容中药

作为现代化妆品中的一类原料,中药往往兼具营养和药效双重作用,且作用缓和,很适宜用作化妆品的功能性添加剂。

中药在现代化妆品中的主要作用如下:①营养滋润作用:具有此类作用的中药大多含有蛋白质、氨基酸、脂类、多糖、果胶、维生素及微量元素等营养成分,尤以补益药为多;②保护作用:此作用主要体现为两方面,一是含脂类、蜡类物质的中药通过在皮肤表面形成覆盖的油膜而保护皮肤,二是通过防晒作用而使皮肤免受紫外线的侵扰;③抑菌消炎作用:中药中许多祛风药、清热药及其他类别中的某些药均具有不同程度的抑菌及消炎作用;④美白作用:具有此类作用的中药多具有祛风、除湿、补益脾肾、活血化瘀等作用,这些药物往往含有能够抑制酪氨酸酶活性的化学成分,通过抑制黑色素生成而起到美白作用,有些酸味药由于含有有机酸,对皮肤有轻微剥脱作用,使其也具美白作用;⑤乳化作用:具有乳化作用的中药多含有皂苷、树胶、蛋白质、胆固醇、卵磷脂等成分;⑥防腐抗氧作用:具有防腐作用的中药多含有有机酸、醇、醛及酚类等化学成分,具有抗氧化作用的中药多含有酚、醌及有机酸等化学成分,凡具抗菌作用的中药一般均有防腐作用,往往同时也具有抗氧化作用;⑦赋香作用:来源于中药的赋香剂使用安全,具有较大的发展优势,具有赋香作用的中药一般均含有芳香性挥发油类成分;⑧调色作用:合成色素原料中很多含有重金属汞、铅等毒性较大的成分,往往对皮肤刺激性较大,选用天然色素,尤其是中药色素是今后化妆品色素的发展方向;⑨皮肤渗透促进作用:有些中药具有皮肤渗透促进作用,而且安全性高。

中药作为具有复合功能的化妆品原料,在化妆品中具有多重功效,在此仅根据其主要美容功效对其进行分类介绍,以便学生易于学习掌握。

(一)抗衰养颜类

1. **人参**　为五加科多年生草本植物人参的根,具有大补元气、补益脾肺、生津止渴、安神益智的功效。主要含人参皂苷、人参二醇、人参酸、果糖、葡萄糖、多种维生素及多种氨基酸等成分。

人参提取物主要具有以下美容功效:①抗衰老:人参提取物能调节机体新陈代谢,促进皮肤细胞增殖,显著提高超氧化物歧化酶(SOD)活性及羟脯氨酸含量,可使肌肤光滑、柔软、富有弹性,清除自由基,延缓肌肤衰老;②对金黄色葡萄球菌等具有抑制作用,并具抗炎作用,可用于粉刺等损容性疾病的防治;③人参皂苷还能够增加头发的抗拉强度和延伸性能,用人参提取物配制的护发用品可增加头发的抗拉强度,防止头发脱落和白发产生,长期使用可使头发乌黑润泽。

人参提取物已广泛用于护肤膏霜乳液、粉刺霜、防皱霜等各类肤用化妆品及护发用化妆品。

2. **白术**　为多年生草本植物白术的干燥根茎,具有健脾益气、燥湿利尿、固表止汗及安胎的功效。主要含苍术醇、苍术酮等挥发油以及白术多糖、维生素、氨基酸等成分。

白术提取物主要具有以下美容功效:①抗衰老作用:白术提取物能提高超氧化物歧化酶(SOD)及谷胱甘肽过氧化物酶(GSH-Px)活性,清除自由基;②美白作用:白术水提物能有效控制或阻止黑色素的生成;③保湿、营养作用:白术水提物具有较好的持水功能,在低湿度下较长时间后的持水能力较甘油为好,含有的挥发油、维生素及氨基酸等成分可滋润皮肤、营养皮肤。

白术提取物主要用于护肤膏霜及具有美白作用的各类肤用化妆品。

3. 灵芝　为多孔菌科真菌赤芝或紫芝的干燥子实体,是具有滋补强壮、固本扶正作用的珍贵中草药。主要含灵芝多糖、水解蛋白、麦角甾醇、甘露醇、脂肪酸、多种微量元素及大量的酶等活性成分。

灵芝提取物主要具有以下美容功效:①抗衰老作用:灵芝提取物能够清除体内氧自由基,促进蛋白质与核酸的合成,局部提高雌激素水平,具有延缓皮肤衰老作用;②营养、保湿作用:灵芝中所含有的多种成分是化妆品中极好的营养添加剂及保湿剂;③美白作用:灵芝提取物可抑制酪氨酸酶活性,结合其保湿能力,将使其美白效果更明显。

灵芝提取物多用于膏霜类化妆品。

4. 蜂蜜　为蜜蜂科昆虫中华蜜蜂或意大利蜂所酿的蜜,具有补中缓急、润燥、解毒的功效。主要含葡萄糖、果糖、蛋白质、多种氨基酸、矿物质、有机酸及维生素等成分。

蜂蜜渗透性好,可促进皮肤新陈代谢,具有优良的保湿能力,可滋润皮肤,营养皮肤,增强皮肤弹性,减少皱纹产生,消除色素沉着,使面部皮肤细嫩光洁。日常生活中常用蜂蜜自制面膜,化妆品工业中常将其用于膏霜、乳液类化妆品的制备。

用于化妆品原料的蜂制品除蜂蜜外,蜂王浆也是很好的化妆品原料。

蜂王浆是中华蜜蜂等工蜂咽腺及咽后腺分泌的乳白色胶状物,是蜂王的食品,故称为蜂王浆。蜂王浆中含有极丰富的蛋白质、多种氨基酸、维生素、糖类、脂类、酶类、激素、微量元素及多种生物活性物质。将蜂王浆添加于化妆品中可发挥如下作用:①促进和增强表皮细胞活力,改善细胞新陈代谢,防止代谢产物堆积,减少皮肤皱纹,延缓皮肤衰老;②营养皮肤,防止皮肤角质层中水分的损失,使皮肤柔软、富有弹性;③独有的王浆酸能够显著抑制酪氨酸酶活性,减轻皮肤色素沉着;④对痤疮、黄褐斑、脂溢性皮炎等多种皮肤病具有一定的预防和改善作用。可添加于膏霜、乳液、面膜、化妆水等多种制品中。

5. 茯苓　为多孔菌科真菌茯苓的干燥菌核,具有利水渗湿、健脾安神的功效。主要含有茯苓多糖、茯苓酸、蛋白质、脂肪、卵磷脂、麦角甾醇、甲壳质及无机元素等成分。

茯苓为历代常用的美容保健原料,用于延年驻颜、悦泽白面、乌须黑发以及固齿牢牙等,内服、外用均有记载。茯苓提取物作为化妆品添加剂,持水能力强,并具有紧肤作用,能够使皮肤的粗糙状况得以改善,使皮肤细腻、润泽、富有弹性,特别适合于干性皮肤和中老年人。

6. 鹿茸　为鹿科动物梅花鹿或马鹿的雄鹿未骨化而密生茸毛的幼角,具有补肾阳、益精血、调冲任及托疮毒的功效。

鹿茸作为化妆品原料,其所含有的主要化学成分及其在化妆品中的主要作用主要体现为以下几方面:①含有大量营养物质,如蛋白质、多种氨基酸、胶质、维生素、脂肪酸、磷脂等,对皮肤具有良好的营养作用,其中一部分可进入真皮和表皮组织,为皮肤组织的新陈代谢提供营养,从而加快表皮细胞的生长,起到延缓皮肤衰老的作用;

②含有丰富的自由基清除剂,如超氧化物歧化酶(SOD)、过氧化氢酶(CAT)、维生素 A、维生素 E 等,可最大限度地清除皮肤中的自由基,阻断自由基对皮肤组织造成的损伤,同时又可减轻皮肤色素沉着,具有消除皮肤皱纹和老年斑、延缓皮肤衰老等作用;③含有多种保湿剂,如透明质酸、鹿脂酸等,能保持及调节皮肤中的水分含量,使皮肤湿润,富有光泽和弹性;④含有黏多糖、核糖核酸等生物活性成分,能够增强皮肤细胞活力,改善皮肤组织新陈代谢,促进表皮组织再生,具有良好的抗皮肤衰老作用。

7. 黄精　为百合科多年生草本植物黄精、滇黄精或多花黄精的干燥根茎,具有润肺滋肾、补益脾气的功效。主要含有黄精多糖、黄精低聚糖、赖氨酸等多种氨基酸、黄精皂苷及淀粉等成分。

黄精多糖能增强机体免疫功能,促进 DNA、RNA 及蛋白质的合成,延缓皮肤衰老;黄精提取物对金黄色葡萄球菌和常见致病性皮肤真菌均有抑制作用,可用于多种皮肤病的防治;黄精水 - 醇浸剂浓缩液可用作化妆品色素;与枸杞根、柏叶、苍术配伍制成的乌发类化妆品有使白发变黑的作用,同时还具有生发功能。

8. 沙棘　为胡颓子科植物沙棘的干燥成熟果实,具有止咳祛痰、消食化滞、活血散瘀的功效。含有丰富的维生素、黄酮类化合物、萜类化合物、氨基酸和蛋白质、亚油酸等不饱和脂肪酸、黏多糖、矿物质和微量元素等成分。

沙棘作为化妆品原料,主要是以沙棘提取物(沙棘油)的形式而被利用,可用于护肤化妆品、护发化妆品以及唇膏、粉饼、浴液、香波等化妆品。

在护肤化妆品中,沙棘提取物主要具有以下作用:①能够清除超氧自由基,具有抗氧化作用,延缓皮肤衰老;②沙棘油对人体皮肤具有良好的滋养作用;③所含各种维生素类成分能够促进皮肤表皮组织生长,滋养皮肤,使皮肤柔软,增加皮肤光彩,又有抗变态反应及抗过敏的功效;④所含的黄酮类成分对油性皮肤或干性皮肤均有生物兴奋作用。

在护发化妆品中,沙棘油能促进表皮组织再生及细胞新陈代谢,有效保持头发的洁美状态。含沙棘提取物的剃须膏,既可滋润皮肤,又有明显的收敛作用。

9. 芦荟　为百合科多年生肉质草本植物库拉索芦荟、好望角芦荟或其他同属近缘植物叶的汁液的浓缩干燥物,具有泻下通便、清泻肝火及杀虫的功效。主要含有芦荟大黄素等蒽醌类成分、多种氨基酸、各种维生素、多种高级饱和脂肪酸及不饱和脂肪酸、糖及 20 多种无机元素等成分。

作为化妆品原料,芦荟主要具有以下作用:①护肤、养肤作用:所含芦荟苷能够调理皮肤,具有保湿功能;所含氨基酸、微量元素及大量黏多糖、糖醛酸等营养成分使芦荟胶具有明显的滋润皮肤和柔润皮肤的作用,并可促进皮肤新陈代谢,有利于外层皮肤组织的再生,对创伤有促进愈合的作用;②护发、养发作用:添加芦荟的洗发香波和护发素具有去屑止痒、预防白发及脱发之效,且能使头发光滑、柔软,易于梳理;③防晒作用:芦荟提取物可显著吸收紫外线,对 200~400nm 波长范围的紫外线均有吸收。

芦荟可用于护肤霜、营养霜、保湿霜、防晒霜、护唇膏、浴液、染发剂、剃须修面剂及发胶等各类化妆品。

10. 川芎　为伞形科多年生草本植物川芎的干燥根茎,具有活血行气、祛风止痛的功效。主要含有川芎内酯等挥发油、川芎嗪等生物碱、阿魏酸等有机酸以及维生素 A、β- 谷甾醇等成分。

作为化妆品原料,川芎主要具有以下作用:①抗衰老:通过改善皮肤血液循环和抑制皮肤组织细胞内衰老代谢产物作用而能够达到活化皮肤细胞和延缓皮肤衰老的目的;②美白:川芎提取物具有抗维生素 E 缺乏及抑制酪氨酸酶活性的作用;③润肤:其所含有的维生素 A 样物质能够滋养皮肤,使面部皮肤润滑光泽;④调理毛发:在发用化妆品中,川芎通过扩张头部毛细血管,促进头部血液循环作用而能够增加头发营养,提高头发的抗拉强度和延伸性,使头发柔软顺滑,易于梳理,且能延缓白发的生长;⑤促渗吸收:在沐浴液中,川芎醚提取物和挥发油能够促进各种活性成分的透皮吸收,发挥透皮吸收促进剂的作用。

11. 菟丝子　为旋花科一年生寄生缠绕性草本植物菟丝子的成熟种子,具有益肾固精、养肝明目、止泻安胎的功效。主要含有多种甾醇、三萜酸类、树脂及糖类等成分。

菟丝子提取物具有雌激素样作用,外用能清除自由基,抑制致病菌,防止皮肤老化,可用于祛除面部黑斑瘢痕,预防粉刺、皮肤粗糙及皮屑增多的发生。

12. 麦冬　为百合科多年生草本植物麦冬的干燥块根,具有润肺养阴、益胃生津、清心除烦的功效。主要含有甾体皂苷类、黄酮类、糖类、挥发油、氨基酸、矿物质等成分。

作为化妆品原料,麦冬主要具有以下作用:①抗衰老:麦冬提取物能够清除超氧阴离子和羟基自由基,对表皮成纤维细胞有较好的增殖作用;②保湿:麦冬提取物对皮肤的黏着性强、伸展性强,所含有的麦冬多糖具有良好的持水性,为天然保湿因子之一,在润肤霜中用量为 1%。

(二) 美白祛斑类

1. 甘草　为豆科多年生草本植物甘草、胀果甘草或光果甘草的干燥根及根茎,具有益气补中、祛痰止咳、缓急止痛、调和药性及清热解毒的功效。主要含有甘草酸、甘草甜素等三萜皂苷和甘草素等多种黄酮类等成分。

甘草提取物被广泛用于各类化妆品中。其中所含的黄酮类成分能有效降低酪氨酸酶活性,减慢皮肤中黑色素的形成,同时又可调理皮肤,缓解皮肤的紧张状态;甘草酸有表面活性剂样作用,具有广泛的配伍性,与其他活性剂同用,可加速皮肤对它们的吸收;甘草提取物还具有防晒、止痒以及生发护发作用。

2. 珍珠　为珍珠贝科动物马氏珍珠贝、蚌科动物三角帆蚌或褶纹冠蚌等贝壳类动物受刺激形成的珍珠,具有安神定惊、明目退翳、解毒生肌的功效。主要含有大量碳酸钙、多种氨基酸及微量元素等成分。

珍珠历代均被用于抗衰驻颜。经现代药理研究证明,珍珠具有抗衰老作用,其含有的多种氨基酸和微量元素能促进细胞再生,延长细胞寿命,改善皮肤营养状况,增强皮肤细胞活力,使皮肤保持柔润洁白,还能抑制脂褐素的增长,对面部色斑有较好的淡化作用。

目前珍珠已被广泛用于各类化妆品中,一般是以粉态形式或水解物的形式添加于化妆品中。珍珠粉用量一般为 1%~3%,珍珠水解物用量一般约为 1%~5%。

3. 三七　为五加科多年生草本植物三七的干燥根,具有化瘀止血、消肿定痛之效。主要含有三七皂苷、三七多糖、氨基酸及多种微量元素等成分。

三七提取物用于肤用化妆品中,能够滋润肌肤、美白肌肤,对面部黄褐斑具有一定淡化作用;在护发化妆品中,与人参、当归合用,可增加头发营养和韧性,减少断发、脱发,延缓白发产生,可防治脂溢性皮炎,并能保持头发柔润光泽。

4. 天冬　为百合科多年生攀援草本植物天冬的干燥根,具有养阴润燥、清肺降火、生津的功效。主要含有天冬酰胺、瓜氨酸、天冬多糖、β-谷甾醇、薯蓣皂苷元、维生素及黏液质等成分。

作为化妆品原料,天冬提取物主要具有以下作用:①美白:天冬提取物对酪氨酸酶的抑制作用不是很强,但与其他植物提取物配合后,有强烈的协同抑制酪氨酸酶的作用;②抗衰老:天冬提取物的超氧化物歧化酶样作用较强,具有明显的抗氧化作用;③富含多种营养物质,对皮肤具有调理和保湿作用;④在发用化妆品中易被头发吸附,可提高头发的抗静电性和梳理性。

5. 红花　又名红蓝花,为菊科一年生草本植物红花的干燥花,古代用作胭脂,具有活血调经、祛瘀止痛的功效。主要含有黄酮类化合物、脂肪酸、挥发油、红花多糖、多酚、氨基酸、蛋白质、脂肪、维生素、微量元素等成分。

作为化妆品原料,红花主要具有以下作用:①美白祛斑:红花提取物通过改善皮肤血液循环、促进皮肤新陈代谢以及清除自由基作用,抑制黑色素沉积,淡化各种色斑;②抗衰老:红花提取物能够清除自由基,抑制脂质过氧化反应,保护细胞膜;③所含黄酮类化合物能够吸收紫外线;④所含色素可作为天然色素应用于需要加色的各种化妆品中;⑤可防止脱发和刺激毛发生长。

红花籽油可作为化妆品油性原料,深层次为肌肤补充多种营养成分。

6. 赤芍　为毛茛科多年生草本植物芍药或川芍药的根,具有清热凉血、散瘀止痛及清泄肝火的功效。主要含有单萜类成分以及苯甲酸、没食子鞣质、糖、蛋白质、脂肪油、树脂等成分。

作为化妆品原料,赤芍主要具有以下作用:①淡化色素斑;②抗菌、抗炎:对于粉刺、酒渣鼻、扁平疣等损容性皮肤病具有辅助治疗作用;③所含有的苯甲酸及酚类成分,配合其他中药可作为化妆品的防腐剂。

7. 白及　为兰科多年生草本植物白及的块茎,具有收敛止血、消肿生肌的功效。主要含有菲类、黏液质、蒽醌衍生物、淀粉、挥发油等成分。

白及历代用于治疗面部黑斑及灭瘢痕,现代临床常用于黄褐斑的治疗,如五白膏等;所含有的黏液质类成分可在皮肤及毛发表面形成一层薄膜,可用于面膜及护发化妆品的制备;白及提取物还能明显清除自由基,其清除自由基活性较维生素 E 为高,具有延缓皮肤衰老的功能。

8. 白鲜皮　为芸香科多年生草本植物白鲜的根皮,具有清热燥湿、祛风解毒的功效。主要含有白鲜碱等生物碱类、谷甾醇等甾醇类、花椒毒素等香豆素类、槲皮素等黄酮类及皂苷、挥发油等成分。

白鲜皮为治疗皮肤病之要药,常用于治疗风邪或湿热所引起的多种皮肤病。作为化妆品功能性原料,主要具有以下作用:①美白:白鲜皮提取物对黑色素细胞具有强烈的抑制作用,对黄褐斑、面黑不净等损美性疾病有改善作用;②止痒润肤:白鲜皮提取物对多种皮肤真菌有抑制作用,可用于扁平疣及皮肤瘙痒等皮肤病的辅助治疗。

9. 白僵蚕　为蚕蛾科昆虫家蚕 4~5 龄的幼虫感染(或人工接种)白僵菌而致死的干燥体,具有息风止痉、祛风止痛及化痰散结的功效。主要含有蛋白质、脂酶、蛋白酶、

壳质酶、溶纤维蛋白酶、白僵蚕菌素及类皮质激素样物质等成分。

白僵蚕历代多被用作祛风褪斑及治疗面部瘢痕的常用药物。现代药理研究表明，白僵蚕提取物中所含有的水解酶，外用不仅可使皮肤角质层软化、通透性增强，而且可抑制瘢痕组织、促进色素吸收。用于化妆品中，可发挥润肤增白、祛斑除瘢的美容作用。

10. 白蔹　为葡萄科攀援藤本植物白蔹的块根，具有清热解毒、消痈散结、生肌敛疮的功效。主要含有没食子酰葡萄糖苷等苷及苷元类、没食子酸等有机酸类、谷甾醇等甾醇类及黏液质、维生素、微量元素等成分。

白蔹提取物对某些皮肤真菌具有不同程度的抑制作用，历代常用本品治疗黧黑斑、雀斑、粉刺、酒渣鼻等损容性疾病。现代美白中药面膜中也常选用本品。白蔹提取物外用还可刺激皮脂分泌，显著改善皮肤状况，适用于因皮脂分泌过少而引起的干性皮肤、老年皮肤和粗糙皮肤。

（三）抗痤疮类

1. 薏苡仁　为禾本科多年生草本植物薏苡的成熟种仁，具有利水渗湿、健脾止泻、清热排脓以及除痹的功效。主要含有薏苡仁油、薏苡仁酯、氨基酸、蛋白质、维生素、腺苷、磷、铁、钙等成分。

薏苡仁提取物作为化妆品添加剂，具有抗炎、抑菌及较好的吸收紫外线作用，对粉刺、炎症性皮肤及粗糙皮肤具有明显改善作用；外用薏苡仁内酯可加速皮层血液循环，能够抑制黑色素形成，柔滑和调理皮肤。薏苡仁提取物还可营养毛发，防止脱发，并能够使头发光滑而柔软。

薏苡仁提取物长期贮存而不会变质，在化妆品中的添加量为 0.5%~1%。

2. 白芍　为毛茛科植物芍药的干燥根，具有养血调经、平抑肝阳、柔肝止痛及敛阴止汗的功效。主要含有芍药苷、牡丹酚、苯甲酸、脂肪油、β- 谷甾醇、黏液质等成分。

白芍中的芍药苷能扩张血管，具有广谱抗菌及消炎作用，对面部色斑及粉刺等损美性皮肤病有一定的防治作用。所含的苯甲酸及酚类成分有较好的防腐及抗氧化作用，在化妆品中配合其他中药可作为化妆品的防腐剂和抗氧剂。

3. 苍术　为菊科多年生草本植物毛苍术或北苍术的干燥根茎，具有燥湿运脾、祛风除湿及发散表邪等功效。主要含有挥发油、维生素 A、维生素 B 及菊糖等成分。

苍术一直为历代美容方剂常用之品，所含有的挥发油使其具有芳香之性，既可为化妆品赋香，又可祛湿除垢，恢复面部白净。苍术提取物对血管有轻微扩张作用，能够增加皮肤营养；且具有较好的抗菌作用，对于感染性粉刺的治疗效果尤佳。苍术在现代化妆品中不仅可用作香料，同时还是很好的防腐剂。

4. 姜黄　为姜科多年生草本植物姜黄的干燥根茎，具有活血行气、通经止痛的功效。主要含有姜黄酮、姜黄素及微量元素等成分。

姜黄中的黄色色素可用作化妆品的天然色素。姜黄提取物有很强的抗菌及抗炎作用，将其作为添加剂用于化妆品中，可防治各种皮肤病，制成的粉刺露或粉刺霜对粉刺有很好的治疗作用，能够祛除黑头粉刺，对感染性粉刺效果更佳。

5. 黄芩　为唇形科多年生草本植物黄芩的根，具有清热燥湿、泻火解毒、止血安胎的功效。主要含有黄芩苷、黄芩黄素等黄酮类以及 β- 谷甾醇、豆甾醇、苯甲酸等成分。

作为化妆品功能性原料,黄芩主要具有以下作用:①广谱抗菌作用;②抗炎、抗变态反应作用:对炎症性皮肤病和过敏性皮肤病均具有很好的治疗作用;③抗氧化作用:所含的黄芩素能清除自由基,显著抑制过氧化脂质的生成;④所含的苯甲酸能够防止角质细胞互相粘连,使闭合性粉刺变为开放性粉刺,尤宜于混合感染性粉刺;⑤吸收紫外线,抑制黑色素的生成。

6. 紫草 为紫草科多年生草本植物紫草、新疆紫草或内蒙紫草的根,具有凉血止血、解毒透疹的功效。主要含有紫草素、乙酰紫草素、脂肪酸、鞣酸、多糖及无机盐等成分。

紫草素为紫红色针状结晶,作为化妆品天然优质色素,除具有安全性好、无毒无刺激、耐热、耐日晒、化学稳定性好等优势外,还具有收敛、消炎、抗菌等功能。紫草素用于化妆品中,对皮肤、头发具有调理作用,对粉刺、皮肤粗糙、雀斑、老年斑均有一定改善作用。

7. 射干 为鸢尾科多年生草本植物射干的根茎,具有清热解毒、祛痰利咽的功效。主要含有鸢尾黄酮、鸢尾黄酮苷、射干酮等成分。

射干提取物能够抑制常见致病性皮肤癣菌,且有消炎及雌激素样作用。在化妆品中,与金银花、樟脑合用可用于粉刺的辅助治疗,能够溶解角质,加速浅表层炎症消退,并能促进毛囊上皮细胞增生,使粉刺松动及排出,也能使闭合性粉刺更快变成开放性粉刺,从而有助于丘疹和结节的消退,使粉刺很快痊愈;与当归合用则可淡化各种色斑。

8. 蒲公英 为菊科多年生草本植物蒲公英及其多种同属植物的全草,具有清热解毒、消痈散结、利湿通淋的功效。主要含有蒲公英甾醇、蒲公英素、胆碱、菊糖、果胶及维生素 C、氨基酸等成分。

蒲公英提取物具有抗菌、抗病毒、消炎、止痒、去屑等功能,可用于沐浴化妆品、抗痤疮化妆品及去屑止痒类发用化妆品中,对感染性粉刺及黑头粉刺均有很好的改善作用;因含有维生素 C、氨基酸等营养物质,也可作为营养添加剂用于护肤类膏霜化妆品。

9. 丹参 为唇形科多年生草本植物丹参的干燥根和根茎,具有活血调经、凉血消痈、清心除烦的功效。主要含有丹参酮、次丹参醌、维生素 E、β- 谷甾醇等脂溶性成分及原儿茶酸、丹参酸、紫草酸、迷迭香酸、丹参素等水溶性成分。

作为化妆品原料,丹参主要具有以下作用:①抗痤疮:丹参酮有抗雄性激素及温和的雌激素活性,对痤疮丙酸杆菌高度敏感,且具有抗炎作用,适用于各种类型的痤疮;②美白、抗衰老:丹参的活血化瘀作用能够促进面部血液循环,促进细胞新陈代谢,其提取物能够清除氧自由基,具有祛斑和延缓皮肤衰老作用;③调理毛发:丹参中含有的维生素 E 及锌、铜、铁等微量元素,能够促进毛发中黑色素的生成,纠正因缺乏微量元素锌、铜、铁而造成的白发、黄发及头发干燥等毛发缺陷,可用于头油、发乳、发露及洗发香波等发用化妆品中,具有生发乌发的作用。

10. 大黄 为蓼科多年生草本植物掌叶大黄、唐古特大黄或药用大黄的干燥根及根茎,具有泻下攻积、凉血止血、泻火解毒、活血祛瘀及清泄湿热的功效。主要含有大黄酸、大黄酚、大黄素、芦荟大黄素等蒽醌衍生物以及鞣质、草酸钙、葡萄糖、果糖等成分。

大黄作为化妆品功能性原料,具有泻火解毒、清泄湿热及活血祛瘀作用。现代药理研究证实,大黄对常见致病性皮肤真菌具有抑制作用,并具有抗炎作用,可用于痤疮、酒渣鼻及脂溢性皮炎的辅助治疗;大黄素还可抑制酪氨酸酶活性,抑制多巴色素的形成,其抑制色素生成的能力为曲酸的2~5倍,可用于美白祛斑化妆品中。

11. 苦参　为豆科灌木植物苦参的根,具有清热燥湿、杀虫、利尿的功效。主要含有多种生物碱、黄酮类、皂苷类、氨基酸类及挥发油等成分。

苦参能清热燥湿、杀虫止痒,可用治多种皮肤疾患。现代药理研究表明,苦参对多种皮肤真菌具有抑制作用,并能抗过敏、抗辐射,对痤疮、白癜风、酒渣鼻等多种损美性皮肤病均有一定的治疗作用,其提取物可添加至膏霜、乳液、露剂等多种剂型的化妆品中。

12. 地榆　为蔷薇科多年生草本植物地榆或长叶地榆的干燥根,具有凉血止血、解毒敛疮的功效。主要含有地榆糖苷、没食子酸、槲皮素等三萜类、皂苷类、酚酸类及黄酮类化合物等成分。

地榆提取物具有较强的抗菌及抗炎作用,并具有一定的防腐性能。主要用于花露水、浴剂及抗痤疮化妆品中,可辅助防治各种皮肤病,尤其对感染性粉刺效果甚佳,也用作化妆品防腐剂。因其性能温和,无刺激性,因而特别适合于儿童和婴幼儿用化妆品。

13. 硫黄　为自然元素类矿物硫族或含硫矿物经加工制得,具有杀虫止痒之效。主要含有硫以及少量的钙、铁、铝、镁、微量的硒等成分。

升华硫能溶解角质、软化表皮,现代硫黄制剂有止痛、抗感染、保护疮面、促进毛发再生作用,并能抗真菌、抗寄生虫,抑制皮脂溢出。作为化妆品功能性原料,可用于各种皮肤病的辅助治疗,如粉刺、酒渣鼻、白癜风、寻常疣、疥虫、脂溢性皮炎等;还可用于脱发,如圆形脱发及脂溢性脱发等。

(四) 生发乌发类

1. 何首乌　为蓼科缠绕草本植物何首乌的干燥块根,制首乌具有补精血、乌须发的功效。主要含有卵磷脂、大黄酚、大黄素、大黄酸、大黄素甲醚等成分。

何首乌是一种很好的头发调理剂,其含有的卵磷脂能够营养发根,促使头发中黑色素的生成,常用于护发、养发及生发的化妆品中,使头发乌黑发亮、易于梳理。

2. 枸杞子　为茄科落叶灌木植物宁夏枸杞的干燥成熟果实,具有补肝肾、益精血、明目、润肺的功效。主要含有枸杞多糖、甜菜碱、胡萝卜素、核黄素、烟酸、硫胺素、尼克酸及微量元素等成分,尤以维生素A和维生素C含量高。

枸杞子含有的核黄素、烟酸、维生素及钾、铁、铜等微量元素,最适合用于发用化妆品,可防治脱发,促进头发黑色素生成,使头发乌黑发亮,对于缺乏必需微量元素所引起的黄发、白发均有显著改善作用,对斑秃也有很好的改善作用。

枸杞子作为化妆品原料,还可营养皮肤,防止皮肤细胞衰老,减少皮肤色素沉着,是一种优良的化妆品营养性中药原料,且具有防腐作用。本品不仅可用于成人面部化妆品,也适合于儿童和幼儿化妆品,如儿童霜、宝贝霜、儿童沐浴露、儿童洗发香波等化妆品。

3. 夏枯草　为唇形科多年生草本植物夏枯草的果穗,具有清肝明目、消肿散结的功效。主要含有三萜类、黄酮类、甾体糖苷及香豆素类等成分。

夏枯草提取物可抑制 5α- 还原酶活性,对于因雄性激素偏高而引起的脱发有防治作用,可刺激头发的生长;同时,夏枯草提取物还可提高酪氨酸酶活性,可使黑色素的生成量增加,可在生发兼乌发的产品中使用。

夏枯草提取物外用还具有抗炎、抗过敏、抗自由基及抑制常见致病性皮肤真菌作用。添加有夏枯草提取物的肤用化妆品,可调节角质细胞再生和分化,维护皮肤良好状态,也可用于预防或改善鳞状皮肤病、牛皮癣等损美性疾病。

4. 佛手　为芸香科常绿小乔木或灌木植物佛手的干燥果实,具有疏肝解郁、理气和中、燥湿化痰的功效。主要含有香豆素类、黄酮类、挥发油和糖类等成分。

作为化妆品原料,佛手主要具有以下作用:①促进毛发生长:佛手水提液可显著促进小鼠皮肤脱毛区新生毛的生长;②抗衰老:佛手多糖具有较强的清除超氧阴离子自由基的作用;佛手水提液可提高皮肤胶原蛋白含量及超氧化物歧化酶活性;③促进透皮吸收:佛手挥发油可增加皮肤的通透性,促进皮肤对功效性成分的吸收;④赋香:佛手挥发油为名贵天然香料,其香型为典型的古龙水香型,具有名贵和高雅的特点,除了用于调配化妆品外,在芳香疗法中的应用越来越广。

鉴于香豆素类化合物有潜在的光敏作用危险,佛手提取物应低浓度下用于肤用化妆品。

5. 绞股蓝　为葫芦科多年生草本植物绞股蓝的根茎或全草,具有健脾益气、化痰止咳、清热解毒的功效。主要含有绞股蓝皂苷、10 余种氨基酸、20 余种无机元素以及果糖、葡萄糖、低聚糖等成分。

绞股蓝皂苷具有抗衰老作用,并能改善头皮微循环而具有乌发护发作用。绞股蓝皂苷是一种优良的天然表面活性剂,具有很强的起泡力及良好的去污力,也具有乳化、分散、润湿等性能。

(五)透皮吸收促进剂类

1. 薄荷　为唇形科多年生草本植物薄荷的干燥地上部分,具有发散风热、清利头目、利咽透疹、疏肝解郁的功效。主要含有薄荷醇、薄荷酮、异薄荷酮、乙酸薄荷酯、柠檬烯、薄荷烯酮等挥发油类成分。

薄荷有祛风止痒作用,常用于风邪所致的皮肤瘙痒。作为化妆品原料,薄荷主要具有以下几方面作用:①薄荷提取物有促进透皮吸收作用,可促进其他功效性成分被皮肤吸收;②薄荷油局部应用可使皮肤有清凉感,常用于防晒润肤品,用后立即感觉颜面清凉爽快;③薄荷外用还具消炎、止痒及止痛作用,可用于净肤露或花露水中,具有减轻瘙痒和防治皮肤病的作用;④薄荷的乙醇提取物是很好的天然防腐剂和赋香剂,可制备成薄荷香精,也可用作驱臭剂;⑤在洗发香波中,既可赋予洗后清凉舒适的感觉,又可止痒去头屑。

2. 高良姜　为姜科植物高良姜的干燥根茎,具有散寒止痛、温中止呕的功效。主要含有黄酮类化合物、挥发油、甾醇类等成分。

作为化妆品原料,高良姜提取物主要具有以下作用:①外用时可很快使皮肤温度升高而发挥促渗作用,其中高良姜醇提物有一定的促渗作用,而高良姜挥发油则促渗作用极强;②强烈的抗氧化作用;③抗菌、抗炎作用;④较好的保湿能力。

二、生物制品

1. 表皮生长因子（epidermal growth factor，EGF）　是一种广泛存在于人和动物体内、可促进或抑制多类细胞生长的多肽物质，由美国科学家 Stanleng Cohen 在动物体内脏器、各种外分泌腺及其分泌液以及血浆和尿液中发现，Cohen 博士为此荣获 1986 年诺贝尔医学和生理学奖。

EGF 是生物活性蛋白中相对分子量较小的一种，因而易被皮肤吸收，且具有较好的热稳定性，常温下可稳定两年。EGF 的作用剂量极小，只需 10^{-9}g 数量级即能发挥其相应的功能。

EGF 在细胞和分子水平上调节生命的基本活动，具有广泛的生物学效应，作为化妆品添加剂在化妆品中可发挥如下生理作用：①延缓皮肤衰老：EGF 可加速皮肤表皮细胞新陈代谢，促进细胞合成及对营养物质的吸收，增强细胞分泌胶质物质（如透明质酸等）的功能，促进核糖核酸、脱氧核糖核酸和蛋白质的合成，可赋予衰老细胞以新的活力，改善皮肤衰老状态；②减轻色斑：EGF 可通过促进新细胞的生成来替代含有黑色素的原有细胞，即通过促进细胞新陈代谢作用使原有细胞尽快脱离人体，以降低皮肤中黑色素含量，达到减轻或去除色斑的作用；③防晒：实验研究证实，EGF 制品涂布于皮肤表面后，可减少紫外线对皮肤组织细胞的伤害；④促进创面修复：临床研究表明，EGF 可促进表皮细胞及成纤维细胞的生长，增加肉芽组织中核糖核酸、脱氧核糖核酸、羟脯氨酸、脯氨酸、蛋白质以及细胞外大分子物质的含量，促进伤口上皮化，显著加速皮肤和黏膜创面愈合，提高皮肤的修复能力，并能减少瘢痕收缩和皮肤的畸形增生，可广泛应用于创伤外科及皮肤外科，特别在皮肤剥脱术后的皮肤修复中是必不可少的有效原料。

2. 碱性成纤维细胞生长因子（basic fibroblast growth factor，bFGF）　商品名为"细胞活能"，存在于人体脑垂体中，是一种蛋白质，遇高热会变质。一般储存在 25℃ 以下且 pH 值在 6.0~8.0 之间，其活性是稳定的，所以 bFGF 不应与酸碱性过强的护肤品同时混合使用。

bFGF 在人体内含量很少，但对皮肤细胞的分裂增殖和再生起着非常广泛和强大的作用。其主要功能如下：①延缓皮肤衰老：bFGF 能够促进成纤维细胞、上皮细胞及内皮细胞的增殖，直接或间接促进胶原纤维、网状纤维及弹性纤维的形成，调节胶原蛋白及其他蛋白多糖和黏多糖的分泌，维持皮肤组织中的水分含量，改善萎缩细胞的缺水状态；②促进创面修复：bFGF 对表皮细胞或真皮细胞的修复作用，可以用在皮肤嫩肤术后的皮肤修复阶段。

bFGF 一般以冻干粉的形式添加于化妆品中。

知识拓展

血小板衍化生长因子（PDGF）——抗皮肤衰老的新一代生化物质

PDGF 是一种促进生长的内生性蛋白质，最初从血小板中发现，是创伤愈合过程中较早出现的生长因子之一，在伤口愈合过程中可由多种细胞释放，具有促进伤口愈合并缩短愈合时间的作用。PDGF用于化妆品中能够延缓皮肤衰老,主要和以下作用有关:①促进皮下血管形成:皮肤衰老的重要原因之一就是皮下血管萎缩,从而导致皮肤供血不足,皮肤缺乏营养,致使皱纹和色斑的出现,而实验证明,局部使用PDGF可以直接刺激内皮细胞,再生血管,对于延缓皮肤衰老具有明显作用;②促进胶原蛋白合成:胶原蛋白是一种细胞外蛋白质,以不溶纤维形式存在,具有高度的抗张能力,是决定皮肤紧缩性和弹性的主要因素;实验表明,PDGF可以促进胶原蛋白的合成,通过PDGF生成的胶原蛋白比直接涂抹或食用胶原蛋白更能有效延缓皮肤衰老。

近几年来,EGF产品已在中国十分火爆,但在国外,PDGF的产品则更引人注目并取得消费者的一致好评。目前,中国的PDGF产品尚处于襁褓之中,但相信在不久的将来,我们一定会看到其蓬勃发展的盛况。

3. 超氧化物歧化酶(superoxide dismutase,SOD)　是一种广泛存在于自然界需氧生物体体内的金属酶,特别是在人和动物的血液细胞和组织器官中含量很高。迄今为止,人们已经从动物、植物及微生物等各种生物体内分离到了SOD。

SOD是一种抗氧化酶,能特异性地清除体内生成的过多的超氧自由基,调节体内的氧化代谢和抗衰老功能,故也将其称为抗衰老酶。作为化妆品功能性原料,SOD具有很高的生物活性和催化效应,主要表现为以下几方面:①延缓皮肤衰老:SOD能够催化超氧阴离子的歧化反应,是机体内超氧阴离子自由基的专一清除剂。SOD的这种功能对表皮细胞、皮脂腺、大小汗腺及真皮组织内的弹力纤维起到很好的保护作用,使皮肤组织的新陈代谢能够正常进行,可有效防止皮肤衰老;②减轻色斑:SOD通过清除体内过剩的自由基,从而抑制或阻断自由基对体内不饱和脂肪酸的作用,减少了过氧化脂质和丙二醛的过多生成,使脂褐素的产生受到抑制,色斑的生成和发展也能够相应得到控制;③抑制粉刺:临床观察发现,SOD化妆品对粉刺也有较好的改善作用,尤其是对初期发作的粉刺效果更为明显;④防晒:SOD能够吸收波长为258~268nm之间的紫外线,对波长为270~320nm之间的紫外线也能部分吸收。

由于SOD存在着分子量大、不易被皮肤吸收且易失活、易致敏等缺点,近年来应用现代酶工程方法,对SOD在分子水平上进行化学修饰,月桂酸SOD即是经过化学修饰的SOD,其克服了SOD易失活的缺点,同时其透皮吸收、抗衰老及消除免疫原性等方面均大大高于未修饰的SOD。

4. 胶原蛋白　亦称角朊蛋白或胶原,是构成动物皮肤、软骨、骨骼、血管等结缔组织的白色纤维状蛋白质,在皮肤的真皮组织中占90%之多。

动物组织中的胶原蛋白不溶于水,但有很强的水解能力,应用于化妆品中的是胶原蛋白水解物,而且一般要求其平均分子量应在1 000~5 000之间。试验表明,胶原蛋白水解物发挥最佳使用效果的平均分子量应在700~1 000范围内。

胶原蛋白是构成动物皮肤和肌肉的基本蛋白质,安全性极高,其水解物作为功能性原料,在化妆品中主要具有以下作用:①保湿作用:胶原蛋白水解物的多肽链中含有氨基、羧基和羟基等亲水性基团,能够吸收水分,对皮肤具有良好的保湿作用;②亲和性:皮肤和毛发对胶原水解物均有很好的吸收作用;③去色斑作用:研究表明,用平均分子量1 500的胶原水解物可使紫外线诱发的皮肤色斑减少1/4左右;④配伍性:胶原水解物与表面活性剂的配伍性好,不会降低各自的活性,并能缓和化妆品中表面活性剂对皮肤和毛发所产生的刺激作用。

5. 金属硫蛋白（metallothionein，MT）　是从动物体中提纯出的具有生物活性及性能独特的低分子蛋白质，因其含有 35% 含硫的半胱氨酸残基，且能结合金属离子，故称为金属硫蛋白。20 世纪 50—60 年代，人们先后在动物体内分离出含镉硫蛋白（CrMT）和含锌硫蛋白（ZnMT），目前国内化妆品行业使用的 MT 产品，是以锌盐为诱导剂从家兔肝脏中提纯而成的含锌硫蛋白。

MT 具有十分特殊的分子结构，分子量很小，易被人体皮肤所吸收，而且具有极好的稳定性和水溶性，在室温下长期保存不变性，pH 值在 7.4~7.8 条件下能够溶解而不致失活。

MT 作为化妆品功能性原料主要具有以下生物活性：①抗衰老作用：MT 能够清除超氧自由基和羟基自由基，高效降低机体内自由基水平，有效防止细胞的过氧化损伤，防止皮肤细胞衰老；②抗辐射作用：实验表明，MT 能够保护细胞免受紫外线辐射，具有一定的防晒功能；③结合金属离子：金属离子在机体内起重要的生理作用，但机体中金属离子过多则会导致机体发生病变。研究发现，MT 的体内诱导合成是机体自我调节体内金属离子的一种重要方式，以防止由于金属离子过多而引起的毒性病变，因此可以把 MT 看作是重金属的解毒剂；④抗炎作用：临床研究证明，各种炎症都能诱导 MT 的分泌，使吞噬细胞的功能加强，同时，MT 在清除自由基时所释放的微量元素锌能够促进免疫功能和细胞代谢，提高机体的抗炎能力；⑤预防和减轻色素沉着：MT 通过有效清除体内自由基作用，阻断自由基与体内不饱和脂肪酸的过氧化反应，降低皮肤中过氧化脂质的含量，使得脂褐素的生成量减少，从而达到预防及减轻色素沉着的效果。

MT 添加入化妆品中，通过上述生物活性，可发挥抗皱、减轻色斑和缓解痤疮等功能。

6. 核酸（nucleic acid）　核酸是一种重要的生物高分子化合物，是生命最基本的物质之一，是细胞合成、分裂、繁殖的生命基础。核酸的化学组成比蛋白质更复杂，根据核酸分子中含有戊糖种类的不同，可分为核糖核酸（RNA）和脱氧核糖核酸（DNA）两大类。将核酸逐步水解，可得到核苷酸、核苷、磷酸、戊糖及氮碱等多种产物。

在表皮细胞中，核酸随着皮肤老化而含量剧减，完全角质化后含量为零，因此核酸与皮肤老化和代谢有着密不可分的关系。作为化妆品添加剂，核酸主要具有以下生理活性：①活化细胞作用：核酸在化妆品中引人注目的首先是其活化细胞的效果。但核酸相对分子质量很大，不利于皮肤吸收，而作为核酸组成单位的核苷或核苷酸相对分子质量较小，易通过细胞膜而被皮肤吸收后，参与皮肤胶原合成，增强皮肤细胞活力，可发挥抗皮肤衰老的效果，因此称核酸为细胞赋活剂。②保湿作用：核酸可从空气中吸收水分，并能在皮肤表面成膜，防止角质层水分的过度蒸发而发挥保湿作用。③防晒作用：实验表明，核酸对中波紫外线具有一定的吸收性，添加核酸的防晒化妆品，可在皮肤表面形成核酸膜，以阻断紫外线对皮肤造成的损伤。④营养治疗作用：核酸是继糖类、蛋白质、脂肪、维生素、矿物质之后的最新营养素，皮肤的再生和保健均离不开核酸，与氨基酸、维生素等其他营养物质共用可以辅助治疗皮肤损伤及瘢痕等皮肤疾患。

核酸与其他活性物质配合使用有显著的复合效果，如与维生素 E 合用，可增强维生素 E 的抗氧化作用。核酸水溶液具有一定的黏度,在化妆品中还可用作增稠剂和乳液稳定剂。

三、天然功效性成分

本部分所提到的天然功效性成分,基本是一相对纯化和富集的产品,也可称其为活性成分或活性单体,这是与传统的中药类原料最重要的区别。天然功效性成分作为化妆品功能性原料具有诸多优点:①提高了有效活性物的浓度,疗效明显,针对性强;②副作用小,安全性高;③精制过程中除去了与其共存的糖分、油脂等营养成分,有利于化妆品的防腐;④精制过程中除去了色素及不良气味,适合在化妆品中使用;⑤提供了可供检测的功能性成分的含量和测定指标,与国际化妆品的要求接轨。

作为化妆品的功能性添加剂,天然功效性成分的作用与其结构具有密切的关系。以下根据化学结构的不同对一些代表性天然功效性成分进行简要的分类介绍。

(一) 蛋白质

蛋白质是生物体中最重要的组成物质,从覆盖人体的皮肤到毛发无一例外都是由蛋白质所组成的。蛋白质是一类生物大分子,由氨基酸彼此按肽的原理进行连接,分子量可多达十几万以上,是生物体中最复杂的一类物质。

1. 麦蛋白 为存在于小麦种子内的一类谷蛋白。麦蛋白不溶于水,用于化妆品中的是其部分水解物,主要有相对分子质量为 1 000 左右和 $2×10^4~3×10^4$ 两种。

相对分子质量 1 000 的麦蛋白水解物易被毛发吸收,且能在发丝表面铺展成膜,在烫发剂中使用,既可保护发丝,又能使发型维持长久;相对分子质量在 $2×10^4~3×10^4$ 之间的麦蛋白水解物吸湿性和保湿性强,也具成膜性,在护肤品中常用作保湿剂,也可作为营养性助剂。

麦蛋白具有良好的发泡力,浓度 1.8% 时发泡力最佳,可在洗面奶中加入,用于发泡和稳泡;麦蛋白还是优秀的乳化剂,0.1% 时乳化效率最高,特别是与非离子型表面活性剂配合使用时,制得的乳状液稳定性好。

2. 蚕蛋白 蚕丝富含多种氨基酸,是一种天然蛋白纤维,蛋白质含量高达 96%,其结构与皮肤和毛发相似,人称"第二皮肤"。蚕丝中的蛋白质,有丝蛋白和丝心蛋白之分。丝蛋白存在于蚕丝的外层,也称之为丝胶蛋白;丝心蛋白存在于蚕丝的中心部分,也称为丝朊。两者的氨基酸组成有很大不同。

(1) 丝蛋白:丝蛋白与人体皮肤匹配性好,将其粉碎成微细粉末即称为丝素,此粉粒刚性适中柔和,覆盖力较强,可用于粉蜜及香粉类制品。丝肽为丝蛋白的另一产品形式,它是丝蛋白的部分水解液,相对分子质量为 300~5 000,化学性质稳定,配伍性强,在化妆品中具有如下作用:①保湿作用:丝蛋白具有与皮肤角质层中天然保湿因子相似的成分和功能,能够保持水分不易流失;②美白作用:丝蛋白能够吸收紫外线,抑制酪氨酸酶活性,防止皮肤晒黑、晒伤,抑制黑素生成;③抗氧化、抗衰老作用:丝蛋白具有较好的抑制脂肪过氧化的作用,能够防止细胞老化,促进胶原生成;④抗菌消炎作用。

丝蛋白作为保湿剂、调理剂、营养剂、美白剂、抗衰嫩肤活性原料等用于各类化妆品中。

(2) 丝朊:相对于丝蛋白来说,丝朊的亲油性更强、肽链的结构更紧密。丝朊的产品形式与丝蛋白一样,有部分水解物和粉末型两种。其中水解物相对分子质量为300~3 000,作为保湿剂和营养剂,除可用于护肤品外,主要用于护发制品,易被毛发吸收,增加毛发的弯曲度和抗水性,又可赋予毛发一定的光泽,尤其适于睫毛油类化妆品。丝肮粉末的用途与丝素相同,但再生性丝肮的多孔特性,使其对水和皮脂能够高度吸收,手感更柔和,能形成均匀透明的膜,宜用于洗面奶、香粉及眼影膏等化妆品中。

3. 黏蛋白　黏蛋白属于糖蛋白类,其辅基部分为混合多糖。人和动物的唾液、胃液、肠液及其他分泌物中都含有黏蛋白,其黏性是由于分子结构中的羟基与水分子形成氢键,束缚了大量的水,使体系黏度增加所致。

黏蛋白的黏性可稳定乳状液,某些场合可用作助乳化剂。在护肤产品中具有保湿作用,同时能够增强其他活性成分的调理功能;也可用于护齿类产品,能够清除多余的钙离子,防止齿垢在齿面上的积聚。

（二）糖

糖,又称为碳水化合物,是生命体内不可缺少的一类物质。在生命体内,糖不仅是营养物质,而且还具有许多特殊作用。由于糖类活性成分来源的广泛性,以及消费者认同的安全性和低刺激性,糖类成分已成为重要的化妆品原料。

自然界中存在的糖的种类很多,最常用的分类法是按糖的聚合度可将其分为三类:单糖、寡糖和多糖。

1. 植酸　植酸属于单糖类,为淡黄色浆状液体,易溶于水、乙醇,多以其钙盐、镁盐或钾盐的形式广泛存在于植物界,米糠是生产植酸的主要原料。

植酸易被皮肤和黏膜吸收,为滋补性营养剂,并能提供良好的肤感;在很宽的 pH 值范围内对金属离子均具很强的螯合能力;1% 浓度的植酸可抑制细菌、真菌和酵母菌的活性,可作为防腐剂用于牙膏或其他膏状化妆品中,既可防止气胀现象的发生,又有助于抑制牙石的生成;植酸良好的助乳化性,在香波类化妆品中有助于珠光的分散性和稳定性。

2. 麦芽糖醇　属于寡糖类,在天然产物中含量不高,现基本以麦芽糖或葡萄糖为原料进行人工制备。

麦芽糖醇与其他糖类活性成分一样,和皮肤的亲和性好,且可缓解烷基硫酸盐类表面活性剂对皮肤的刺激,可用于香波、牙膏及洗面奶等化妆品中。麦芽糖醇在口腔牙垢中基本不被细菌发酵分解,不产生酸性物质,是防龋齿和抗溃疡的甜味剂,在牙膏中可代替糖精来掩盖磨料的苦涩味;在皂中不易析晶影响外观,且成模性好,可在透明皂或半透明皂中使用。

将麦芽糖醇与脂肪酸或长链烷醇制成表面活性剂,作用更强,以此制成的长碳链脂肪酸酯或脂肪醇醚是重要的化妆品用乳化剂,其中碳链的长度以十二碳为主。

3. 菊糖　菊糖是一种食用多糖,由果糖分子聚合而成,相对分子质量约为 5 000,为颗粒状晶体,可溶于热水,不溶于冷水和有机溶剂。

菊糖能够稳定乳状液,并有很好的分散性、铺展性和增稠作用;菊糖能够营养肌肤,且能透皮吸收,在粉剂类化妆品中使用,能够柔滑肌肤,产生良好的肤感。

菊糖可直接用于各类化妆品,也可制成脂肪酸酯用于化妆品中。

4. 硫酸软骨素　硫酸软骨素是一种分布于人体结缔组织内的氨基多糖,具有分布广、含量高的特点。猪小肠是制备硫酸软骨素的常用原料。硫酸软骨素可真空冷冻至白色或灰白色粉末,易溶于水,不溶于乙醇,水溶液黏度大,且 pH 值的变化对黏度影响较大。

硫酸软骨素具有强烈的吸湿性,能够携带 16%~17% 的水分,可用作化妆品的保湿剂和营养性助剂;硫酸软骨素还具有广泛的配伍性,与其他活性成分共同使用可产生协同作用。如与核酸或维生素 E 配伍可刺激头发的生长;与组氨酸或尿酸配合可调理头发;与泛酸或黏蛋白合用可防止皱纹的产生;与曲酸或熊果酸合用可增强增白效能等。

（三）有机酸

有机酸及其衍生物广泛分布于生物体内,种类繁多。绝大多数简单有机酸并无明显的生物活性,如高碳链脂肪酸是有机体的热量储存物质,或作为皮肤分泌皮脂的组成部分起润滑皮肤作用。然而,一些结构特殊的有机酸具有一定的医疗和美容价值。

1. 阿魏酸　阿魏酸属于芳香族有机酸类成分,存在于阿魏的树脂、单穗升麻、米糠等原料中。有顺、反两种异构体,顺式为黄色油状物,反式为正方菱形结晶,溶于热水、乙醇。

阿魏酸能强烈吸收紫外线,有效俘获含氧自由基,抑制脂质氧化,与超氧化物歧化酶有同等活性,广泛用于防晒化妆品及美白祛斑化妆品。

阿魏酸可与多羟基化合物生成酯以提高其水溶性,同时又不影响其抗氧化和紫外线吸收功能,如阿魏酸甘油酯、阿魏酸环糊精酯等。

2. 迷迭香酸　为芳香族有机酸类成分,存在于许多芳香类植物之中,如迷迭香草、紫苏全草等。迷迭香酸可溶于水、甲醇和乙醇。

迷迭香酸可被皮肤吸收,具有抗氧化、抗炎、抑菌以及吸收紫外线的作用。其中抗氧化作用强,抗炎作用是常用抗炎剂的数倍,能够强烈吸收中波紫外线。可广泛用作护肤用品和护发用品中的调理剂,在洁齿类用品中可防止齿斑的形成和积累。

（四）生物碱

生物碱的种类很多,结构复杂,有多种分类方法。植物体中的生物碱大多以与有机酸结合成盐的形式存在,个别生物碱与无机酸结合成盐,少数由于碱性很弱而以游离状态存在,或与糖结合成苷。

1. 鸟苷　鸟苷是人体多种生化过程的重要生化物质,广泛存在于动物的活组织中,酵母、植物中也均含有大量的鸟苷。市售鸟苷为其二水化合物,极微溶于水,可溶于沸水及稀碱,不溶于乙醇。

鸟苷参与各种细胞活动。外用鸟苷可直接快速补充细胞能量,促进皮肤中纤维蛋白的生物合成,为细胞活化剂,可作为皮肤调理剂用于肤用化妆品中。在指甲用化妆品中使用,可减少指甲的脆性,提高指甲的柔韧度。

2. 尿酸　尿酸是人类、猿类、鸟类及爬虫类生物体内嘌呤核苷酸分解代谢的最终产物,主要存在于动物的排泄物中,多以钾、钠等盐类形式存在。为白色结晶,无臭无味,难溶于水,不溶于醇,可溶于甘油、碱液,不耐高热,加热会分解出氢氰酸。

尿酸是化妆品中常用的调理型生化助剂,对人体皮肤无副作用,安全性高。在肤用化妆品中,尿酸既能加速皮肤角质层的新陈代谢速度,又可通过改善角质层状态达到保湿目的,对皮肤功能性失调,如皮脂分泌过多、皮沟皮丘不鲜明、皮屑增多、皮肤

瘙痒等均有改善作用,尤其对干性皮肤和粗糙皮肤者效果明显。在发用化妆品中,尿酸还能有效抑制头屑,常与酸性黏多糖协同使用。尿酸还具有一定的抗氧化性能,可用作食品和化妆品的抗氧剂。

3. 三磷酸腺苷　三磷酸腺苷(ATP)存在于所有的活细胞之中,一个三磷酸腺苷分子中含有两个高能量的磷酸键,被认为是细胞能量剂。

三磷酸腺苷能够显著改善皮肤的弹性和紧实度,防止皮肤组织松弛,通过重新组织皮肤结构,而收紧皮肤,缩小毛孔,恢复皮肤弹性。三磷酸腺苷还可减弱皮肤皮脂分泌的异常化,改善油性皮肤的外观,消除皮肤的油光现象。

(五) 黄酮

黄酮化合物广泛存在于植物界,由于其结构的共轭性及苯环上取代基的特点,使得此类化合物作为化妆品功能性原料具有以下特性:①强烈吸收紫外线:黄酮化合物对 220~400nm 范围内的紫外线均有强烈吸收,且在紫外和可见光区域内高度稳定,用量为常用防晒剂的 1% 即可达到明显的防晒效果;②螯合金属离子:许多黄酮化合物可通过与溶液中的金属离子相螯合而具抗氧化性,特别适用于防止类脂、不饱和酸等物质的氧化;③清除氧自由基:黄酮化合物可俘获各种不同种类的含氧自由基,不同类型的黄酮化合物可俘获的含氧自由基的类型也不相同,因此,可根据需要清除的自由基的类型选择不同的黄酮化合物。

1. 大豆黄素　大豆黄素常见于大豆、广豆根和葛根等多种植物中,是大豆异黄酮中的一种成分。为黄色棱柱形结晶,可溶于乙醇,在水中溶解度小,易溶于稀碱溶液。紫外线吸收特征波长为248nm。

大豆黄素主要具有以下特性:①补充雌激素:大豆黄素具有弱的雌激素样作用,无论口服还是外用,对女性均有补充雌激素的功效,且不会产生任何副作用,可与维生素、胶原蛋白等营养成分合用,广泛用于抗老化的女士化妆品;②抑制黑色素生成:大豆黄素可抑制酪氨酸酶活性,在护肤化妆品中加入 0.02%~0.2% 的大豆黄素,可阻缓黑色素的生成,但若超过此浓度,则对酪氨酸酶具有激活作用;③抑制 5α- 还原酶活性,刺激毛发的生长,同时对过敏性皮肤具有一定的舒缓作用。

大豆黄素的颜色较浅,在白色膏霜化妆品中加入不会影响制品的色泽。

2. 木犀草素　木犀草素在植物界分布很广,为金银花和野菊花的主要功效成分。其一水合物为黄色针状结晶(乙醇),难溶于水,易溶于碱水、乙醇。紫外吸收特征波长为 257nm 和 354nm。

木犀草素在皮肤上的渗透能力较强,可达皮肤深层。作为化妆品功能性原料,主要具有以下作用:①抑菌、抗炎:木犀草素在很低的浓度下即具有抗菌活性;②抑制透明质酸酶活性:与透明质酸同用可延长透明质酸的生理活性,使其更好地发挥保湿作用;③清除氧自由基、吸收紫外线:木犀草素对含氧自由基的俘获能力强,同时又具有很强的紫外线吸收功能,因此在肤用化妆品中能消除和抑制色斑的形成,尤宜于老年色斑。另外,指甲油中加入少量(0.01%)木犀草素,可使指甲釉面保持光滑。

3. 芹黄素　芹黄素为伞形科芹菜属多种植物如欧芹、水芹中的主要成分,为浅黄色结晶(吡啶水溶液),几乎不溶于水,可溶于热乙醇。紫外吸收特征波长为 269nm、300nm、340nm。

芹黄素为芹菜的主要有效成分,作为化妆品功能性原料,主要具有以下作用:

①调理皮肤,缓解皮肤紧张状态,可作为调理剂用于肤用化妆品中,用量为 0.001% 左右,而且优质的芹黄素颜色浅,不会影响膏霜颜色;②抗炎作用:与维生素 B 族及维生素 C 等配伍可治疗皮肤烫伤及烧伤,有利于伤口的愈合,若与金盏花油、杏仁油、春黄菊油等若干植物精油配合,则愈伤效果更好;③抗氧化作用:芹黄素具较强的抗氧化作用,对各种含氧自由基的俘获能力强,既可防止配方中油脂原料的氧化降解,又可作化妆品中色素稳定剂,用量达 0.1% 即有效果;④对紫外线的吸收主要集中在中波段,而且为强吸收。

4. 黄芩黄素　黄芩黄素和黄芩苷(黄芩黄素的苷类)为唇形科植物黄芩中的关键有效成分。黄芩黄素为黄色针状结晶(乙醇),优质的黄芩黄素为亮黄色,可溶于乙醇等有机溶剂,几乎不溶于水。紫外吸收特征波长为 239nm、297nm、343nm。

黄芩黄素具有较强的药理作用,主要体现为以下几方面:①抗炎、抗变态反应作用:能缓和化学添加剂对皮肤造成的刺激及过敏反应,缓解皮肤的紧张程度;②广谱抗菌作用:对多种致病性皮肤菌均有不同程度的抑制作用,其中对金黄色葡萄球菌和铜绿假单胞菌的抑制作用最强,在肤用化妆品中能有效防治粉刺,在口腔卫生用品中可作为抗菌剂;③强烈吸收紫外线,清除氧自由基,抑制黑色素的生成,可用于增白霜的配制;④抑制 5α- 还原酶活性,可用于男性脱发的辅助治疗。

5. 甘草黄酮　甘草黄酮是存在于中药甘草中的几类黄酮类成分的总称,主要包括甘草素和甘草苷、异甘草素、甘草查尔酮、光甘草定和光甘草素几类成分。

(1) 甘草素和甘草苷(甘草素的葡萄糖苷):是中药甘草和光甘草中的有效成分,总黄酮含量约占 3%,其中甘草苷含量最高。甘草苷为无色粉状结晶,可溶于乙醇,难溶于水。紫外吸收特征波长为 249nm。

甘草苷作为化妆品功能性原料,主要作用为:①抑菌、抗炎、抗过敏:甘草苷对链球菌具有很强的抑制作用,用于牙膏或漱口水中可防止牙龈溃疡,同时能调理皮肤,缓解皮肤的紧张状态;②活化肌肤细胞,增强其他助剂的功效;③有效抑制酪氨酸酶活性,减慢皮肤中黑色素的形成。

甘草苷是甘草许多成分中色泽浅的品种,作为添加剂不会影响白色膏霜的色泽。

(2) 异甘草素:异甘草素是中药甘草中的主要有效成分之一,含量在 0.1%~0.5% 之间。为淡黄色结晶,可溶于乙醇,不溶于水。

异甘草素作为化妆品功能性原料,主要作用为:①抗过敏活性:在肤用化妆品中可减少化学物质对皮肤的刺激作用;②抗氧化作用:在相同浓度下,抗氧化性优于 BHA 和 BHT,略低于维生素 E;③抑制黑素细胞及酪氨酸酶活性:对于老年性皮肤色素沉着、雀斑和不明原因引起的皮肤变色均有明显改善作用,效果优于曲酸和熊果苷,用量为 0.01%~2%。

此外,甘草查尔酮、光甘草定和光甘草素均为中药甘草中的黄酮类成分,均具有很强的抗菌活性,并能降低雄性激素水平而抑制脂肪的溢出,对皮脂分泌过多而致的损美性疾病具有预防和治疗作用,如脂溢性脱发等。其中光甘草定和光甘草素还能有效抑制酪氨酸酶活性,可用于美白祛斑化妆品,用量为 0.001%~0.1%。

(六) 萜

萜类成分分布广、种类多,包括单萜类化合物、倍半萜类化合物、二萜类化合物、三萜类化合物及多萜类化合物。

1. 雪松醇　是广泛存在于松科植物中的一类倍半萜化合物,也存在于春黄菊、茶叶、柠檬、胡椒、生姜等植物的挥发油中,为其中的一个香气成分。为针状结晶(稀甲醇),熔点为 86~87℃。

雪松醇经皮渗透性强,能增加皮肤含水量,与其他活性成分(如脑酰胺等)配合可用于老年化干性皮肤的护理和保湿;雪松醇还能舒缓皮肤的过敏反应,特别对高过敏性皮肤的作用更明显,可用于过敏用皮肤化妆品的配制;雪松醇对黑色素细胞也具有一定的抑制作用。

2. 番茄红素　番茄红素为存在于番茄、胡萝卜、番红花、金盏花、西瓜及柿等许多蔬菜水果中的四萜类化合物。是一种脂溶性不饱和碳氢化合物,通常为深红色粉末或油状液体,纯品为针状深红色晶体。不易溶于水,可溶于丙酮、油脂。

番茄红素具有强大的抗氧化作用,研究表明其抗氧化能力是维生素 E 的 100 倍,能够防止脂类氧化,保护生物膜免受自由基的损伤,从而达到保护容颜、延缓皮肤衰老的作用。

3. 胡萝卜素　胡萝卜素为四萜类衍生物,有许多异构体,以 β 型为主要成分。β- 胡萝卜素为深紫色或红色结晶,几乎不溶于水,极难溶于乙醇,可溶于二硫化碳、苯和氯仿。β- 胡萝卜素的稀溶液为黄色,能从空气中吸收氧气变成无色氧化物而失去活性。

β- 胡萝卜素可用作食品和化妆品色素,可表现维生素 A 样性能,外用能维持皮肤的正常功能,对维生素 A 缺乏所表现出的皮肤干燥、粗糙等均有改善作用,为常用的营养性助剂和调理剂,常与其他功能性成分配合用于除皱及紧肤类化妆品中。β- 胡萝卜素还能显著吸收紫外线,是理想的防晒剂。

β- 胡萝卜素及其衍生物在化妆品中会逐渐失去活性,可与维生素 E 配合使用,推迟其失活时间。

4. 虾青素　为存在于虾壳、海藻中的一类油溶性红色天然色素。具有极其强大的抗氧化作用,作用强于番茄红素;还具有维生素样营养皮肤的作用,是细胞的活化剂,能够预防皮肤的老化。在化妆品中也可用作彩妆类化妆品的着色剂。

(七) 皂苷

皂苷是广泛存在于植物界的一类特殊苷类,许多中药如人参、远志、桔梗、知母、柴胡等的主要有效成分都是皂苷。

1. 积雪草酸　积雪草酸及积雪草苷(积雪草酸的糖苷)为伞形科植物积雪草的主要有效成分。积雪草酸为针状结晶,积雪草苷为微小针状结晶。

积雪草酸外用能促进伤口愈合,促使表皮再生。积雪草苷能够有效抑制黑色素形成,可用于美白祛斑化妆品;积雪草苷还具有雌激素样作用,可刺激毛发生长速度,用于发用化妆品中,用量为 0.05% 左右。

2. 丝瓜皂苷　丝瓜皂苷为丝瓜中 13 种皂苷异构体的总称。为黄褐色粉末,易溶于水、乙醇。

丝瓜皂苷可明显促进细胞增殖,其作用效果远远超过人参,在肤用化妆品中具有提高细胞活性、促进伤口愈合、调理皮肤、减少角质层剥脱、使皮沟皮丘鲜明等作用,用量为 0.005%~0.01%;丝瓜皂苷具有的广谱抗菌性,可用于去屑类洗发香波中,有助于去除头屑;丝瓜皂苷还具抗炎作用,也适宜作防晒化妆品和美白祛斑化妆品的助剂。

3. 赤小豆皂苷　赤小豆皂苷主要存在于赤小豆的种子中,大豆等豆科植物的种子内均有发现,是若干异构体的混合物。

赤小豆皂苷有较好的表面活性剂样活性,能生成和稳定泡沫,泡沫密集而细腻,清除油脂能力适中,且对蛋白质也有一定的清除能力,对皮肤无刺激,可作为清洁剂用于洁面化妆品中;赤小豆皂苷还能保持水分,具有一定的保湿作用。

4. 柴胡皂苷　柴胡皂苷是中药柴胡的主要有效成分,为多种皂苷的混合物。可溶于热水和乙醇。

柴胡皂苷经皮渗透性好,在肤用化妆品中,可促进其他成分的透皮吸收,且具有强烈的抗氧化性,又可改善皮肤新陈代谢功能,增加毛细血管通透性,促进细胞增殖,从而达到柔滑粗糙皮肤、防止皮肤老化的效果;柴胡皂苷还可吸收紫外线,抑制黑色素生成,可用于美白祛斑化妆品,用量为 0.1%~1%;此外,柴胡皂苷具有抗炎、抗病毒作用。

(谷建梅)

 复习思考题

1. 动植物油脂和动植物蜡的主要化学组成是什么？有何异同？

2. 试述表面活性剂的分类及各类的作用特点。

3. 水溶性高分子化合物在化妆品中的主要作用有哪些?

4. 中药原料在化妆品中的作用主要有哪些?

第四章

化妆品常见剂型的配方组成及制备

学习要点

乳剂类化妆品的配方组成及制备方法；化妆水的分类及其配方组成；香波的制备方法；面膜的分类及其配方组成；凝胶类化妆品的配方组成。

第一节　乳剂类化妆品

乳剂是指不相混溶的油水两相在外力作用下，使其中一相以微小液珠分散在另一相中构成的粗分散系，也称为乳化体。其中以小液珠形式存在的液体称为内相，又称为分散相或不连续相；包围在小液滴外面的液体称为外相，又称为分散介质或连续相。在乳剂中，分散相可以是水，也可以是油。如果分散相是油相，而连续相是水相，此分散系称为水包油型，表示为油／水或 O/W；反之则是油包水型，表示为水／油或 W/O。其中"O"是英文单词"oil"的第一个字母，"W"是英文单词"water"的第一个字母。化妆品中乳剂除了 O/W 型和 W/O 型两种基本类型外，还有 W/O/W 型和 O/W/O 型或更多界面的多重乳液类型。

乳剂类化妆品是当今应用较广，很受消费者青睐的一类产品，其分类方式有多种：按乳化性质不同可分为水包油（O/W）型和油包水（W/O）型两类；按外观形态不同可分为半固态和流动态两种，如膏霜为半固态，奶液多为流动态；按产品性能不同可分为雪花膏、防晒霜、润肤霜、洗面奶等。本节主要介绍乳剂类化妆品的配方组成、制备技术以及生产设备几方面的知识。

一、乳剂类化妆品的配方组成

乳剂类化妆品按外观形态不同可分为膏霜（半固态）和乳液（流动态）两类，其配方主要组成均为油性原料、水和乳化剂三类物质。同时，为改善产品的使用性和稳定性等性能，还需添加防腐剂、保湿剂及功能性原料等添加剂。

（一）传统膏霜

膏霜类化妆品出现较早，它是一类含固态油性原料相对较多的半固态乳剂制品。其中，雪花膏和冷霜是两种典型而传统的膏霜类化妆品，前者为油／水（O/W）型，而后者为水/油（W/O）型。

1. 雪花膏　雪花膏是一类以硬脂酸和碱反应得到的产物（硬脂酸盐）作为阴离子型乳化剂，对体系中的水和剩余硬脂酸进行乳化而制成的 O/W 型乳剂。其外观洁白，涂抹在皮肤上后会立即消失，如同雪花一般，故得名雪花膏。

雪花膏的组分中绝大部分是水，用后滑爽、舒适、油而不腻，涂在皮肤上后水分逐渐蒸发，油性原料在皮肤上留下一层薄膜，使皮肤与外界干燥空气隔离，从而能抑制表皮水分蒸发，保护皮肤不至于干燥、开裂或粗糙。主要用作润肤、打粉底和剃须后使用。

传统雪花膏配方主要由硬脂酸、碱、水及各种添加剂等组分组成。

（1）硬脂酸：硬脂酸是传统雪花膏配方的必备原料之一，在配方中的用量一般为 15%~25%，主要具有两方面作用：一是与碱反应生成硬脂酸盐作为乳化剂；二是作为配方中的油相成分与水等原料发生乳化反应，形成柔软的膏体，涂敷于皮肤上后，能够在皮肤表面形成油膜，使角质层柔软，保留水分。

来源于天然的硬脂酸是几种脂肪酸的混合物，其中硬脂酸占 45%~49%。它是经水解动植物油脂而制得，有一压、二压和三压三种级别。制备雪花膏必须选用三压硬脂酸，以保证产品的色泽和防止酸败，它是一种蜡状、微带光泽的白色结晶体。

（2）碱：碱也是传统雪花膏配方的必备原料之一，其作用是与方中一部分硬脂酸发生中和反应生成硬脂酸盐作为配方中的乳化剂。碱的用量需要经过计算得到其粗略值，然后根据实际情况，由生产过程中 pH 值的控制来确定其准确用量。

碱的种类较多，选用不同的碱，所得产品的性能有较大差别。常用的碱有氢氧化钾、氢氧化钠及三乙醇胺等。选用三乙醇胺时，所得制品对皮肤刺激性小，膏体最为柔软细腻，产品放置过程中不易增厚，但产品的光泽较差，对香料要求也较高，否则易变色；选用氢氧化钠时，所得制品的硬度及稠度均较高，且容易出现水分离析现象；用氢氧化钾制得的产品的硬度和稠度适中，能够满足产品质量要求，所以一般多采用氢氧化钾，用量一般为 0.5%~2%。为提高产品的稠度和硬度，也可采用氢氧化钾与氢氧化钠混用的方式，两者的用量比是氢氧化钾：氢氧化钠为 9：1。

氢氧化钾和氢氧化钠属于强碱，虽然在《化妆品安全技术规范》（2015 版）中已经限制其使用，只允许其在指（趾）甲护膜溶剂中使用。但雪花膏中所添加的碱全部与方中的硬脂酸反应，因此制得的产品中并不存在氢氧化钾或氢氧化钠。

（3）水：水是任何乳剂类产品配方中必不可少的一类原料，因雪花膏属于 O/W 型乳剂，所以水在配方中的用量较大。采用去离子水或蒸馏水均可。

（4）添加剂：主要有多元醇、单硬脂酸甘油酯、十六醇或十八醇、液体石蜡及防腐剂、香精等。

所用的多元醇主要有甘油、丙二醇、山梨醇和 1,3- 丁二醇等，在配方中主要用作保湿剂，既对皮肤有较好的保湿效果，又能防止膏体水分的散失，同时还能消除制品起"面条"现象。多元醇作为保湿剂时，浓度不宜过高，一般为 5%。

单硬脂酸甘油酯可作为辅助乳化剂，能使膏体细腻、润滑、稳定、光泽度好，使搅动后不致变薄、冰冻后水分不易离析。用量一般为 1%~2%。

十六醇或十八醇也能助乳化，与单硬脂酸甘油酯混合使用时，效果更为理想，可

避免起"面条"现象。用量一般为 1%~3%。

液体石蜡的加入也可避免起"面条"现象。用量一般为 1%~2%。

雪花膏配方实例见表 4-1。

表 4-1　雪花膏配方实例

组分	质量分数(%)	组分	质量分数(%)
硬脂酸	18.0	三乙醇胺	0.9
十六醇	2.0	防腐剂	适量
液体石蜡	3.0	香精	适量
甘油	8.0	去离子水	加至 100.0

【解析】　配方中十六醇、硬脂酸、液体石蜡为油相原料,甘油、三乙醇胺和去离子水为水相原料。三乙醇胺与一部分硬脂酸反应后的生成物(硬脂酸三乙醇胺皂)为乳化剂;十六醇具有增稠、助乳化作用,液体石蜡可以帮助硬脂酸的溶解,细化分散相的颗粒;甘油作为保湿剂既对皮肤发挥保湿作用,又能保持膏体水分;十六醇、液体石蜡和甘油又均可避免起"面条"现象的发生;未反应的硬脂酸在皮肤表面形成油膜,滋润皮肤,软化角质层,防止角质层水分过快蒸发。

2. 冷霜　冷霜又名香脂或护肤脂,是一种古老的化妆品,早在公元 150 年左右,希腊人就制成了冷霜,但当时成品乳化不稳定,敷于皮肤上因有水分离析出来,水分蒸发吸热,使皮肤有冰凉的感觉,所以称作冷霜。后来,人们将硼砂与蜂蜡中的游离脂肪酸皂化,得到了性能稳定的冷霜,并一直沿用至今。

传统冷霜属于 W/O 型乳剂,含油量通常高于 50%,有光泽,涂抹于皮肤后会形成一层油脂膜,可防止皮肤干燥、皴裂,使皮肤滋润、柔软、滑爽,是干性皮肤和气候干燥地区人群的护肤佳品。

传统冷霜的配方主要由蜂蜡、硼砂、液体石蜡、水及其他添加剂组成。

(1) 蜂蜡:是传统冷霜配方中的必备原料之一,其所含的游离脂肪酸与方中的硼砂反应生成钠皂作为乳化剂。蜂蜡中的游离脂肪酸成分主要是蜡酸,又名二十六酸($C_{25}H_{51}COOH$),含量约为 13%。蜂蜡以选择化妆品级的白蜂蜡为好。

(2) 硼砂:是中和剂,与蜂蜡发生皂化反应得到乳化剂钠皂,其反应式为:

$$2C_{25}H_{51}COOH + Na_2B_4O_7 + 5H_2O \longrightarrow 2C_{25}H_{51}COONa + 4H_3BO_3$$

在冷霜配方设计中,蜂蜡与硼砂的配比非常关键。如果硼砂用量过少,不足以中和蜂蜡中的游离脂肪酸,制品的外观粗糙、稳定性差、没有光泽;如果硼砂过量,制品不稳定,会有硼砂结晶析出。理想的乳剂应是蜂蜡中 50% 的游离脂肪酸被中和。在实际配方中,由于单甘酯、棕榈酸异丙酯等原料中有游离脂肪酸的存在(尽管含量很少,但也必须考虑),因此在确定硼砂的用量时必须全面考虑。一般情况下,蜂蜡与硼砂的比例为 10∶1~16∶1。

(3) 液体石蜡:在配方中作为油性原料,能够在皮肤表面形成油脂膜,滋润皮肤,使皮肤柔软、滑爽。

液体石蜡的主要成分是烷烃,若其中绝大部分是正构烷烃,不宜制造冷霜,因为正构烷烃会在皮肤上形成障碍性不透气的薄膜,因此,以选异构烷烃含量高的液体石蜡为宜。此外,还可根据制品流变性和稠厚度的要求,选用凡士林、固体石蜡等其他烷烃类原料。

现在也有选用其他油性原料如霍霍巴油、羊毛油、脂肪酸酯类原料等,这些原料对皮肤的渗透性较好,能够在皮肤表面形成不油腻的油脂膜。

(4) 水:传统的冷霜是典型的 W/O 型乳剂,所以配方中水分的含量一般低于油相含量,油相和水相的比例一般是 2:1 左右。采用去离子水或蒸馏水。

冷霜配方实例见表 4-2。

表 4-2 冷霜配方实例

组分	质量分数(%)	组分	质量分数(%)
蜂蜡	10.0	防腐剂	适量
硼砂	0.8	香精	适量
液体石蜡	48.0	去离子水	加至 100.0

【解析】 配方中蜂蜡、液体石蜡为油相原料,硼砂和去离子水为水相原料。蜂蜡与硼砂反应生成乳化剂;液体石蜡在皮肤表面形成油脂膜,具有滋润皮肤,防止皮肤干裂以及保水作用;硼砂还具有调节 pH 值的作用。

(二)新型膏霜乳液

随着社会进步、科技发展,尤其是近年来合成化学的发展,为化妆品产业提供了大量新颖的原料,使得乳剂类化妆品不再局限于传统的雪花膏和冷霜两类,而是种类繁多,功能各异。如基础护肤类的润肤霜、润肤乳液、营养霜、日霜、晚霜等,清洁皮肤类的清洁霜、洗面奶、磨砂膏等,彩妆类的粉底霜、粉底乳液等,以及具有特殊功能的防晒霜、防晒乳、增白霜、祛皱霜等。产品从配方组成到乳化体系的特点以及使用性能等各方面与传统的雪花膏和冷霜相比,已是今非昔比。

1. 配方组成 虽然现代膏霜乳液类化妆品品种各异,但作为乳剂类产品,其配方组成仍然是油性原料、水(包括水溶性成分)、乳化剂及各种添加剂。

(1) 油性原料:油性原料在配方中的主要作用是为皮肤提供油分,润滑肌肤,柔软角质层,在皮肤表面形成油膜而抑制表皮水分的蒸发。油脂、蜡类及高级脂肪酸、高级脂肪醇等油质原料均可用于现代膏霜乳液类化妆品中。其中许多合成油质原料渗透性好,在皮肤表面形成的油膜不油腻;对皮肤亲和性更好的植物油脂、蜡不但具有很好的润肤作用,往往还兼具其他一些生理活性,如抗氧化、防晒等作用。

(2) 乳化剂:乳化剂是膏霜乳液类化妆品赖以稳定的关键。传统雪花膏和冷霜的配方组成中并没有乳化剂存在,其乳化剂是在制备膏霜过程中反应所生成的,我们称这种体系为反应式乳化体系。由于越来越多的表面活性剂作为乳化剂直接应用于各种膏霜乳液类化妆品中,使得现代乳剂类化妆品的乳化体系已不再局限于单纯的反应式乳化体系,非反应式乳化体系和混合式(现成的乳化剂与反应生成的乳化剂共同作用)乳化体系则更为多见。

可用于现代膏霜乳液类化妆品中的乳化剂种类很多,其中合成表面活性剂是应用最多、效果最理想的一类。在合成表面活性剂中,阴离子型和非离子型应用普遍,

尤其是非离子型表面活性剂发展较快。常用的阴离子型表面活性剂有硬脂酸钠、十二烷基硫酸钠、十二烷基苯磺酸钠、月桂醇磺基琥珀酸单酯二钠等;常用的非离子型表面活性剂有单脂肪酸甘油酯、吐温系列、司盘系列、脂肪醇聚氧乙烯醚、烷基酚聚氧乙烯醚、乙氧基氢化蓖麻油等。

复合乳化剂是近年来深受化妆品配方师喜爱的一类新型乳化剂,常用的品种有十六 - 十八醇 / 十六 - 十八烷基糖苷、单硬脂酸甘油酯 / 聚氧乙烯(100)硬脂酸酯等。

(3)添加剂:除油性原料、水及乳化剂外,新型保湿剂、防腐剂、香精的添加赋予了现代膏霜乳液类化妆品更好的稳定性及更佳的使用感;而层出不穷的功能性原料如防晒剂、美白剂、抑汗除臭剂、生物制品、中药提取物及天然功效性成分的添加又赋予了此类化妆品各自不同的特殊功能。

2. 乳液与膏霜的配方区别　乳液是乳剂类化妆品中具有流动性、黏度较低、倾倒容易的一类制品,在化妆品中又被称为蜜、露或奶液。此类化妆品多为 O/W 型,具有流动性好,黏度较低,容易涂抹且不油腻,使用后感觉舒适、滑爽等优点,尤其适合夏季和油性肤质人群使用。

乳液与膏霜的配方组成相似,其主要组分均为油性原料、水和乳化剂,三者缺一不可,主要不同之处是乳液配方中固态油相原料的含量要更低,水分的含量相对增大。

由于乳液是具有流动性的乳剂制品,稠度较低,分散相液珠容易聚合,所以稳定性差,长时间放置后易分层。为提高乳液制品的稳定性,在配方设计和生产制备方面可采取如下措施:①配方中分散相和连续相的密度应尽可能接近;②选择适宜的乳化剂:通常选择具有增效作用的混合乳化剂要比使用单一乳化剂的效果好;③增加连续相的黏度:可在连续相中添加胶黏剂;④采用高效率的乳化设备,控制适宜的乳化条件,如乳化温度、搅拌速度及时间、冷却方式及速度等。

3. 实例解析　以润肤霜、日霜及保湿乳液为例,实例解析如下(表 4-3~ 表 4-5):

表 4-3　润肤霜配方实例

组分	质量分数(%)	组分	质量分数(%)
鲸蜡醇	2.0	甘油	3.0
肉豆蔻酸肉豆蔻脂	4.0	透明质酸	0.1
液体石蜡	10.0	防腐剂、香精	适量
PEG-200 甘油牛油酸酯	2.0	去离子水	加至 100.0

【解析】　此方为非反应式乳化体系,方中液体石蜡、鲸蜡醇、肉豆蔻酸肉豆蔻酯为油相原料,甘油、透明质酸和去离子水为水相原料,PEG-200 甘油牛油酸酯是性质温和的非离子型乳化剂。肉豆蔻酸肉豆蔻酯为合成润肤剂,能够滋润皮肤,软化角质层,防止角质层水分蒸发;鲸蜡醇具有增稠、助乳化作用;甘油是保湿剂,配以具有高效保湿作用的透明质酸,使制品具有滋润、柔软、保湿等多种作用。

表 4-4　日霜配方实例

组分	质量分数(%)	组分	质量分数(%)
硬脂酸	10.0	山梨醇溶液(70%)	5.0
凡士林	4.0	聚氧乙烯失水山梨醇单硬脂酸酯	1.0
液体石蜡	5.5	三乙醇胺	0.5
羊毛脂	2.0	防腐剂、抗氧剂、香精	适量
鲸蜡醇	1.0	去离子水	加至 100.0
失水山梨醇单硬脂酸酯	2.0		

【解析】　此方为混合式乳化体系,方中硬脂酸、液体石蜡、凡士林、羊毛脂、鲸蜡醇为油相原料,山梨醇溶液、三乙醇胺和去离子水为水相原料。其中硬脂酸与三乙醇胺反应生成乳化剂,与失水山梨醇单硬脂酸酯和聚氧乙烯失水山梨醇单硬脂酸酯两种乳化剂组成混合式乳化体系。羊毛脂是与皮肤亲和性极好的润肤剂;鲸蜡醇起增稠作用,可辅助乳化;山梨醇为保湿剂。

表 4-5　保湿乳液配方实例

组分	质量分数(%)	组分	质量分数(%)
聚乙二醇 -60 氢化蓖麻油	2.0	丙二醇	5.0
霍霍巴油	2.0	透明质酸	0.1
棕榈酸异丙酯	5.0	卡波树脂 941	0.15
角鲨烷	6.0	三乙醇胺	0.15
单硬脂酸甘油酯	1.0	香精、防腐剂	适量
鲸蜡醇	1.0	去离子水	加至 100.00
甘油	6.0		

【解析】　方中霍霍巴油、棕榈酸异丙酯、角鲨烷、鲸蜡醇为油相原料,甘油、丙二醇、透明质酸、三乙醇胺和去离子水为水相原料,聚乙二醇 -60 氢化蓖麻油和单硬脂酸甘油酯为乳化剂。油相原料中只有鲸蜡醇为固态原料,起增稠作用,可辅助乳化;霍霍巴油、棕榈酸异丙酯、角鲨烷均具有极好的润肤作用;卡波树脂 941 具有增黏、增稠作用,增强乳液的稳定性;三乙醇胺调节 pH 值,提高卡波树脂 941 的黏稠度;甘油、丙二醇具有一定的保湿作用,配以非常优良的保湿剂透明质酸使其具有很好的保湿效果。

二、乳剂类化妆品的制备技术

乳剂类化妆品的质量高低与其制备工艺有着密切的联系,即使采用同样的配方,但在不同的制备工艺条件下,其质量都有可能出现显著的差异。因此,掌握乳剂类化妆品的制备技术是非常重要的。

(一) 生产程序

乳剂类化妆品的制备工艺流程如图 4-1 所示。

1. 油相的调制　将配方中的油质原料、乳化剂和其他油溶性成分加入夹套油相锅内,开启蒸气加热,在不断搅拌条件下加热至 70~80℃,使其充分熔化混匀,并保持在 90℃,维持 20min 灭菌。

需要注意的是,加热时间不能过长,温度不宜过高,以免原料发生氧化变质现象;

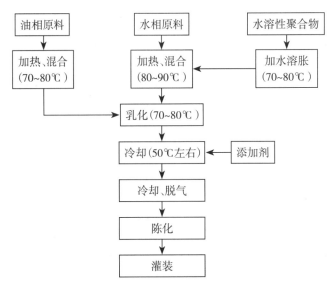

图 4-1　乳剂类化妆品制备工艺流程图

对于容易氧化的油相成分、防腐剂和乳化剂等应在乳化之前加入油相,待溶解均匀后即可进行乳化。

2. 水相的调制　先将去离子水加入夹套水相锅中,再将水溶性成分如保湿剂、碱类、水溶性乳化剂等加入其中,搅拌下加热至 80~90℃,使其充分溶解并混合均匀,并保持在 100℃,维持 20min 灭菌。

如果配方中含有水溶性聚合物,则应单独配制,配制方法是将其加入水中,在室温下充分搅拌使其均匀溶胀后,在乳化前加入水相中搅匀。溶胀过程中应注意防止结团,必要时可进行均质。

含有水溶性聚合物的配方应避免加热时间过长,以免引起黏度变化。为补充加热和乳化时挥发掉的水分,可按配方多加 3%~5% 的水,对第一批制品进行水分分析后,再精确确定水的用量。

3. 乳化和冷却　将调制好的油相原料和水相原料按照一定的顺序分别通过过滤器加入乳化锅内,启动乳化锅内的搅拌及均质装置,并设定其速度及时间,保持温度在 70~80℃,在充分搅拌及均质条件下使其乳化完全。乳化温度一般比最高熔点油分的熔化温度高 5~10℃较为合适。

乳化过程中,油相和水相的添加方法(油相加入水相或水相加入油相)、添加速度、搅拌条件、乳化温度和时间、乳化器的结构和种类、均质的速度和时间等因素都会影响乳化体粒子的形状及其分布状态。含有水溶性聚合物的体系,均质速度和时间应严格控制,以免过度剪切,破坏聚合物的结构,从而改变体系的流变性,造成不可逆的变化。对于维生素等热敏性物质,应在乳化后较低温度下加入,以确保其活性,但应注意其溶解性能。

乳化后,乳化体要冷却至接近室温。冷却过程一般采用将冷却水不断通入乳化锅夹套内的方式,边搅拌、边冷却。冷却水的温度、冷却时的搅拌强度、终点温度等因素均会影响乳化体系粒子的大小和均匀度,要通过实验选择最优条件。

4. 添加剂的加入　香精、防腐剂及营养添加剂等原料需要在乳化降温之后进行添加。
(1) 香精的加入:香精易挥发,易氧化,一般在生产后期加入。对乳液类化妆品,待乳化已经完成并冷却至 50~60℃时加入;在真空乳化锅中操作时,加香时不应开启真空泵,利用乳化锅内原来的真空状态将香精吸入后,搅拌均匀即可;对敞口的乳化锅而言,加香温度要控制低一些,以免香精挥发而造成损失。总之加香温度尽可能低,但过低也会使香精分散不均匀。

(2) 防腐剂的加入:加入防腐剂的最好时机是油相与水相原料混合乳化刚刚完毕后(O/W 型),这时可获得水中最大的防腐剂浓度。但需要注意的是,防腐剂加入时的温度不能过低,否则会导致防腐剂分散不均匀。有些固态防腐剂最好先用溶剂溶解后再加入,如尼泊金酯类可先用温热的乙醇将其溶解,以确保其加到乳液中能够分布均匀。

(3) 营养添加剂的加入:营养添加剂及中药提取液等功能性原料需在加香前加入,以免温度过高时被破坏以及温度过低时分散不均匀而影响产品质量。

5. 陈化和灌装　陈化是将制品停留在乳化罐中静置一段时间的过程。通过陈化,可提高制品颗粒的均匀度,消除异味,得到黏度、稠厚度、香味均已稳定的制品。陈化的时间一般为一天或几天不等。

制品经过陈化后,经检验质量合格后才能进行灌装。灌装是生产过程的最后一道工序,对设备和塑料瓶要进行杀菌消毒处理,以符合相关的卫生质量标准。

(二) 转相

转相就是乳化体由 O/W(或 W/O) 型转变成 W/O(或 O/W) 型的过程。在乳剂类化妆品的制备过程中,利用转相法制得的乳剂稳定性好,膏体细腻。主要方法有:增加外相转相法、降低温度转相法及加入阴离子型表面活性剂转相法三种。下面主要介绍增加外相转相法的操作方法。

增加外相转相法:以制备 O/W 型乳剂为例,外相为水,内相为油,在制备乳剂时,油水两相的混合方法是将水相缓缓加入油相中,开始时由于水相量少,形成的是 W/O 型乳剂,随着水相的不断增加,使得油相无法将水相包住时即发生转相,形成 O/W 型乳剂。发生转相时,一般乳剂表现为黏度明显下降,界面张力急剧下降,因而容易得到稳定而细腻的乳化产品。

(三) 乳化剂的加入方法

乳剂类化妆品的制备工艺中只是强调了油、水两相的调制方法,并未指出乳化剂的添加方法,而乳化剂的加入方法有多种,不同的加入方法所制得产品的稳定性也不相同。

1. 乳化剂溶于水相加入法　将乳化剂直接溶于水相中,然后在激烈搅拌作用下慢慢地把油相加入水相中,制成油 / 水型乳化体。如果要制成水 / 油型乳化体,就继续加入油相,直到变为水 / 油型乳化体为止。

2. 乳化剂溶于油相加入法　将乳化剂溶于油相(非离子型表面活性剂多用此法)后有两种方法可得到乳化体:①将油相直接加入水相形成油 / 水型乳化体;②将水相缓缓加入到油相,通过转相形成油 / 水型乳化体,该法得到的乳化体更为细腻,分散相颗粒平均直径均为 0.5μm。

3. 乳化剂分别溶解法　这种方法是根据乳化剂的溶解性不同采取分别溶解的添加方法。将水溶性乳化剂溶于水相,油溶性乳化剂溶于油相,再把水相加入油相中,通过转相形成油 / 水型乳化体。对于水 / 油型乳化体,则将油相加入水相,再经过转相生成水 / 油型乳化体。

4. 初生皂法　这一方法用在皂类乳化体系中,将碱溶于水相,脂肪酸溶于油相,加

热后混合并搅拌制得。它是通过碱与酸的中和皂化反应,得到的皂盐作为阴离子型乳化剂起乳化作用的。例如硬脂酸钾皂制成的雪花膏以及硬脂酸胺皂制成的膏霜奶液等。

5. 交替加液的方法　在空的容器里先放入乳化剂,然后边搅拌边少量交替加入油相和水相制得。此法在食品工业中应用较多,而在化妆品产业中则较少使用。

在上述方法中,方法一制得的乳化体较为粗糙,颗粒大小不均匀,稳定性较差;方法二、三、四在化妆品生产中较为常用,其中第二、第三种方法制得的产品颗粒细小均匀,也较稳定,使用最多。

(四) 实例解析

以雪花膏为例解析乳剂类化妆品的制备方法,配方见表4-1。

【解析】　①将方中油相原料硬脂酸、十六醇和液体石蜡加入油相锅内,在不断搅拌条件下加热至70~75℃,使其充分熔化混匀并保持在90℃,维持20min灭菌;②将水相原料甘油、三乙醇胺和蒸馏水加入水相锅内,搅拌下加热至90~100℃,维持20min灭菌,然后冷却至与油相温度接近;③将油相锅内原料注入乳化锅后,在搅拌条件下,再将水相锅内原料缓慢注入乳化锅内,保持温度在70~75℃,在充分搅拌以及均质条件下使其乳化完全;④搅拌降温至50℃左右时加入防腐剂和香精,充分搅拌冷却至38℃,陈化1天后即可灌装。

知识链接

可DIY(自己动手制作)的乳剂类化妆品——冷乳化膏霜

冷乳化膏霜是指在制备过程中无需加热的一类乳剂制品。此类产品制备过程简单,只需将乳化剂与油相原料混合后,再加入水相原料搅拌均匀即可得到均匀、细腻的膏体。由于在制备过程中不需恒温加热设备,所以爱好DIY化妆品的人群可根据需要自己动手,在家里即可调配出自己喜爱的化妆品。但需要注意的是,冷乳化膏霜配方中的原料必须满足两个条件:一是对乳化剂的要求,乳化剂必须是专门用于制备冷乳化膏霜的乳化剂,即冷作乳化剂;二是对油相原料的要求,配方中所有的油相原料必须都是液态的,即配方中不能含有固态的油相原料。

三、制备乳剂类化妆品的常用设备

(一) 生产设备

在制备乳剂类化妆品过程中,涉及油相原料的调制、水相原料的调制、油水两相的混合乳化以及冷却等环节,因此,目前较为先进的乳剂类化妆品生产设备多为组合式真空均质乳化成套设备。

组合式真空均质乳化成套设备由均质乳化锅、油相锅、水相锅、真空系统、电加热或蒸气加热温度控制系统、电器控制等部分组成。其中油相锅和水相锅实为配有加热系统的简单的搅拌釜,用于完成油相原料和水相原料的调制;乳化锅则为真空均质乳化机,锅内配有搅拌器及均质器,在真空条件下完成油水两相的乳化、冷却等生产环节。该套设备具有如下优点:①性能完善,是生产膏霜和奶液等产品的理想设备;②能使膏霜和奶液的气泡减少到最低程度,膏霜表面光洁度好,乳化颗粒细小均匀;③不与空气接触,减少了氧化过程;④出料时用灭菌空气加压,能避免细菌的污染,安全卫生,特别适用于采用无菌配料制造的高级乳液化妆品。

此外,胶体磨、三辊研磨机及超声波均质乳化机也是较为常用的乳化设备。

（二）灌装设备

灌装设备的作用原理大多是采用泵(主要有活塞式、柱塞式、旋转式)将灌装物料推进容器内,并用量程等实行容积的定量控制。根据灌装物料特性,可在料斗部位加有加热恒温装置。最常用的有立式活塞式充填机和卧式活塞式充填机两种。

（三）覆膜机与扎包机

覆膜机是一种通过黏合剂将塑料薄膜与纸张等印刷品,经橡皮滚筒和加热滚筒加压后合在一起,形成纸塑合一包装,达到保护表面效果的机器。

扎包机是一种用尼龙带等将包装的货物捆绑固定的机器。它可根据包装货物的大小选择不同的机型。它对机械的结构,零件的材质和构造要求都比较高。

第二节　水剂类化妆品

水剂类化妆品是指具有液体样流动性的化妆品,主要分香水和化妆水两类。

香水的起源久远,历尽数千年仍然经久不衰,近年来,随着香料提取工艺和调香技术的提高,随着人们对时尚的追逐,香水的品种也在不断增加,若按使用对象及使用目的的不同可把香水分为普通香水、科隆水和花露水三大类。

化妆水虽然早在100多年前就有了,但是真正迅速发展却是在近十几年。其具有不油腻、不黏稠、生产工艺简单、功能多样、外形美观及使用效果好等特点,深受消费者喜爱,是一类很有发展前景的化妆品。

本节将主要介绍水剂类化妆品的配方组成和制备技术。

一、普通香水

普通香水(简称为香水)因香型的不同而品种各异,然而根据其外观的不同,主要有液状、乳状和固体三类。

液状透明型香水是普通香水中最为常见的一类,它是将香精溶解在乙醇中而制成的透明澄清的液态产品。主要原料是香精、乙醇和少量精制水,其中香精用量为15%~25%。如果在衣襟、纸巾、皮肤或居室喷洒少许的液状香水,能起到醒脑提神、驱除体臭、散发体香、心旷神怡的作用。

液状透明型香水的生产工艺简单,生产过程主要包括配料、静置、过滤、灌装等工序。需要注意的是,普通香水中的乙醇应预先处理精制,除去乙醇中的杂味,以免对香水的气味产生影响。

液状香水配方实例见表4-6。

表4-6　液状香水配方实例

组分	质量分数（%）	组分	质量分数（%）
茉莉香型香精	22.0	乙二胺四乙酸二钠	0.1
乙醇(95%)	75.0	着色剂	适量
抗氧剂(BHT)	0.1	去离子水	加至100.0

【解析】　方中乙二胺四乙酸二钠是螯合剂,具有螯合金属离子,使制品稳定的作用;抗氧剂(BHT)能保护香精不被氧化,具有使制品不易变色变味的作用;乙醇是溶剂,具有使香精溶解的作用;茉莉香是一种深受广大消费者喜欢的香型。

制作方法:将香精加入乙醇溶解后,加水,间隔搅拌,放置数日,直至香味怡人,过滤即成。

二、科隆水

科隆水是1707年意大利的法利那(Farina)在德国的科隆市研制成功,故命名为科隆水。科隆城位于德、法边界,1756—1763年德法战争,该城被法国占领,改名为古龙市,因此,科隆水也称为古龙水。由于士兵的喜爱与介绍,科隆水被传播至巴黎以及世界各地。

科隆水的香味清淡,为男性所喜爱;而香水香味浓郁,为女性所推崇。

科隆水的主要原料有乙醇、精制水、香精和微量元素等。其中香精用量一般为3%~8%,乙醇用量一般为75%~90%,传统的科隆水香型是柑橘型的。

科隆水的生产过程主要包括配料、静置、过滤、灌装等工序。科隆水中的乙醇也需要精制处理。

科隆水配方实例见表4-7。

表4-7　科隆水配方实例

组分	质量分数(%)	组分	质量分数(%)
柑橘型香精	4.0	去离子水	加至100.0
乙醇(95%)	75.0		

制作方法:与香水相同。

三、花露水

花露水是用花露油作为主体香料,以乙醇的水溶液为溶剂,配制而成的一种水剂类产品。因其香体原料是花露油,故称为"花露水"。

花露水主要是用来祛痱止痒、散热祛臭、解毒驱蚊等,是一种夏令卫生用品,将其用于洗脸水、浴水、枕巾、内衣、手帕上等,具有神清气爽之感。

花露水的主要原料有乙醇、蒸馏水、香精及具有清热解毒、止痒祛痱、清凉舒爽和清香除臭作用的植物提取物,必要时辅以少量螯合剂如柠檬酸钠、抗氧剂如二丁基对甲酚等。花露水是香水类产品中香精和乙醇含量最低的一类,香精用量一般仅为2%~5%,乙醇用量一般为70%~75%,其生产过程与普通香水相同。

花露水配方实例见表4-8。

表4-8　花露水配方实例

组分	质量分数(%)	组分	质量分数(%)
玫瑰麝香香精	3.0	着色剂	适量
乙醇(95%)	74.8	去离子水	加至100.0
薄荷油	0.2		

【解析】　方中薄荷油是植物提取物,具有祛痱止痒、驱蚊祛臭、散热解毒的作用;

乙醇和水是溶剂,具有使香精充分溶解的作用;薄荷香和玫瑰香都是盛夏期间消费者喜欢的香型。

制作方法:将上述全部原料混合均匀,静置3~5天后过滤即可(香精种类多的配方应密封静置1个月后过滤)。

四、化妆水

(一)化妆水的特点及分类

化妆水是一类油分含量较少、使用舒爽、作用广泛的肤用水剂类化妆品,具有清洁、收敛、保湿、杀菌、消毒、防晒、防治粉刺等多种功能,并且自20世纪90年代以来,随着生物工程的发展,具有高效能的生物制品加入到化妆水中,赋予了化妆水调理皮肤的特殊功效,使得化妆水的功能不断扩展,现已成为人们使用的主要护肤品之一,目前已经拥有众多品种。市场上的分类方法主要有以下两种。

1. 按外观形态分 可将化妆水分为透明型、乳化型和双层型三种。

透明型化妆水体系中的油性成分通过增溶剂使其溶解于水中,产品呈透明状,含油量相对较低,是较为流行的一类。

乳化型化妆水的外观呈灰白至青白色半透明状态,又称为乳白润肤水,其含油量相对较多,润肤效果好,分散相粒子非常细小,粒径一般小于150nm。

双层型化妆水中含有粉类原料,由于粉不溶解于水,因此,在静置状态下分为两层,使用前需摇匀。双层型化妆水既具有透明型化妆水的性质,又具有粉底的特征,除具有保湿、收敛、润肤功效外,还具有遮盖、吸收皮脂、易涂抹的特点。此类化妆水尤其适合夏季使用,具有清爽、不油腻的特点,且体现化妆打底的作用,同时还具有抗水、防紫外线等美容功效,是一类多功能新剂型产品,有着广阔的应用前景。

2. 按功能和目的分 这是目前较为流行的一种分类,主要有收敛水、洁肤水、柔软水和营养水等。

(1)收敛性化妆水:又称为收敛水、爽肤水、紧肤水,外观为透明或半透明液体,与皮肤的pH值接近,呈微酸性,适合油性皮肤和毛孔粗大的人群使用。

(2)清洁用化妆水:主要作用是清洁和对简单化妆品的卸妆,同时还兼有保湿、润肤的作用,使用时可用棉片沾湿或制成湿型面巾擦洗,也可代替洗面奶。

(3)柔软性化妆水:具有保持皮肤柔软、润湿及营养皮肤的作用,能够补给角质层足够的水分和少量润肤油分,保湿效果好,适用于干性皮肤。

(4)营养性化妆水:和柔软性化妆水类似,以柔软皮肤、润湿、营养为目的,而柔软性化妆水更倾向润肤柔软的作用,营养性化妆水则倾向补充养分的作用,既有弱碱性、也有弱酸性的,其配方成分大致与柔软性化妆水相当,只是营养成分种类和含量更多而已。

(5)平衡水:主要成分是保湿剂(如甘油、聚乙二醇、透明质酸、乳酸钠等),同时加入对皮肤酸碱性起到调节作用的缓冲剂(如乳酸盐类),主要作用是调节皮肤的水分和平衡皮肤的pH值,是美容化妆中常使用的一种化妆品。

(6)其他:化妆水还可以根据需要,调配成不同功用的品种,如美白化妆水、祛痘化妆水、祛斑化妆水、防晒化妆水等。

(二)化妆水配方的主要原料

化妆水所用原料大多与其功能有关,因此不同使用目的的化妆水,其配方中所用

原料和用量也有差异。一般原料组成如下所述。

1. 水　水是化妆水的主要原料,在化妆水中的用量比例最大。其主要作用是作为溶剂,溶解配方中水溶性原料,并可稀释其他原料,同时又可补充角质层水分,柔化肌肤。

化妆水对水质的要求较高,一般采用蒸馏水或去离子水,在化妆水中含量一般不低于60%。

2. 乙醇　乙醇也是化妆水的主要原料,用量较大,仅次于水,含量一般在30%以下。其主要作用也是作为溶剂,溶解配方中水不溶性原料,且具有杀菌、消毒功能,并可赋予制品以清凉的使用感。

化妆水对于乙醇的要求较为严格,用于制备化妆水的乙醇需要事先经过预处理后方可使用,处理方法主要有以下几种:①往乙醇中加入0.01%~0.05%的高锰酸钾,充分搅拌,同时通入空气,出现二氧化锰沉淀后,静置一夜,过滤后即可使用;②每升乙醇中加1~2滴30%浓度的过氧化氢,在25~30℃下储存几天即可;③在乙醇中加入1%活性炭,经常搅拌,一周后过滤待用。

3. 保湿剂　保湿剂的主要作用是保持皮肤角质层中适宜的水分含量,降低制品的冻点,改善制品的使用感,同时也是溶解其他原料的溶剂。

化妆水所用的保湿剂主要有甘油、丙二醇、1,3-丁二醇、聚乙二醇、吡咯烷酮羧酸盐、氨基酸、乳酸盐、透明质酸钠等多元醇类、天然保湿因子类及氨基多糖等。化妆品中添加量不高于10%。

4. 表面活性剂　表面活性剂在透明型化妆水中的主要作用是作为增溶剂,增加配方中油性原料以及油溶性香精等组分的溶解度,保持制品的清澈透明,提高制品的滋润作用;同时,表面活性剂还具有洗净作用。

化妆水中一般使用亲水性强的非离子型表面活性剂,如聚氧乙烯油醇醚、聚氧乙烯氢化蓖麻油、聚氧乙烯失水山梨醇脂肪酸酯、聚氧乙烯失水山梨糖醇单烷基化合物等。在化妆水中添加量一般不超过2.0%。

5. 柔软滋润剂　角鲨烷、羊毛脂、高级脂肪醇、酯类、胆甾醇、霍霍巴油、水溶性硅油等不仅具良好的滋润皮肤的作用,还具有润滑肌肤、柔软角质层、改善使用感、防止角质层水分蒸发的作用。三乙醇胺等碱剂具有软化角质层以及调节制品pH值的作用。

6. 胶黏剂　胶黏剂在化妆水中的主要作用是增加化妆水的黏稠度、改善制品的使用感,并能赋予化妆水一定的保湿作用。

用于化妆水的胶黏剂主要有纤维素衍生物、海藻酸钠、黄耆胶等。在化妆水中添加量一般不超过1.5%。

7. 药剂　用于化妆水中的药剂主要有收敛剂、杀菌剂及特殊添加剂等。

(1) 收敛剂:收敛剂在化妆水中的作用主要是收缩毛孔和汗孔,抑制过多皮脂及汗液的分泌,预防粉刺的生成。

常用的收敛剂有金属盐类收敛剂、有机酸类收敛剂及无机酸类收敛剂三类。金属盐类收敛剂常用苯酚磺酸锌、硫酸锌、氯化锌、苯酚磺酸铝、硫酸铝、氯化铝及明矾等,其中铝盐的收敛作用最强,锌盐的收敛作用较铝盐温和;有机酸类收敛剂如苯甲酸、水杨酸、单宁酸、柠檬酸、酒石酸、琥珀酸、乳酸、醋酸等;无机酸常用的有硼酸等。

在酸类收敛剂中,苯甲酸、水杨酸及硼酸较为常用,而乳酸、醋酸则采用得较少。

(2) 杀菌剂:化妆水中常用的杀菌剂是季铵盐类,如十六烷基三甲基溴化铵、十二烷基二甲基苄基氯化铵等,此外,上述的乙醇、硼酸、水杨酸等也具一定的杀菌作用。

(3) 特殊添加剂:甘草亭酸、甘草酸及其衍生物、α-红没药醇等具有抗炎、舒缓敏感肌肤的作用;泛醇、海藻提取物、尿囊素、维生素、DNA、丝肽等具有营养和细胞赋活的作用;桑白皮、果酸及其衍生物、维生素 C 磷酸酯镁、甘草黄酮等具有美白作用;水杨酸辛酯、2-羟基-4-甲氧基二苯甲酮-5-磺酸等具有吸收紫外线的作用。根据需要在化妆水中适量添加。

8. 粉体　二氧化钛、氧化锌具有调节油脂分泌和修饰的作用。在化妆水中添加量一般不超过 5.0%。

9. 其他　香料、着色剂、防腐剂、螯合剂等具有赋香、调色、防腐抑菌、提高稳定性的作用。

(三) 化妆水的配方组成

化妆水的种类不同,其配方组成也各不相同。

1. 柔软性化妆水　柔软性化妆水的主要特点是给皮肤补充适当的水分,使皮肤柔软,保持皮肤光滑润湿。因此,保湿效果和柔软效果是柔软性化妆水配方的关键。

(1) 配方组成:①保湿剂,如甘油、丙二醇、丁二醇、山梨醇等多元醇,以及吡咯烷酮羧酸、氨基酸等天然保湿因子类,作为水溶性保湿成分以保持角质层中适宜的含水量;②柔润剂,如角鲨烷、霍霍巴蜡、羊毛脂、高级脂肪醇及其酯类等,既能够滋润皮肤,软化角质层,又可以发挥封闭保湿的作用;③胶质类物质,如纤维素类、聚乙烯吡咯烷酮等,不仅能提高制品的稳定性,改善制品的使用性能,而且还具有保湿作用;④表面活性剂,如聚氧乙烯(20)月桂醇醚、聚氧乙烯(20)失水山梨醇单月桂酸酯等,作为增溶剂用于增加油性原料在水中的溶解度;⑤碱剂,如三乙醇胺等,对角质层具有较好的柔软效果。

(2) 实例解析:以柔软性化妆水为例解析如下(表 4-9)。

表 4-9　柔软性化妆水配方实例

组分	质量分数(%)	组分	质量分数(%)
吡咯烷酮羧酸钠	0.05	羟乙基纤维素	0.20
透明质酸	0.05	聚山梨醇酯-20	0.10
甘油	9.00	防腐剂、香精	适量
乙醇	4.00	去离子水	加至 100.00
丙二醇	6.00		

【解析】　方中甘油、丙二醇、吡咯烷酮羧酸钠和透明质酸具有很好的保湿和滋润皮肤的作用;羟乙基纤维素可以调节化妆水的黏度,改善使用感;乙醇溶解水不溶性成分;聚山梨醇酯-20 为增溶剂。

2. 收敛性化妆水　是指具有一定收缩毛孔作用的化妆水,它能够平衡皮肤的 pH 值,调节油脂分泌,补充丢失的水分,起到收敛、控油和保湿的作用。

(1) 配方组成:收敛性化妆水中,除了保湿剂、增溶剂、溶剂等基本原料之外,收敛效果是配方的关键。其收敛作用主要来自两方面:一方面是前面介绍过的收敛剂,包括金属盐类、有机酸类及无机酸类等物质,是制品产生收敛作用的主要成分;另一方面是由于乙醇的蒸发导致皮肤的温度暂时性降低,热胀冷缩使皮肤收缩,也具有一定的收敛作用。收敛性化妆水大多呈弱酸性。

(2)实例解析:以收敛性化妆水为例解析如下(表4-10)。

表4-10　收敛性化妆水配方实例

组分	质量分数(%)	组分	质量分数(%)
乙二胺四乙酸二钠	0.05	乙醇	6.00
硫酸锌	0.50	金缕梅提取液	2.00
乳酸钠	4.00	聚山梨醇酯-20	0.10
乳酸	0.20	防腐剂、香精	适量
尿囊素	0.06	去离子水	加至100.00
聚乙二醇	4.00		

【解析】　方中乙二胺四乙酸二钠为金属离子螯合剂;聚山梨醇酯-20为增溶剂;乳酸钠和尿囊素具有保湿作用;聚乙二醇增黏、保湿;乙醇作为溶剂的同时,也具有一定的收敛作用;乳酸、金缕梅提取液及硫酸锌均为收敛剂,其中乳酸还可与乳酸钠组成缓冲剂对,调节pH值,金缕梅提取液还具有抗炎、止痒、伤口愈合及镇静作用。

3. 清洁用化妆水　主要是指用于卸妆的一类水剂类化妆品,除具有清洁皮肤的主要作用外,还具有柔软、保湿之功效。

(1)配方组成:清洁用化妆水中主要有清洁剂、增溶剂、保湿剂和溶剂等,清洁剂主要为非离子表面活性剂、乙醇和碱等,其中表面活性剂还具有增溶作用,乙醇还具有溶剂作用,碱性物质还能软化角质层。从配方组成上看,清洁用化妆水与柔软性化妆水基本相当,只是为了强化清洁用化妆水的洗净力,配方中乙醇和表面活性剂的用量较大,同时制品多呈弱碱性。需要注意的是,由于化妆水配方中多含乙醇、表面活性剂等,所以柔软性化妆品及收敛性化妆水也具有一定程度的清洁作用。

近年来,新开发的粉底、睫毛膏、口红等化妆品大多对皮肤附着性好,需用专用的清洁用化妆水进行卸妆清除,使得清洁用化妆水的使用量在不断增加。清洁用化妆水有时还添加水溶性聚合物增稠或制成凝胶型制剂,这样可以通过胶剂的黏性,将毛孔和皮肤表皮的脏污吸附带走,达到更好清洁皮肤的作用。

(2)实例解析:以清洁化妆水为例解析如下(表4-11)。

表4-11　清洁化妆水配方实例

组分	质量分数(%)	组分	质量分数(%)
聚山梨醇酯-20	3.0	乙醇	8.0
丙二醇	7.0	防腐剂、香精	适量
尿囊素	0.1	去离子水	加至100.0

【解析】　方中聚山梨醇酯-20和乙醇是发挥清洁作用的主要原料,其中聚山梨醇酯-20为表面活性剂,还具有增溶作用,乙醇还可收敛毛孔;尿囊素具有保湿、软化角

质层的作用;丙二醇为保湿剂,并具有防冻及改善制品使用感的作用。

化妆水是在洗完脸之后,涂抹其他护肤用品之前使用,这样可以迅速补充皮肤的水分并有利于水分的吸收。专家建议油性皮肤使用紧肤水,健康皮肤使用平衡水,干性皮肤使用柔肤水,混合皮肤 T 区使用紧肤水,敏感皮肤选用敏感水或修复水。

(四) 化妆水的制备技术

1. 化妆水的制备工艺　化妆水的制备比较简单,主要包括溶解、混合、调色、过滤及灌装等。其制备工艺流程如图 4-2 所示。

(1) 水体系的制备:在溶解罐Ⅰ中加入去离子水或蒸馏水,并依次加入保湿剂、紫外线吸收剂、杀菌剂、收敛剂及其他水溶性成分,搅拌使其充分溶解。

(2) 乙醇体系的制备:在溶解罐Ⅱ中加入乙醇,再加入润肤剂、防腐剂、香料、增溶剂及其他水不溶性成分,搅拌使其均匀溶解。

(3) 混合:将乙醇体系和水体系在室温下混合,搅拌使其充分混合均匀。

(4) 调色、陈化:在上述混合液中加入着色剂调色,进入储存陈化工序。化妆水的储存陈化时间与产品的种类、配

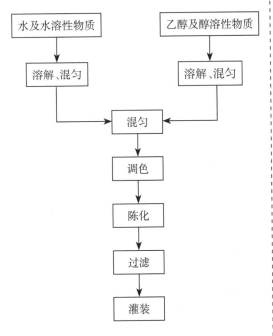

图 4-2　化妆水生产工艺流程

方、原料性能有关,陈化的时间可以从一天到两周不等。通常,不溶性成分含量越多,陈化时间越长,反之陈化时间则短一些。陈化对香味的匀和成熟、减少粗糙的气味是有利的。如果配方中各成分的相容性好,香料易于混合均匀,则不需要陈化。

(5) 过滤、灌装:将陈化之后的混合液过滤以除去杂质和不溶物,得到澄清透明的化妆水,进入灌装车间进行包装即得产品。若滤渣过多,则说明增溶和溶解过程不完全,应重新考虑配方及工艺。

目前,有些化妆水配方中不含有乙醇,对于此类化妆水的制备,只需将方中所有原料依次加入水中,搅拌溶解混匀后,再经调色、陈化、过滤、灌装工序即可。对于方中的油溶性原料,需要事先与增溶剂混匀后再缓缓加入到制品中,不断搅拌直至完全溶解。

2. 化妆水制备的注意事项　在化妆水的制备过程中,应注意以下几方面:①生产化妆水设备的材质最好为不锈钢,以免金属离子等杂质在生产过程中混入制品而促使原料氧化;②对于某些乙醇含量较高的化妆水,应采取防火防爆措施;③化妆水中水分含量较高,制备过程大多数在常温下进行,因此,应选择经过灭菌处理的去离子水为宜,同时需要添加适宜的防腐剂;④为了加速原料溶解,水溶液可略微加热,但温度切勿过高,以免有些成分变色或变质;⑤香精的添加:一般是加在乙醇溶液中。若配方中乙醇含量较少,香精溶解困难,而配方中加有增溶剂(表面活性剂)时,可将香精先加入增溶剂中,待其充分混合均匀后,最后缓缓地加入到制品中,不断地搅拌直

至成为均匀透明的溶液,然后经过陈化和过滤后,即可灌装。

(五) 化妆水的制备设备

化妆水配方中多含有乙醇,而乙醇属于易燃易爆物质,因此,对化妆水生产车间及所用设备和操作等均有特殊要求。所用设备均需要在密闭状态下操作,以免大量的乙醇挥发到空气中,对生产场地造成空气污染,增加不安全因素;同时生产车间必须有良好的通风设施,以免乙醇滞留,浓度叠加造成空气中乙醇浓度超标;所用设备、照明和开关等都应采取防火防爆措施。另外,由于铁等金属离子易和乙醇溶液起反应,使产品变色和变味,应采用不锈钢制设备为好。

化妆水所用设备主要是混合设备和过滤设备,另外还有储存、冷冻、液体输送及灌装等辅助设备。

1. 混合设备　化妆水的黏度低,所用原料大多易溶解,因此对混合设备的搅拌条件要求不高,各种形式的搅拌桨叶均可采用,一般以螺旋推进式搅拌较为有利。锅体为不锈钢制的密闭容器,电机和开关等电器设备均需较好的防燃防爆措施。

2. 过滤设备　化妆水使用的过滤设备主要是板框式压滤机,它有立式和卧式两种。此外,还有叶片式压滤机和筒式精密过滤器等。

知识链接

须　后　水

须后水是在剃须后使用的化妆水。其作用主要有:①抑制剃须对皮肤造成的刺激;②使面部产生清凉的感觉;③保持皮肤水分,柔软皮肤。

须后水的配方中应含有以下几类成分:①收敛剂:可选用硼酸、苯酚磺酸锌等;②薄荷醇或薄荷脑:只需少量即可,赋予制品清凉感觉;③亲水性保湿剂:常用甘油、山梨醇、丙二醇等,含量一般不超过5%,也可选用聚乙二醇;④亲油性润肤剂:常用长链脂肪酸及其酯、羊毛脂及其衍生物、烃类及磷脂等。另外,为防止由于剃须不慎时造成的皮肤破损而引起化脓,在配方中也可添加杀菌剂。

(涂爱国)

第三节　液洗类化妆品

液洗类化妆品主要是指以表面活性剂为主、以洗涤为主要目的的一类液状制品,如香波、浴液、洗手液等。液洗类化妆品从外观上看,有透明型和乳浊型之分。本节主要以香波为例介绍其配方组成以及制备工艺内容。

一、香波类化妆品的配方组成

香波是英语"shampoo"一词的音译,原意是洗发剂、洗发香波,故香波类化妆品属于发用化妆品,其配方组成将在各论的发用化妆品章节中详细介绍,本节对香波类化妆品的配方只是作一简要介绍,目的是为更方便同学们对后面制备工艺的理解。

香波类化妆品的配方组成大致可分为两大类:表面活性剂和添加剂。

（一）表面活性剂

表面活性剂是香波配方的主要成分,在配方中主要作为洗涤剂,为香波提供良好的去污力和丰富的泡沫。用于香波的表面活性剂通常以阴离子型表面活性剂为主,为改善香波的洗涤性和调理性,还可加入非离子型及两性表面活性剂。

（二）添加剂

香波类化妆品中,除主要发挥洗涤作用的表面活性剂外,添加剂的种类很多,主要包括增稠剂、稳泡剂、调理剂、珠光剂、螯合剂、澄清剂、去屑止痒剂、防腐剂、香精及着色剂等。

二、香波类化妆品的制备技术

香波类化妆品的制备工艺较为简单,生产过程中没有化学反应的发生,仅是几种物料的混配,但若制备出质量较高的中高档产品,则对工艺的要求也是极其严格的。香波类化妆品的制备工艺流程如图 4-3 所示。

（一）原料准备

香波类化妆品实际上是多种物料的混合物,在混合之前对于原料的预处理是必要的。如有些原料需要预先熔化,有些原料需用溶剂预溶,某些粗制原料需预先滤除杂质等。

物料的计量十分重要,工艺中应按加料量确定称量物料的准确度及计量方式、计量单位,然后根据计量方式及单位选择工艺设备。如高位槽适合计量用量较多的液体物料;定量泵宜于输送并计量水等原料;天平或秤用于称量固体物料;量筒宜于计量少量的液体物料等。

（二）混合

香波类化妆品的配制过程以混合为主,在混合操作的过程中均离不开搅拌,搅拌方式、

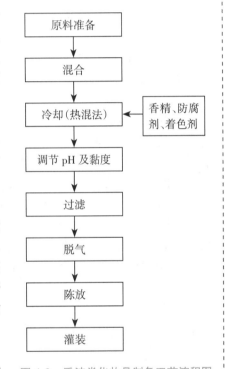

图 4-3 香波类化妆品制备工艺流程图

搅拌速度及搅拌时间等均会影响成品的质量,因此对于搅拌器的选择是十分重要的。同时,熟悉配方中各种物料的物理化学特性,确定合适的加料顺序也是至关重要的。

根据配方组成特点的不同,配制香波类化妆品的混合操作一般有两种方法:一是冷混法,二是热混法。

1. 冷混法　适用于不含蜡状固体或难溶物质的配方。首先将去离子水加入混合锅内,然后将表面活性剂溶解于去离子水中,再加入其他助洗剂,搅拌溶解,使之形成混合均匀的溶液。

2. 热混法　适用于含有蜡状固体或难溶物质,配制珠光或乳浊状制品的配方。首先将表面活性剂溶解于热水或冷水中,在不断搅拌下加热至 70℃后,加入要溶解的固体原料,继续搅拌,直至固体原料全部溶解。

（三）辅料的添加

对于冷混法，将表面活性剂和助洗剂完全溶解于去离子水中并混合均匀后，即可加入香精、着色剂、防腐剂及螯合剂等，继续搅拌，使之溶解并混合均匀。

对于热混法，待表面活性剂及固体原料在70℃下完全溶解混匀后，需要进行冷却，将温度降低到50℃以下时，再加入香精、着色剂及防腐剂等辅料。

（四）调节 pH 值

pH 值的调节在产品的制备后期进行，通常是在香精、着色剂及防腐剂等辅料加完，待体系温度降低到35℃左右时进行。可选择柠檬酸、磷酸、酒石酸或磷酸二氢钠等作为 pH 值调节剂或缓冲剂。

首先应测定制品当时的 pH 值，然后估算 pH 值调节剂的加入量，加入 pH 值调节剂搅拌均匀后，再测 pH 值，若未达到要求的 pH 值，则再补加 pH 值调节剂，如此进行，直到达到要求为止。

注意，产品配制后立即测定的 pH 值并不完全真实，经长期储存后产品的 pH 值将发生明显变化，在控制生产时应考虑到这一点。

（五）调整黏度

黏度是香波类化妆品的主要物理指标之一。国内消费者多喜欢黏度高的产品。产品的黏度取决于配方中表面活性剂（如烷醇酰胺、氧化胺等）和无机盐的用量。如表面活性剂及助洗剂的用量高，则产品的黏度也相应较高。

为提高产品的黏度，可加入增稠剂，包括水溶性高分子化合物和无机盐（氯化钠、氯化铵等）等。水溶性高分子化合物通常在制备前期加入，而无机盐则在后期加入，即在香精、着色剂及防腐剂等辅料加完之后，再用无机盐对产品进行黏度的调整。无机盐的加入量视实验结果而定，一般不超过3%。过多的无机盐反而会降低产品的黏度，而且还会影响产品的低温稳定性，增加产品的刺激性。

（六）过滤

在进行混合操作时，由于各种物料的加入，难免会带入一些机械杂质，或产生一些絮状物，影响到产品的外观，因此包装前应对产品进行过滤处理。

（七）脱气

在物料的混合过程中，由于搅拌的作用和配方中表面活性剂等组分的影响，导致大量的微小气泡混合在制品中。气泡的存在会造成制品稳定性较差、包装时计量不准确。可采用抽真空排气工艺，快速将制品中的气泡排出。

（八）陈放

也称为老化。是指将制品在老化罐中静置储存几小时，待其性能稳定后再进行灌装。

（九）灌装与包装

对于香波类化妆品，多采用塑料瓶包装。对于制备工艺的最后一道工序，灌装与包装的质量是非常重要的，应严格控制灌装量，做好封盖、贴标签、装箱以及记载批号等工作。

在香波类化妆品的制备工艺流程图中，冷却工序只是针对热混法而言的，冷混法中不需要冷却。

（十）制备香波类化妆品应注意的问题

1. 高浓度表面活性剂的溶解　对于高浓度表面活性剂（如聚氧乙烯脂肪醇醚硫

酸盐等),为使其能够很好地溶解在去离子水中,加料的顺序非常关键。必须是把表面活性剂缓缓加入水中,而不是把水加入到表面活性剂中,否则会形成黏性很大的团状物,导致溶解困难。适当的加热可促其溶解。

2. 水溶性高分子物质的溶解　香波类化妆品配方中的调理剂,如阳离子纤维素聚合物、阳离子瓜尔胶等均为水溶性高分子化合物,大多是固体粉末或颗粒,在水中的溶解速度很慢。传统的制备工艺是将其长时间浸泡或加热浸泡,能量消耗大、设备利用率低,某些天然产品在此期间还容易变质。新型制备工艺是:在高分子粉料中加入适量甘油,在甘油的存在下,将高分子物质加入水相,室温下搅拌 15min,即可使其彻底溶解,如若加热的话,溶解速度加快。加入其他的助溶剂也会收到同样效果。

3. 珠光剂的使用　漂亮的珠光是高档香波类化妆品的象征。现在一般选用硬脂酸乙二醇酯作为珠光剂,而珠光效果的好坏,不仅与珠光剂的用量有关,还与搅拌速度和冷却速度(采用片状珠光剂时)有着密切的联系。倘若搅拌速度和冷却速度过快,则会使体系暗淡无光。通常采用的方法是:在 70℃左右时加入片状珠光剂,待其溶解后,控制一定的冷却速度,可使珠光剂结晶增大,可获得晶莹闪烁的珠光效果。若采用珠光浆,在常温下加入搅匀即可。

4. 加色　香波类化妆品的色调不易过深过浓,尤其是透明型产品,必须保持产品应有的透明度,所以着色剂的用量不宜过大,应在千分之几的范围甚至更少。

水溶性着色剂的添加最为简单。若添加不溶于水的着色剂,则应选择对配方中某些成分有较好溶解性的着色剂,以便将选定的着色剂预先溶在这种成分中,再进行后面的复配操作。如着色剂易溶于乙醇,则可在设计配方时加入乙醇,制备时先将着色剂溶于乙醇中,再加入水中。

三、液洗类化妆品的安全风险

对液洗类化妆品来说,其安全风险主要来自两方面:一是可能含有"二噁烷";二是丙烯酰胺单体含量可能超标。

1. 二噁烷　这是一种含有氧元素的有机化合物,别名二氧六环、1,4-二氧己环,为无色透明液体,稍有香味。属于微毒类物质,对皮肤、眼部和呼吸系统有刺激性,并且可能对肝、肾和神经系统造成损害,急性中毒时可能导致死亡。对动物有致癌性,在化妆品中属于禁用物质。

二噁烷虽然禁止用于化妆品中,但其作为化妆品原料所携带的杂质仍然可能出现在化妆品中。化妆品中可能携带二噁烷的原料是"聚醚类表面活性剂",二噁烷是生产聚醚类表面活性剂的副产物,作为杂质残留在此类原料中。聚醚类表面活性剂常用于清洁类化妆品中,尤其是在香波、沐浴液等液洗类产品中用量大,作为主要的清洁剂、发泡剂。因此,液洗类产品中二噁烷含量的高低直接对产品的安全性产生重要影响。

我国从 2016 年 12 月 1 日起开始执行的《化妆品安全技术规范》(2015 年版)中明确增加了对化妆品产品中二噁烷含量的限制要求,规定化妆品产品中二噁烷的含量不得超过 30mg/kg。因此,对于化妆品原料生产商来说,今后在生产聚醚类表面活性剂时,必须降低二噁烷含量,以确保化妆品产品中二噁烷含量符合国家法规要求,从而降低化妆品的安全风险。

2. 丙烯酰胺含量超标　丙烯酰胺是一种小分子有机化合物,为白色晶体,是生产聚丙烯酰胺的原料。人体可通过消化道、呼吸道、皮肤黏膜等多种途径接触丙烯酰胺,具有亲代毒性和遗传毒性,对中枢神经系统有危害,对眼睛和皮肤也有强烈的刺激作用,同时可导致遗传物质损伤和基因突变,研究已知丙烯酰胺可致癌。化妆品中的丙烯酰胺源自高分子增稠剂—聚丙烯酰胺,由于聚丙烯酰胺分子量高,难以透过皮肤,所以安全性较高。但聚丙烯酰胺在制备过程中可能会有一些丙烯酰胺的单体残留在聚合物里,因此聚丙烯酰胺在我国化妆品行业属于限用类物质,我国《化妆品安全技术规范》(2015年版)中规定,在驻留类护肤化妆品中丙烯酰胺单体的最大残留量不得超过0.1mg/kg,在其他类化妆品中(液洗类化妆品属于这类)丙烯酰胺单体最大残留量不得超过0.5mg/kg。

四、实例解析

以液体珠光香波为例解析如下(表4-12)。

表4-12　液体珠光香波配方实例

组分	质量分数(%)	组分	质量分数(%)
月桂醇醚硫酸钠	13.0	水溶性羊毛脂	1.2
尼纳尔	2.0	柠檬酸	0.3
乙二醇单硬脂酸酯	1.2	防腐剂	适量
氯化钠	0.5	香精	适量
十二烷基二甲基甜菜碱	5.0	去离子水	加至100.0

【解析】　方中月桂醇醚硫酸钠(AES)、十二烷基二甲基甜菜碱(BS-12)及尼纳尔均为表面活性剂,为产品提高良好的洗涤性及丰富、持久的泡沫;乙二醇单硬脂酸酯为珠光剂。由于方中含有固态油性原料,应采用热混法制备工艺。制备方法如下:①将AES、BS-12及尼纳尔溶于水中,在不断搅拌下将体系加热至70℃;②加入羊毛脂及乙二醇单硬脂酸酯,慢慢搅拌,使其完全熔化,溶液呈半透明状;③通冷却水使其冷却,并控制冷却速度,使其出现较好的珠光;④待体系冷却至45℃时,加入香精、防腐剂,搅拌均匀;⑤加入柠檬酸调节pH值为6~7,40℃左右时加入氯化钠调节黏度,搅拌均匀;⑥用泵经过过滤器送至静置槽中静置、排气,气泡消失后即可灌装。

第四节　凝胶类化妆品

凝胶类化妆品是一类外观为透明或半透明的半固体胶冻状物质的制品,由于凝胶的英文为"jelly",所以市售凝胶类化妆品常被称为"啫喱"。

凝胶类化妆品是20世纪60年代中期开始在市场上出现的,其外观晶莹剔透、色彩鲜艳,使用感觉滑爽清凉、无油腻感,因此深受消费者的喜爱。现今凝胶类化妆品已出现在不同类型的化妆品中,如护肤凝胶、按摩凝胶、发用定型凝胶、洗发凝胶、凝胶唇膏以及凝胶牙膏等。本节将对凝胶类化妆品的分类、配方组成以及其制备工艺作一简要介绍。

一、凝胶类化妆品的分类

凝胶类化妆品按使用用途来说,种类繁多,但若从凝胶体系性质来看,可分为两大类:无水性凝胶体系和水性凝胶体系。

无水性凝胶体系主要由液体石蜡或其他油类原料和非水胶凝剂组成,含有较多油分,主要用于无水型油膏、按摩膏等,对皮肤具有保湿、滋润作用。由于制品较黏、油腻感较强,现今已较少使用。

水性(水或水醇)凝胶体系含有较多水分,清爽不油腻,可根据产品要求调节其油性和黏度。配方中可选择的原料多种多样,也可加入脂质体、微囊以改善其功能,还可调配成各种色调,使其外观更为艳丽。此类产品是现今最流行的凝胶类制品。

二、水性凝胶化妆品的配方组成

由于无水性凝胶化妆品现已较少使用,本节只介绍水性凝胶类化妆品的配方组成。水性凝胶类化妆品的配方组成中主要包括胶凝剂、中和剂、保湿剂、溶剂、螯合剂、增溶剂、紫外线吸收剂、防腐剂、香精、着色剂及其他原料。

(一)胶凝剂

胶凝剂是凝胶类化妆品配方中最主要的原料,是配方中能够使产品形成凝胶的物质,同时胶凝剂还具有一定的保湿作用。常用的胶凝剂包括下列几类物质。

1. 天然水溶性高分子化合物　如海藻胶、琼脂、瓜尔胶及鹿角菜胶等。

2. 半合成水溶性高分子化合物　如羟丙基纤维素、羟乙基纤维素、羟丙基瓜尔胶等。

3. 合成水溶性高分子化合物　如聚丙烯酸树脂(Carbopol 系列产品)、聚氧乙烯和聚氧丙烯嵌段共聚物(Poloxamer 331)等。

4. 无机胶凝剂　如硅酸铝镁、硅酸钠镁等。

(二)中和剂

如若配方中的胶凝剂是聚丙烯酸树脂类,则需要在碱的中和作用下才能形成凝胶体系,可选用弱有机碱三乙醇胺。凝胶配方中的碱类中和剂用量应控制在使凝胶体系的 pH 值在 7.0 左右,此时体系黏度最大、性质最稳定。在护肤凝胶中,碱类中和剂还具有软化角质层的作用。

(三)保湿剂

具有保持水分的作用,可改善产品的使用感,同时也可作为溶剂溶解配方中的其他组分。常用甘油、丙二醇、山梨醇、吡咯烷酮羧酸钠等。用量一般为 3%~10%。

(四)溶剂

主要是去离子水,既可溶解方中其他水溶性组分,又可给肌肤、毛发补充水分。添加量一般为 60%~90%。

(五)增溶剂

配方中若含有水不溶性成分,如脂溶性香精及酯类物质等,则需用增溶剂使其溶解后,再加入体系中。常用 HLB 值高的非离子型表面活性剂,如 PEG-40 氢化蓖麻油、油醇醚 -20 等。添加量一般为 0.5%~2.5%。

（六）螯合剂

用于螯合金属离子,防止产品褪色,同时能够提高制品的稳定性。

（七）紫外线吸收剂

吸收紫外线,防止因日光照射而导致产品变色或褪色。

（八）防腐剂、香精、着色剂

（九）其他原料

上述原料是凝胶类化妆品基质的主要组成,对于不同功用的凝胶产品,还需添加其他原料,如护肤凝胶需添加润肤剂等,洗发凝胶需添加表面活性剂等,毛发定型凝胶需添加成膜剂等。

三、水性凝胶化妆品的制备技术

水性凝胶的制备工艺流程如图 4-4 所示。

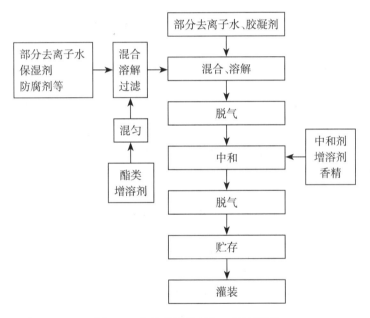

图 4-4　水性凝胶的制备工艺流程图

（一）凝胶液的制备

在制备凝胶制品的工艺过程中,凝胶液的制备是最关键的一步,必须使胶凝剂在溶剂(去离子水)中充分分散和溶胀,形成均匀透明的黏稠液体。

有些胶凝剂,如聚丙烯酸树脂类,加入水中,能很快吸水浸透,但若胶凝剂的添加方法不当,便会导致胶凝剂尚未在溶剂中分散开时就已经结成块状物,而且在块状物表面会形成一层保护层,阻止块状物内部被溶剂润湿,此时胶凝剂的溶解即处于很不理想的局面,其溶解时间则取决于溶剂通过保护层向块状内部干燥粉末渗透的时间,往往需要较长时间且溶解效果不理想。

为了使树脂类胶凝剂在溶剂中的溶解达到最佳效果,防止结块现象的出现,应该在快速搅拌溶剂的情况下缓缓将树脂直接撒入溶剂因搅拌而形成的溶液漩涡面上,一旦树脂被充分分散和溶胀,应减慢搅拌速度,以减少由于搅拌夹带空气而产生的气泡。

升高温度可加快树脂的溶胀,但加热时间不宜过长。一些树脂需要温热(50~60℃)才可充分溶胀。

(二)添加原料

凝胶液制备完成后,即可添加配方中的其他原料,如保湿剂、防腐剂、螯合剂及紫外线吸收剂等,这些原料需事先用一部分去离子水将其溶解、混匀,对于酯类的油性原料,需先与增溶剂混匀后再加入到上述混合液中,继续搅拌混匀并过滤后,方可加入到制备好的凝胶液中。洗发凝胶方中的表面活性剂、毛发定型凝胶方中的成膜剂均在这一环节添加。

(三)中和

有些胶凝剂需用碱中和后方能形成凝胶。所用碱若是溶液,如三乙醇胺,即可直接添加,边加边搅拌,使其充分混匀;若所用碱是固态,则需配制成溶液后方可添加。需要注意,中和形成凝胶后,不宜再进行高速搅拌,否则会导致凝胶黏度下降。

香精及一些营养类物质在中和之后加入凝胶中,若香精的水溶性较差,则用增溶剂增溶后再加入体系中。

(四)脱气

水性凝胶制备工艺流程中有两个脱气的环节,目的都是为了消除由于上一环节搅拌操作而产生的气泡。

四、实例解析

以护肤凝胶为例解析如下(表4-13)。

表 4-13　护肤凝胶配方实例

组分	质量分数(%)	组分	质量分数(%)
卡波树脂 940	0.60	角豆胶	0.02
海藻提取物	9.00	苯甲酸甲酯	0.02
常春藤提取液	10.00	咪唑烷基脲	0.20
三乙醇胺	0.60	去离子水	加至100.00

【解析】　方中卡波树脂 940 和角豆胶是胶凝剂,苯甲酸甲酯和咪唑烷基脲是防腐剂,海藻提取物和常春藤提取液具有润肤、养肤作用,三乙醇胺是中和剂。由于方中没有香精及酯类物质,故也就没有增溶剂;没有着色剂,也就没有螯合剂和紫外线吸收剂。

制备方法:①在快速搅拌下将卡波树脂 940 和角豆胶分别缓缓地撒入部分去离子水中,使之溶解完全,形成凝胶液;②将凝胶液抽入真空乳化罐内,将水、苯甲酸酯、咪唑烷基脲溶解混匀过滤后加入凝胶液中,搅拌均匀后抽真空脱气;③加入海藻提取物和常春藤提取液继续搅拌均匀后,加入三乙醇胺搅拌进行中和,同时抽真空,脱气至产品无气泡为止。

第五节　面　膜

面膜是集清洁、护肤和美容为一体的多功能化妆品,是指涂敷于面部皮肤后,在皮肤表面能够形成膜状物,将皮肤与外界空气隔离,可剥离或洗去的一类制品。

面膜的作用是多方面的,主要体现在以下几方面:①深层洁肤作用:面膜的吸附作用能够促进皮肤的分泌活动,在剥离或洗去面膜时,可将皮肤的分泌物、污垢、皮屑等一同随着面膜而被除去;②保湿作用:面膜在皮肤表面的包覆作用,抑制了角质层水分的蒸发,增加皮肤的水合作用,使皮肤柔软润湿;③促进营养物质的吸收:面膜覆盖在皮肤表面,使皮肤表面温度上升,促进皮肤血液循环,扩张毛孔和汗腺孔,使皮肤更有效地吸收面膜或底膜中的活性营养成分,起到良好的护肤作用;④减少皱纹:面膜在形成与干燥过程中,能够产生一定的张力,使皮肤的紧张度增加,致使松弛的皮肤绷紧,从而有利于面部皱纹的减少或消除,发挥一定的美容作用。

面膜的种类很多,种类不同,配方组成、制备方法自然也不相同,本节主要介绍几种常见面膜的配方组成及其制备技术。

一、粉状面膜

粉状面膜是一种均匀、细腻、无杂质的混合粉末状制品,使用安全,刺激性小。使用时需用水或其他液体将适量膜粉调和成糊状后,均匀涂敷于面部,经过10~20min,随着水分的蒸发,糊状物逐渐在面部形成一层较厚的膜状物:即胶性软膜或干粉状膜。其中胶性软膜是可剥离的,直接用手揭去即可;而干粉状膜需用水洗去才可。

(一) 粉状面膜的配方组成

粉状面膜的配方组成中主要包括粉类基质原料、成膜剂及功能性原料等。

1. **粉类基质原料**　是面膜的基质,具有吸附和润滑作用。常用高岭土、二氧化钛、氧化锌、滑石粉等。

2. **成膜剂**　是具有成膜作用的天然或合成水溶性高分子化合物,在配方中具有形成胶性软膜的作用。常用海藻酸钠、淀粉、硅胶粉等。只能够形成干粉状膜的粉状面膜中不含成膜剂。

3. **粉类功能性原料**　可根据需要在粉状面膜中添加不同种类的功能性粉类原料,如中药原药材粉末、中药提取物等,使其具有护肤、养肤等不同的功用。

4. **油脂**　目前许多市售的粉状面膜中还含有少量的油脂类原料,为皮肤补充油分、滋养皮肤、润滑皮肤。常选用天然动植物油脂,如橄榄油、小麦胚芽油等。

5. **防腐剂、香精。**

(二) 粉状面膜的制备技术

粉状面膜的制备工艺比较简单,只需将粉类原料研细、混合,再将油脂类原料喷洒其中,搅拌均匀后过筛即得。制备工艺流程如图 4-5 所示。

1. **粉类原料的混合**　配制粉剂化妆品的关键是将各组分混合均匀。若物理状态及粉末粗细均相似且体积相等的两种组分进行混合,经过一定时间,一般容易混合均匀。若组分比例量相差悬殊时,则不易混合均匀,这种情况下需采用"等量递增法"才能混合

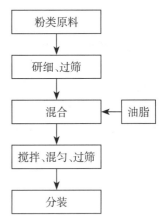

图 4-5　粉状面膜制备工艺流程

均匀。

等量递增法的操作步骤是:取量小的组分与等量量大的组分于混合器中混合均匀,再加入与上述混合物等量的量大组分混合均匀,如此倍量增加直至加完全部量大的组分为止。

2. 油脂类原料的添加　可直接喷洒在粉状面膜中。若是半固态的脂类物质,不易喷洒均匀,可先溶在适量无水乙醇中,搅拌均匀后再喷洒在粉状面膜中。

（三）粉状面膜的使用

粉状面膜与其他类型面膜不同,使用时需用水或其他液体将其调成糊状物后,才可涂敷于面部。所以一般都是现用现调。在调配时可在水中配入新鲜的果汁、蔬菜汁、蜂蜜、蛋清等,也可加入中药提取液,以增强面膜的护肤、养肤效果。

（四）实例解析

以抗粉刺粉状面膜为例解析如下（表 4-14）。

表 4-14　抗粉刺粉状面膜配方实例

组分	质量分数（%）	组分	质量分数（%）
高岭土	50.0	滑石粉	25.0
氧化锌	20.0	黄连粉	2.0
固体山梨醇	8.0	防腐剂、香精	适量

【解析】　这是一例能够形成干粉状膜的膜粉配方。方中高岭土、滑石粉及氧化锌为基质原料,能够吸附皮肤上的过剩油脂。其中高岭土还能抑制皮脂分泌;氧化锌具有缓和的收敛和抗菌作用。黄连粉为抗粉刺的功能性原料,具抗菌消炎作用,对痤疮丙酸杆菌具较高的敏感性。山梨醇具保湿作用。综合全方,该面膜对粉刺的防治具有一定效果。

采用等量递增法将各组分混合均匀即可。

二、膏状面膜

膏状面膜一般不能成膜剥离,在使用过程中需用吸水海绵进行擦洗而除去。此类面膜中既含有水分又含有油分,有利于皮肤的吸收,以至于许多美容师对膏状面膜情有独钟,常常将其作为皮肤护理的底膜来使用。

（一）膏状面膜的配方组成

1. 粉类原料　膏状面膜中的粉类物质作为基质原料包覆在皮肤表面,吸附皮肤表面的过剩油脂,通常含有较多的黏土类成分,如高岭土、硅藻土等,能够增加膏状面膜与皮肤的黏附性,又可增加面膜本身的黏稠度。

2. 油质原料　为皮肤补充油分。常用橄榄油、霍霍巴油等。

3. 保湿剂　对皮肤起保湿作用,并能保持面膜自身的水分,防止面膜因失水而干缩。

4. 功能性添加剂　由于膏状面膜中的成分容易被皮肤所吸收,所以在配方中多含有能够营养皮肤和改善皮肤功能的功能性原料,如海藻胶、甲壳质、深海泥、中药粉等。

5. 防腐剂、香精。

6. 水。

在进行皮肤护理中,膏状面膜涂敷在面部一般要厚一些,以使面膜中的功能性添加剂能够充分地被皮肤吸收,发挥更好的护肤养肤作用。

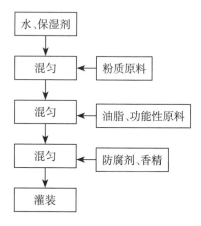

图 4-6　膏状面膜制备工艺流程

（二）膏状面膜的制备技术

膏状面膜的制备工艺流程如图 4-6 所示。

若是乳剂类膏状面膜,配方中应有乳化剂。制备方法与乳剂类化妆品相同,配方中的粉类原料应先分散在水中后,油水两相再进行混合乳化。

（三）实例解析

膏状面膜配方实例及解析如下（表 4-15、表 4-16）。

表 4-15　膏状面膜配方实例 1

组分	质量分数（%）	组分	质量分数（%）
高岭土	30.0	滑石粉	5.0
碳酸镁	1.0	二氧化钛	2.0
甘油	8.0	淀粉	5.0
霍霍巴油	7.0	防腐剂、香精	适量
棕榈酸异丙酯	8.0	去离子水	加至 100.0

【解析】　方中高岭土、滑石粉、二氧化钛、碳酸镁、淀粉为粉质原料,具吸附和润滑作用,其中高岭土和淀粉还具黏性,能够增加面膜本身的黏稠度,是形成膏体的主要基质原料,还可增加面膜对皮肤的黏附性;甘油为保湿剂;棕榈酸异丙酯和霍霍巴油为润肤的油性组分,滋养皮肤而又无油腻感。

制备方法:①将甘油与去离子水混合均匀;②于甘油与水的混合液中加入滑石粉、二氧化钛、高岭土、淀粉及碳酸镁,混合均匀,使之形成膏状;③继续加入棕榈酸异丙酯及霍霍巴油,搅拌混合均匀;④于膏状混合物中加入防腐剂、香精,搅拌混合均匀后即可灌装。

表 4-16　膏状面膜配方实例 2

组分	质量分数（%）	组分	质量分数（%）
硬脂酸	6.0	三乙醇胺	0.3
橄榄油	3.0	硅酸铝镁	5.0
高岭土	15.0	香精、防腐剂	适量
二氧化钛	2.0	去离子水	加至 100.0

【解析】　这是一例乳剂类膏状面膜。方中硬脂酸、橄榄油为油相原料,其中硬

脂酸能够与水相原料中的三乙醇胺反应生成乳化剂,橄榄油为皮肤提供油分,滋润皮肤、营养皮肤;硅酸铝镁、高岭土和二氧化钛均为粉质原料,其中硅酸铝镁为无机水溶性聚合物,具较好的增稠性、扩散性和持水性,高岭土和二氧化钛具有吸收和润滑作用。

制备方法:①将硅酸铝镁溶胀于 30 份去离子水中备用;②将高岭土和二氧化钛分散于方中剩余的去离子水中,加入三乙醇胺混合均匀,制成水相,与方中油相原料(硬脂酸、橄榄油)分别加热至 70~80℃,混合乳化后,加入配制好的硅酸铝镁水溶液,不断搅拌,待体系降温至 50℃后,加入香精、防腐剂,继续搅拌,混合均匀,冷却至室温即可灌装。

知识链接

免洗夜用面膜

　　免洗夜用面膜是近几年化妆品市场出现的一类新型面膜,一般在夜晚睡眠之前使用,将其涂敷于面部之后不能成膜剥离,但也不需清洗,使其停留在面部至次日晨起即可。此类面膜为凝胶基质,方中添加了多种能够营养肌肤及调理肌肤的功效性成分,敷于面部后,由于在皮肤上长时间的停留,使得其中的功效性成分能够很好地被吸收,达到较佳的调理肌肤、修复肌肤的效果。

三、成型面膜

成型面膜是一类近年来才出现的能够直接贴敷于面部的新型面膜,由于使用方便简单而备受消费者喜爱。

(一) 贴布式面膜

贴布式面膜是最常见的一类成型面膜,又叫美容面膜巾。它是将面膜液浸入剪裁成人的面部形状的无纺织布内,使用时只需将布贴敷于面部,使其与面部贴牢,经 15~20min,待面膜液逐渐被皮肤吸收后,将布取下即可。

贴布式面膜液的主要成分有保湿剂、润肤剂、活性物质、防腐剂及香精等。其中活性成分可根据需要进行选择,常用维生素、表皮生长因子、珍珠水解液等。

贴布式面膜的制备很简单,只需将面膜液配方中的各组分混合均匀,静置过滤后,倒入装有面部形状无纺织布的容器内浸渍该膜布,浸透后即可包装。

贴布式面膜针对不同的皮肤类型及功用的不同,其面膜液的配方组成也随之有异。以下是三例功用不同的贴布式面膜液的实例配方(表 4-17~ 表 4-19)。

表 4-17　干性皮肤用贴布式面膜液配方实例

组分	质量分数(%)	组分	质量分数(%)
液体石蜡	40.0	橄榄油	25.0
羊毛油	25.0	尼泊金丙酯	1.0
沙棘油	5.0	香精	适量

表 4-18　油性皮肤用贴布式面膜液配方实例

组分	质量分数（%）	组分	质量分数（%）
烷基糖苷	2.5	杰马BP	0.8
珍珠水解液	0.5	香精	适量
表皮生长因子	2.5×10^{-9}	去离子水	加至100.0
水溶性霍霍巴油	4.0		

表 4-19　保湿用贴布式面膜液配方实例

组分	质量分数（%）	组分	质量分数（%）
甘油	9.0	防腐剂	适量
丙二醇	3.0	去离子水	加至100.0
透明质酸	0.1		

（二）贴敷型胶冻状面膜贴

这是以水溶性高分子化合物为主要成分，配伍其他功能性原料而制得的一类能够直接敷于面部的胶冻状成型面膜。使用时只需将面膜贴从包装袋中取出后直接敷于面部即可，方便、简单，便于旅游携带，使用时皮肤有清凉感，同时面膜贴与皮肤有很好的亲和性，既可促进胶原纤维和弹性纤维的代谢功能，又能维持皮肤的湿润和柔软，具有较好的抗皱、保湿作用。目前市场上贴敷型胶冻状眼贴膜较为常见。

贴敷型胶冻状面膜贴的配方中主要包括水溶性高分子化合物、功能性原料、水、防腐剂、保湿剂等几类组分。其中水溶性高分子化合物的含量为1%~2%；功能性原料可根据需要进行选择，若要得到清澈、透明的面膜贴，应注意所选原料在水中的溶解性。

贴敷型胶冻状面膜贴的制备方法如下：①在溶解罐Ⅰ中将水溶性高分子化合物加入部分去离子水中，不断搅拌，使之溶解，同时加热至70~80℃；②在第二罐中将功能性原料及防腐剂、保湿剂均匀溶解于剩余部分的去离子水中；③将第二罐中的混合液倒入溶解罐Ⅰ中，搅拌均匀，使之成为清澈透明的黏稠液体；④将上述黏稠液体趁热倒入面膜模板上，放凉成型后即可包装。

四、硬膜

硬膜又称为倒膜，主要成分是半水石膏。使用时将石膏粉用适量水调和成糊状，涂敷于面部后，面膜很快在皮肤表面凝固成坚硬的膜体，如同面具一般，可整体揭去。硬膜在凝固过程中，石膏与水发生水合作用，产生热量，可促进皮肤微循环和新陈代谢，促进营养物质被皮肤吸收，所以在使用硬膜之前，可先在皮肤表面涂敷一层能够营养肌肤的底膜，或是在石膏基质中添加一定量的功能性粉质原料（如中药细粉或中药提取物），从而达到更为理想的美容护肤效果。

倒膜又有热膜和冷膜之分，所谓冷、热，只是受施者的自身感觉而已，实际上，无论是热膜还是冷膜，膜体在凝固过程中均会释放热量，使面部皮肤温度升高（面部皮肤温度达37℃左右），只是在冷膜的配方中添加了少量的清凉物质，使受施者感到皮肤凉爽,所以冷膜常常在夏季为美容院做皮肤护理所使用。

石膏倒膜的凝固时间要适宜,一般要求初凝时间为 5~8min,即石膏粉用适量水调成糊状后 5~8min 应开始凝固,终凝时间应少于 10min,为确保凝固时间达到要求,操作时应注意以下几方面:①水粉比:通常水粉比越大,初凝固时间越长,石膏倒膜适宜的水粉比应是 60ml/100g,即 100g 的石膏粉需加 60ml 水进行调和;②调和条件:包括调和时间和调和速度,通常调和时间长且调和速度快,则会促进石膏的凝固,但调和时间过长,反而会延缓石膏的凝固。一般应在 1~1.5min 内迅速搅拌均匀,涂于面部;③涂敷的厚度:石膏倒膜涂于面部的厚度为 0.5~1.0cm 即可。

干性皮肤者尽量不用石膏倒膜美容法。

五、面膜的安全风险

在不同种类的面膜中,由于贴布式面膜使用起来非常方便,使其更为受到消费者的喜爱,已经成为爱美人士的必备护肤用品。但在人们追求便捷美容的同时,风险时刻萦绕在我们身边。目前充斥美容市场的贴布式面膜鱼龙混杂,质量参差不齐,存在的安全风险主要来源于以下三方面。

1. 添加荧光增白剂　荧光增白剂是一种复杂的有机化合物,也是一种荧光染料,或称为白色染料。它的特性是能激发入射光线产生蓝色荧光,使所染物质获得类似荧石的闪闪发光的效应,使肉眼看到的物质很白,具有明显的增白效果。荧光增白剂在一些宣称具有美白作用的面膜中被检测出来,而在产品标签的成分表中却未标出。目前,虽然没有大量的科学依据证明荧光增白剂对人体有严重的伤害,但皮肤一旦沾上面膜里的荧光增白剂后,用清水、洗手液或洗面奶都很难一次洗净,如果经常使用这种面膜,就会导致荧光增白剂在皮肤上的累积,形成“荧光脸”。同时,荧光增白剂是一个工业化的产品,在生产过程中可能会有一些杂质残留,一旦吸入皮肤,对人体健康埋下安全隐患,尤其是光敏性皮肤人群接触到高浓度荧光增白剂后,引起皮肤过敏、瘙痒,严重者甚至有患皮肤癌的潜在可能。目前对于化妆品中能否添加荧光增白剂,我国化妆品行业的相关法规还没有做出强制性的规定,这就需要消费者在选择面膜时应提高安全意识,对于那些一敷就很白的面膜一定要提高警惕。

2. 违规添加糖皮质激素类物质　糖皮质激素类物质可使皮肤粉嫩光滑,但在化妆品中属于禁用物质。长期使用含有此类物质的化妆品可能会导致面部皮肤出现黑斑、萎缩变薄、过敏等问题,还可能引起激素依赖性皮炎等严重后果,导致“激素脸”。

3. 丙烯酰胺含量超标　丙烯酰胺对于人体的危害性以及在化妆品中可能出现的原因在液洗类化妆品章节中已经介绍过。使用聚丙烯酰胺作为增稠剂的面膜也存在着丙烯酰胺含量超标的风险。对于我国《化妆品安全技术规范》(2015 年版)中对于丙烯酰胺限量的规定,面膜中丙烯酰胺单体最大残留量不得超过 0.5mg/kg。

因此,消费者在选用面膜美容护肤时,切不可追求快速美白、立竿见影的效果,多了解化妆品的基本知识,客观看待化妆品的美容效果,对于过度夸大宣传以及使用后见效很快的产品要加以警惕,确保使用安全。

(吴　蕾)

复习思考题

1. 乳剂类化妆品的制备程序包括哪几步？

2. 传统雪花膏的配方组成属于哪种乳化体系？其乳化机制如何？

3. 面膜配方中的成膜剂与水性凝胶配方中的胶凝剂分别为哪类物质？它们是否为同一类物质？

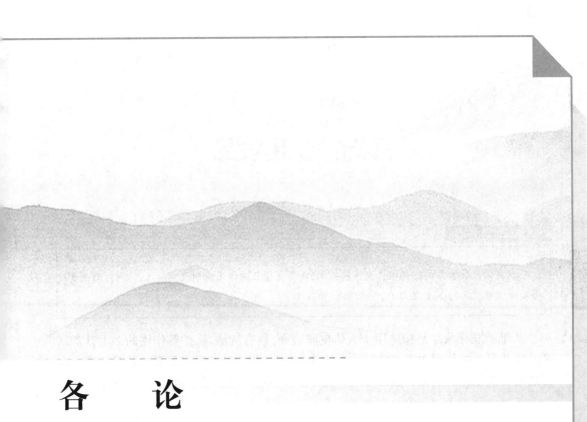

各　论

第五章

基础护肤化妆品

🔍 **学习要点**

各类洁肤化妆品的配方组成及洁肤机制;保湿化妆品的作用机制及常用保湿剂;防晒剂的分类及常用防晒剂;SPF 值与 PA 等级的含义。

基础护肤化妆品是指施用于人体皮肤表面,具有清洁、保护等作用的一类日常基础性化妆品。按使用功能可将其分为洁肤化妆品、保湿化妆品和防晒化妆品三类。本章将对各类基础护肤化妆品的常用原料、配方组成及作用机制等内容进行简要介绍。

第一节　洁肤化妆品

在皮肤的日常护理过程中,最基础也是最重要的护肤程序就是清洁皮肤,保持皮肤的清洁卫生。洁肤化妆品即是以清除皮肤上的各种污垢,使皮肤表面清洁为主要作用的一类化妆品。此类化妆品应满足去污能力适宜、性能温和、刺激性小、洗后肤感舒适,并兼具一定护肤作用等要求。

目前常见的洁肤化妆品主要有清洁霜、卸妆油、洗面奶、磨砂膏、去死皮膏、浴液及浴盐等。

一、常用洁肤用表面活性剂

洁肤化妆品中表面活性剂是非常重要的一类原料,在配方中起到洗涤、发泡、乳化和稳泡等作用,常用的表面活性剂有以下几类。

(一)阴离子型表面活性剂

此类表面活性剂主要为产品提供良好的去污力和丰富的泡沫。

1. 十二烷基硫酸钠(SLS,SDS,K_{12})　又称为月桂醇硫酸钠、发泡粉,属于烷基硫酸酯盐(AS)类表面活性剂。去脂力极强,是目前强调油性肌肤或男性专用洁面乳较常用的清洁剂。其缺点是对皮肤具有潜在的刺激性,与其他表面活性剂相比较,刺激性较大。若长期使用,将使皮肤自身的防御能力降低,引起皮炎、皮肤老化等现象。因而,含有这类表面活性剂的产品不适合敏感性及干性皮肤使用。可用于浴液、洗手液等洁肤化妆品。

2. 十二烷基聚氧乙烯醚硫酸钠（SLES）　又称为月桂醇聚氧乙烯醚硫酸钠,属于烷基聚氧乙烯醚硫酸酯盐（AES）类表面活性剂。去脂力强,对皮肤及眼黏膜的刺激性稍小于 SLS,水溶性优于 SLS。这类表面活性剂应用广泛,可用于浴液、洗手液等洁肤化妆品,但 AES 类表面活性剂不易冲洗干净。

3. 十二烷基硫酸铵（$K_{12}A$）　又称为月桂醇硫酸酯铵。本品具有良好的洗涤及发泡作用,配伍性能好;兼具刺激性较低、抗硬水性好等优点。可用于沐浴露等产品中,尤其适于中性或弱酸性的清洁用产品。

4. 酰基磺酸钠　本类表面活性剂具有优良的洗净力,对皮肤的刺激性小,耐硬水,亲肤性极佳,洗涤过程中的触感较好,洗后皮肤光滑、柔嫩。含有此成分的洁面乳适合正常肌肤使用。如椰油酰基羟乙基磺酸钠等。

5. 磺基琥珀酸酯盐　又称为脂肪醇琥珀酸酯磺酸盐。属于中度去脂力的表面活性剂,包括单酯型和双酯型。作用极其温和,具有极佳的发泡力,容易清洗,洗后皮肤软滑,常与其他洗净成分复配,可降低后者的刺激性。如月桂醇磺基琥珀酸酯二钠盐等。

6. 烷基磷酸酯盐（MAP）　此类表面活性剂具有优异的去污能力,泡沫适中,亲肤性好,洗后皮肤不会过于干涩,触感佳。对油脂成分有很好的洗涤效果,且具有良好的渗透性、生物降解性及与其他表面活性剂配伍性。可用于洗面奶、沐浴露等洁肤化妆品。如十六烷基磷酸酯钾等。

7. N-酰基氨基酸及其盐　属于氨基酸型阴离子型表面活性剂。此类表面活性剂具有优良的去污、发泡、乳化及抗静电能力,且具有低刺激、低毒性、生物降解性好、与其他表面活性剂相容性好、泡沫丰富而细腻等特点。能柔软皮肤,可在皮肤表面形成保护膜,减少配方中刺激性成分对皮肤的刺激作用,敏感性皮肤也可反复使用。特别适合用于无过敏、低刺激的高档洁面产品及婴儿制品。常用代表原料如下:①N-酰基肌氨酸盐:如月桂酰肌氨酸钾、月桂酰肌氨酸钠等;②N-酰基谷氨酸盐:如椰油酰基谷氨酸钠、椰油酰基谷氨酸三乙醇胺盐等。

另外,椰油基羟乙基磺酸盐（CI）和醇醚磺基琥珀酸酯二钠盐（MES）等原料不断被应用到高端洁面产品或婴幼儿产品中,是性能非常温和的阴离子型表面活性剂,对眼睛及皮肤刺激小,且具有良好的洗涤和发泡能力,即使在硬水中同样获得细腻丰富并且稳定的泡沫,洗后皮肤柔滑,湿润不紧绷。

（二）两性表面活性剂

此类表面活性剂大多具有刺激性低、发泡性好、去脂能力中等的特点,降低阴离子型表面活性剂对眼睛和皮肤的刺激,较适合干性肌肤或婴儿用产品配方。

1. 十二烷基二甲基甜菜碱（BS-12）　又称为月桂基甜菜碱。本品具有优良的去污、杀菌作用,柔软性好,对皮肤刺激性低。在酸性及碱性条件下均具有优良的稳定性,且具有良好的生物降解性及配伍性。可作为辅助清洁剂用于各类洁肤化妆品。

2. 椰油酰胺丙基甜菜碱（CAB）　又称为月桂酰胺丙基甜菜碱。性质温和,刺激性小,具有优良的去污、抗静电、柔软、发泡和增稠等性能,泡沫细腻稳定;能与其他类型表面活性剂相容,可降低阴离子型表面活性剂的刺激性,并具有抗菌、调理效能。广泛用于沐浴液、洗手液及泡沫洁面产品等清洁类化妆品中。

3. 月桂基羟基磺基甜菜碱（LHS、DSB）　性能温和,可在广泛的pH值条件下使用,

发泡力好,且具有优良的增稠性、柔软性、杀菌性及抗静电性,与其他类型表面活性剂相容性好,能显著提高清洁类产品的柔软性、调理性和低温稳定性。可作为辅助清洁剂用于各类清洁类化妆品中。

4. 月桂酰两性基二乙酸二钠　也称为椰油酰两性基二乙酸二钠。性质温和,对皮肤和眼睛的刺激性极低,具有优良的发泡力,泡沫丰富细密,肤感好,能显著改善体系的泡沫状态。适用于温和型洗面奶及沐浴液。

5. N-烷基-β-氨基丙酸及其盐　属于氨基酸型两性表面活性剂。在中性或碱性条件下,具有优良的发泡性及稳泡性。对皮肤无刺激,生物降解性好。代表性原料有 N-十二烷基-β-氨基丙酸钠(也称为椰油基两性丙氨酸钠盐)等。

非离子型表面活性剂在洁肤产品中具有良好的发泡性,性质温和,刺激性低,主要发挥稳泡、降低刺激性、提升黏度等作用。

1. 烷基葡萄糖苷(APG)　是 20 世纪 90 年代开发的新型非离子型表面活性剂,具有无毒、无刺激、溶解性好、清洁力适中、起泡力强、泡沫细腻、生物降解迅速彻底、配伍性好等优点,且对皮肤有保湿、柔软作用。如癸基葡萄糖苷、月桂基葡萄糖苷。

2. 烷基醇酰胺　此类表面活性剂以增稠、稳泡为主要作用,配伍性好,主要用于浴液、洗手液等液洗类产品中。代表性原料有:①椰油酸单乙醇酰胺:具有优良的泡沫稳定性、浸透性及洗净性,能够降低产品对皮肤的刺激性,提高污垢粒子的分散性,提高产品的泡沫稳定性及洗净效果。②椰油酸二乙醇酰胺:又称为"6501"或"尼纳尔",具有优良的增稠、发泡、稳泡作用,与其他表面活性剂复配后能够提高产品的发泡性能,使泡沫更加持久稳定、丰富细腻。可作为增泡剂、稳泡剂、增稠剂用于清洁类化妆品中。

二、各类洁肤化妆品

（一）溶剂型洁面化妆品

代表产品为清洁霜,又称为洁肤霜,它是一种半固体膏状制品,主要作用是清除皮肤上的积聚异物,如皮屑、油污、残留化妆品料等,特别适用于干性皮肤。一般可分为 O/W 型和 W/O 型两大类。

1. 清洁霜的特性　理想的清洁霜应具有如下特性:①接触皮肤后,能借助体温或缓和的按摩使之液化,黏度适中,易于涂抹;②配方结构合理,对皮肤无刺激性;③含有足够的油分,有优异的溶解性,能迅速经由皮肤表面渗入毛孔,清除毛孔内的污垢;④用后能使皮肤感觉舒适、柔软、无油腻感,易于擦拭。

2. 清洁霜的配方组成与洁肤机制　清洁霜配方的基本构架分为油相、水相和乳化剂。其洁肤机制分为两点:一是利用表面活性剂的润湿、渗透、乳化作用进行去污;二是利用产品中的油性成分的溶剂作用,对皮肤上的污垢、油彩、色素等进行渗透和溶解,特别是对深藏在毛孔深处的污垢具有良好的去除作用。

3. 清洁霜的用法　清洁霜有 W/O 型和 O/W 型之分,使用时可根据需要进行选择。一般情况下,卸除浓妆时宜选用 W/O 型,而淡妆则可选用 O/W 型。目前市售多为 O/W 型清洁霜。使用时先将清洁霜用手指均匀地涂敷于面部,并轻轻按摩使之液化,溶解毛孔中的油污,使油污、皮屑及其他异物移入清洁霜内,然后用软纸、毛巾或其他柔软织物将清洁霜擦去除净。用清洁霜去除面部污物的优点在于,对皮肤刺激性小,用后在皮肤上留下一层滋润性的油膜,使皮肤光滑、柔软,对干性皮肤有很好的保护作用。

4. 实例解析 清洁霜的配方实例及解析如下(表5-1、表5-2)。

表5-1 清洁霜(O/W)配方实例

组分	质量分数(%)	组分	质量分数(%)
蜂蜡	0.8	丙二醇	5.0
液体石蜡	25.0	三乙醇胺	1.8
硬脂酸	3.0	防腐剂	适量
单硬脂酸甘油酯	1.5	香精	适量
羟乙基纤维素	0.1	去离子水	加至100.0

【解析】 方中蜂蜡、液体石蜡、硬脂酸均为油相原料,羟乙基纤维素、丙二醇、三乙醇胺及去离子水为水相原料。其中,硬脂酸与三乙醇胺发生反应,生成的皂既作为乳化剂,也具有清洁作用;单硬脂酸甘油酯为辅助乳化剂;液体石蜡为主要的清洁剂,溶解性好,能够除去毛孔深处的污垢;蜂蜡为润肤剂;羟乙基纤维素为增稠剂;丙二醇为保湿剂。

表5-2 清洁霜(W/O)配方实例

组分	质量分数(%)	组分	质量分数(%)
蜂蜡	3.5	凡士林	15.0
液体石蜡	40.0	丙二醇	3.0
羊毛脂	3.0	防腐剂	适量
Span-85	4.2	香精	适量
Tween-80	0.8	去离子水	加至100.0

【解析】 配方中蜂蜡、液体石蜡、羊毛脂、凡士林为油相原料,丙二醇与去离子水为水相原料。Span-85与Tween-80组成乳化剂对,构成了非反应式乳化体系。液体石蜡、凡士林为主要的清洁剂,用于溶解皮肤上的油性污垢;蜂蜡、羊毛脂为增稠剂、润肤剂;丙二醇为保湿剂。

 知识链接

卸妆类产品

卸妆类产品的剂型和种类有很多,按使用部位分为通用型和局部型两种。通用型使用方便,对使用部位不加以区分;局部型针对特殊区域如眼部、唇部等,在原料的选择会针对皮肤特点和着妆特点,进行重点及有效清洁。

卸妆油:是指以油质原料构成的,能够溶解各种彩妆化妆品和皮肤污垢的卸妆用品。其配方组成的基本构架包括油质原料和乳化剂两部分。其中常用油质原料有三类:矿物油、植物油和合成酯,如白油、橄榄油、肉豆蔻酸异丙酯等。乳化剂为常用的非离子型表面活性剂如吐温、司盘等。其他辅助添加剂包括抗氧化剂、防腐剂、香料等。卸妆油的洁肤机制是以"油溶油"的方式来溶解油溶性的彩妆和皮肤上多余的油脂。其中乳化剂可以与彩妆、油污融合,再与水进行乳化的方式,冲洗时将污垢去除。使用方法:在手及面部无水情况下,直接将卸妆油涂抹或用化妆棉蘸取涂于睫毛、眼影等彩妆以及鼻翼等部位,轻轻按摩,稍后用手蘸取少量水在面部画圈至乳化变白,时间在 1~3min 内,不宜过长,然后用大量温水洗净,油性过大的卸妆油最好再用洗面奶清洗一次,尤其是油性肌肤和痤疮性肌肤。

卸妆液:市售较多的是双层卸妆液,需要使用前摇匀,形成即时乳化,静止后又瞬间油水分成,界面清晰。在即时乳化过程中形成了 W/O 体系,外相是油相,溶解脂溶性污垢,由于乳化剂 HLB 值低,使用结束后,及时破乳,并且由于油相、水相的密度差,快速分层。

(二)表面活性剂型洁面化妆品

代表产品为洗面奶,又称清洁乳液或洁面乳,是一种具有较好流动性的液态霜或半固态霜,功能与清洁霜相同,尤其适用于中性皮肤。如今洗面奶已成为大众化的洁肤化妆品,是人们日常洁面的常用产品,市场前景极为广阔。洗面奶主要是通过表面活性剂发挥洗涤作用,分为皂基型和非皂基型两类。

1. 皂基型洗面奶　配方组成以高级脂肪酸和碱为主,配以赋脂剂、保湿剂及其他辅助添加剂等。其洁肤机制是:高级脂肪酸与碱反应生成皂,通过皂的洗涤作用,除去皮肤上的污垢。此类洗面奶显碱性,发泡能力强、去污力强,同时脱脂力和刺激性也较大,通常添加赋脂剂以改善脱脂力强的缺点。

2. 非皂基型洗面奶　属于液洗类制品。配方组成是以表面活性剂为主,配以赋脂剂、保湿剂及其他辅助添加剂等。其洁肤机制是:通过表面活性剂的洗涤作用以除去皮肤上的污垢,除污对象以混杂油溶性和水溶性等一般性污垢为主,可选用去脂力温和的表面活性剂以降低脱脂力和对皮肤的刺激。

3. 实例解析　洗面奶的配方实例及解析如下(表 5-3、表 5-4)。

表 5-3　皂基型洗面奶配方实例

组分	质量分数(%)	组分	质量分数(%)
硬脂酸	5.0	甘油	25.0
肉豆蔻酸	20.0	癸基葡萄糖苷	3.0
月桂酸	5.0	香精	适量
鲸蜡硬脂酸聚醚-10	2.0	防腐剂	适量
单硬脂酸甘油酯	1.0	去离子水	加至 100.0
氢氧化钾	7.0		

【解析】　方中硬脂酸、肉豆蔻酸、月桂酸为油相原料,与氢氧化钾反应生成高级脂肪酸盐(即"皂"),在配方中发挥主要的洗涤、发泡作用。甘油、氢氧化钾及去离子水为水相原料,其中甘油有利于皂在体系中的分散,同时具有保湿作用。鲸蜡硬脂酸

聚醚 -10、单硬脂酸甘油酯、癸基葡萄糖苷为表面活性剂,其中鲸蜡硬脂酸聚醚 -10、单硬脂酸甘油酯为乳化剂,同时也具有润湿、清洁作用,癸基葡萄糖苷作为温和的洗涤、发泡剂,增强整个体系的清洁效果。

表 5-4 非皂基表面活性剂型洗面奶配方实例

组分	质量分数(%)	组分	质量分数(%)
黄原胶	0.5	乳化硅油	3.0
月桂酰肌氨酸钾	16.0	防腐剂	适量
十二烷基二甲基甜菜碱	4.5	香精	适量
十二烷基二甲基氧化胺	2.5	去离子水	加至 100.0
丙二醇	5.5		

【解析】 方中的主要清洁成分为月桂酰肌氨酸钾,其作用温和,对皮肤的刺激性小,是目前洗面奶中较常用的成分。黄原胶为增稠剂,用于调节膏体的黏稠度;十二烷基二甲基甜菜碱性质温和,具有优良的发泡和增稠性能;十二烷基二甲基氧化胺主要起稳泡作用;丙二醇为保湿剂;乳化硅油起到润滑的作用。

(三)磨砂膏

磨砂膏又称磨面膏,是一种含有微小颗粒的磨面清洁膏霜。磨砂膏通过微细颗粒与皮肤表面的摩擦作用,有效清除皮肤上的污垢及皮肤表面的老化角质细胞;同时这种摩擦对皮肤所产生的刺激可促进血液循环及新陈代谢,舒展皮肤的细小皱纹,增进皮肤对营养成分的吸收。

1. 磨砂膏的配方组成 磨砂膏配方的基本构架为油相、水相、乳化剂和磨砂剂。磨砂剂是磨砂膏的特色成分,一般可分为天然和合成磨砂剂两类。常用的天然磨砂剂有植物果核原粒,如杏核粉、核桃粉等;天然矿物粉末,如滑石粉、二氧化钛粉等。常用的合成磨砂剂如石英精细颗粒、聚乙烯、聚酰胺树脂、聚苯乙烯、尼龙等。

2. 磨砂膏的安全使用 通常来说磨砂膏较适用于皮肤粗糙者,敏感性肌肤不宜使用。对于油性皮肤,可每周使用2~3次,每次 10min;对于中性皮肤,每周可使用 1 次,每次约 8min;而对于干性皮肤,使用次数及时间均需相应减少,每月用 1 次即可,每次不超过 8min。对于痤疮较严重的皮肤使用时要注意,不应过分摩擦,以免损伤皮肤。

3. 实例解析 磨砂膏的配方实例及解析如下(表 5-5)。

表 5-5 磨砂膏配方实例

组分	质量分数(%)	组分	质量分数(%)
聚乙烯微球	5.0	对羟基苯甲酸甲酯	0.1
白油	20.0	对羟基苯甲酸丙酯	0.05
辛基癸醇	10.0	甘油	3.0
单硬脂酸甘油酯	4.0	香精	适量
十六 - 十八醇醚 -12	1.5	去离子水	加至 100.0
十六 - 十八醇醚 -20	1.5		

【解析】 方中单硬脂酸甘油酯、十六 - 十八醇醚 -12、十六 - 十八醇醚 -20 为乳化

剂,乳化油相成分白油、辛基癸醇与水相成分甘油、去离子水。对羟基苯甲酸丙酯与对羟基苯甲酸甲酯为防腐剂;聚乙烯微球为磨砂剂。

（四）去死皮膏（凝胶）

死皮是指皮肤表面上死亡角质层细胞积存的残骸。去死皮膏（凝胶）可以快速去除皮肤表面死亡的角化细胞,清除过剩油脂,预防角质增厚,加速皮肤新陈代谢,令皮肤柔软、光滑、有弹性。

1. 去死皮膏（凝胶）的配方组成　是由膏霜基质原料（或凝胶基质原料）、磨砂剂、去角质剂等组成。去死皮膏（凝胶）与磨砂膏的不同之处在于磨砂膏完全是机械的物理性摩擦作用,而去死皮膏（凝胶）的作用机制包含化学性和生物性作用。磨砂膏多用于油脂分泌旺盛的油性皮肤,而去死皮膏（凝胶）适用于中性皮肤及不敏感的任何皮肤。

2. 去死皮膏（凝胶）的使用　将膏体均匀涂于面部,轻轻摩擦皮肤 5~10min,用软纸或其他柔软织物将混合在膏体里的死皮、污垢连同膏体一起擦去,用清水清洗干净后,涂抹护肤膏霜或乳液,一般每周 1 次。

3. 实例解析　去死皮凝胶的配方实例及解析如下（表 5-6）。

表 5-6　去死皮凝胶配方实例

组分	质量分数（%）	组分	质量分数（%）
卡波 940	1.5	溶角蛋白酶	3.0
三乙醇胺	1.6	防腐剂	适量
丙二醇	2.0	香精	适量
甘油	3.0	去离子水	加至 100.0
薄荷脑	0.05		

【解析】　方中的卡波 940 为胶凝剂,三乙醇胺为中和剂,两者构建了一个凝胶体系的结构框架。丙二醇与甘油为保湿剂;薄荷脑具有的清凉感可改善制品在使用时的肤感;溶角蛋白酶可促进角质层更新,有利于清除皮肤上的死皮。

（五）浴液

浴液又称沐浴露,是洗浴时直接涂敷于身上或借助毛巾涂擦于身上,经揉搓达到清除身体污垢为目的的沐浴用品。目前的浴液制品主要有两类,一类是以皂基表面活性剂为主体的浴液,另一类是呈酸性的以各种合成表面活性剂为主体的浴液。性能优良的浴液应具有泡沫丰富、易于冲洗、温和无刺激、香气怡人的特点,并兼具滋润、护肤等作用。

1. 浴液的配方组成　浴液配方的主体构架分为洗净剂、调理剂和其他辅助添加剂等。其中洗净剂主要为表面活性剂,常采用多种类型表面活性剂复配;调理剂一般包括水溶性霍霍巴油、水溶性羊毛脂、乳化硅油及脂肪酸酯类等。

2. 实例解析　浴液的配方实例及解析如下（表 5-7）。

【解析】　方中脂肪醇醚硫酸酯盐、脂肪醇醚琥珀酸酯磺酸钠为阴离子型表面活性剂,是主要的清洁剂和发泡剂,而且两者配合使用时,后者可以降低前者的刺激性;羟磺基甜菜碱有优良的发泡性能;水溶性羊毛脂为赋脂剂;薄荷脑为性能较佳的清凉剂;乳酸为酸度调节剂;丙二醇为保湿剂。

表 5-7　浴液配方实例

组分	质量分数（%）	组分	质量分数（%）
脂肪醇醚硫酸酯盐(70%)	15.0	乳酸	适量
脂肪醇醚琥珀酸酯磺酸钠(35%)	6.0	色素	适量
羟磺基甜菜碱(30%)	4.0	防腐剂	适量
水溶性羊毛脂	0.5	香精	适量
丙二醇	4.0	去离子水	加至 100.0
薄荷脑	1.0		

知识链接

如何选用洁肤化妆品

　　洁肤化妆品的选用应依据不同皮肤类型的特点,遵循以下原则:①油性皮肤皮脂分泌量较多,可选用清洁力较强的洁肤产品,即使不化妆也可以先用卸妆油进行深度清洁;②干性皮肤皮脂分泌量少,清洁时易选用碱性弱、刺激性小、清洁力适中的低泡或无泡的洁肤产品;③中性皮肤皮脂分泌量适中,是较理想的皮肤类型,在选用洁肤产品时,可选择的范围较宽,一般均可适用;④混合性皮肤是指不同部位的皮肤类型不相同,一般这类皮肤会按油性皮肤对待,因油性皮肤部位易附着污垢,容易发生皮肤炎症;⑤敏感性皮肤是指对化妆品中某些成分如香精、抗氧剂或表面活性剂等刺激而易敏感的皮肤,在选用化妆品时应慎重,应尽量选择配方组成相对简单、洁肤作用温和、配方中含有抗敏舒缓作用原料的洁肤用品,使用之前最好先做皮试,使用过程中一旦出现过敏症状应立即停用或更换化妆品。

（徐　姣）

第二节　保湿化妆品

　　保湿化妆品是指以保持皮肤外层组织中适度水分为目的一类化妆品。其特点是不仅能保持皮肤内水分的平衡,还可作为功效性成分的载体,使之易为皮肤所吸收。本节将对皮肤的保湿机制、保湿化妆品的作用机制以及化妆品中常用的保湿剂进行简要介绍。

一、皮肤保湿的机制

（一）皮肤的生理结构与保湿作用

　　人体的皮肤如同天然保湿屏障,在保持人体水分方面具有不可替代的作用。其中表皮、真皮及皮下组织对皮肤的保湿各自发挥着不同的生理作用。

　　表皮是人体与外界直接接触的部位,从外向内与保持水分关系最为密切的是角质层、透明层与颗粒层。其中颗粒层是表皮内层细胞向角质层过渡的细胞层,可防止水分渗透,对贮存水分有重要意义。透明层含有角质蛋白和磷脂类物质,可防止水分及电解质等透过皮肤。角质层是表皮的最外层,其屏障作用及所含有的天然保湿因子能够防止体内水分的散失。

真皮主要由蛋白纤维结缔组织和含有氨基多糖的基质组成。纤维间基质主要是氨基多糖和蛋白质的复合体，在皮肤中分布面积广，可以结合大量水分，是真皮组织保持水分的重要物质基础。目前被广泛应用于高档保湿化妆品中的透明质酸就是真皮中含量最多的氨基多糖。而且，人体皮肤的水分主要贮存在真皮内，如果真皮基质中透明质酸减少，就会导致真皮内含水量下降，进而使皮肤出现干燥、弹性降低、皱纹增多等皮肤老化现象。

皮下组织内含有皮肤的一些附属器官，如皮脂腺、汗腺等。皮脂腺分泌的皮脂扩散至皮肤表面，与汗腺分泌的汗液乳化形成油脂膜。这层油脂膜可防止体内水分的蒸发，并能够润滑皮肤，使皮肤富有光泽。

（二）天然保湿因子

皮肤角质层中含有 10%~20% 的水分时，皮肤显得紧致、富有弹性，处于最佳状态。当外界条件发生变化，如寒冷、干燥等气候环境的变化，使得角质层中的水分含量降低到 10% 以下时，皮肤便会出现干燥、皱纹增多，甚至脱屑等现象。因此，研究皮肤角质层的保水机制具有重要意义。

正常情况下，皮肤角质层之所以能够保持适度的水分，一方面是由于皮肤表面的皮脂膜能够防止角质层中水分过快蒸发；另一方面是由于皮肤角质层中存在有天然保湿因子（NMF）。NMF 是一组能够与水分子以不同形式形成化学键而使水分挥发度降低的水溶性物质，是角质层保持水分的重要元素，不仅具有稳定角质层中水分的能力，还能够从周围环境中吸收水分。主要包括：氨基酸类（40.0%）、吡咯烷酮羧酸（12.0%）、乳酸盐（12.0%）、尿素（7.0%）以及氨、尿酸、氨基葡萄糖、肌酸、钠、钙、钾、镁、磷酸盐等物质。此外，NMF 与蛋白质结合，存在于角质细胞中，阻止了 NMF 的流失，从而使角质层保持一定的含水量。

（三）经皮失水

经皮失水（TEWL）又称为透皮水蒸发或透皮水丢失，是指真皮深层的水分通过表皮蒸发散失。其数值反映的是水从皮肤表面的蒸发量，是皮肤屏障功能的重要参数。健康皮肤的特性之一就是 TEWL 和皮肤水分含量之间保持一定的比例。干燥性皮肤的病理特点是皮肤屏障功能受到破坏，TEWL 值增加。使用具有修复皮肤屏障作用的保湿剂后，TEWL 值降低。因此，TEWL 值是评价保湿剂功效的一个重要参数。

知识拓展

水通道蛋白（AQPs）

是一类存在于细胞膜上的水通透性蛋白，广泛分布于哺乳动物的各种组织细胞中，共有 13 种。目前仅发现 AQP3 分布于表皮基底层和棘细胞层，是一个完整的跨膜蛋白通道。一个 AQPs 分子每秒钟可以允许约 30 亿个水分子通过，而且 AQP3 不仅能转运水，也能转运甘油进出皮肤，它是维持皮肤水合作用的一个关键因素。

对于人体皮肤而言，在 AQP3 缺失的状态下，角质层中只有甘油含量减少，而其他保湿因子（如氨基酸、尿素等）则含量正常。因此，由于 AQP3 缺失所导致的皮肤干燥主要和角质层中甘油含量降低有关，可通过外用甘油的方式加以解决。此外，紫外线照射可导致 AQP3 表达下调，从而引起皮肤干燥及光老化的发生。

二、保湿化妆品的作用机制

保湿化妆品模拟皮肤保湿机制,在化妆品基质中添加各种具有保湿作用的成分,使其发挥理想的保湿作用。其保湿机制主要概况为以下几个方面。

(一)防止水分蒸发的封闭保湿

这种保湿途径的特点是保湿剂不会被皮肤所吸收,而是在皮肤表面上形成油膜作为保湿屏障,使皮肤中水分不易蒸发散失。这类保湿剂不溶于水,可长久附着在皮肤上,保湿效果好,代表性原料是凡士林。

此类保湿产品的缺点是过于油腻,只适用于极干性皮肤或极干燥的冬季使用。对于偏油性皮肤的年轻人则不适合,可能会阻塞毛孔而引起粉刺与痤疮等皮肤病。

(二)吸取水分的吸湿保湿

这种保湿途径的特点是保湿剂能够从周围外界环境或皮肤深层吸取水分并保存于角质层中而保持皮肤的湿润状态。此类保湿剂最典型的就是多元醇类,如甘油、丙二醇、聚乙二醇等。

这类保湿剂要求皮肤周围外界环境相对湿度至少达到70%时,才能从外界环境中吸收水分,否则就会从皮肤深层(真皮)吸取水分以保持角质层的润湿状态。因而,在寒冷、干燥、多风等相对湿度很低的气候条件下,此类保湿剂只能从皮肤深层吸取水分来补充角质层的水分,但由于外界环境相对湿度很低,由真皮吸取来的水分会通过表皮不断地蒸发到空气当中,从而导致皮肤更加干燥,影响皮肤的正常功能。因此,此类保湿剂单独使用时只适合于相对湿度高的春末、夏季、秋初季节以及南方地区,不适合北方的秋冬季,但可通过配伍油脂类保湿剂加以解决。

(三)结合水分的锁水保湿

这种保湿途径的特点是保湿剂既不是油溶性,也不是水溶性,而属于亲水性物质,能够形成一个网状结构,将游离水结合在其网内,使自由水变成结合水而不易蒸发散失,从而达到保湿的目的,是一类比较高级的保湿成分,如透明质酸等。此类保湿产品亲水而不油腻,使用起来很清爽,使用范围广,适用于各类肤质、各种气候条件。

(四)修复角质层的修复保湿

这种保湿途径的特点是通过添加各种营养成分,以提高皮肤本身的保护功能来达到理想的保湿效果。如维生素E可聚集在皮肤的角质层,帮助角质层修复其防水屏障,阻止皮肤内及角质层水分散失。

三、化妆品中常用保湿剂

保湿剂是指能够保持、补充皮肤角质层中水分,防止皮肤干燥,或能够使已干燥、失去弹性、干裂的皮肤变得光滑、柔软、富有弹性的一类物质。通常把具有防止水分蒸发作用的油脂类保湿剂又称为润肤剂。按化学结构不同,保湿剂主要有以下几类。

(一)脂肪醇类

脂肪醇的化学结构特征是分子内含有醇羟基。低级多羟基醇易溶于水,醇羟基与水分子可形成氢键,使水分子不易挥发,从而发挥保湿作用;高级醇则不溶于水,能够在皮肤表面形成油膜,发挥封闭性保湿作用。

1. 甘油 又称丙三醇,是常用的保湿剂。为无色、无臭、透明、有甜味的黏稠液体,易溶于水。是性能良好的保湿剂,还可用作防冻剂。为 O/W 型乳剂化妆品所不可缺少的原料,广泛用于护肤膏霜等化妆品。

2. 丙二醇　为无色、无臭、略带苦辣味的黏稠液体。可溶于水、乙醇及大部分有机溶剂。丙二醇黏性低于甘油,手感好,在化妆品中可与甘油合用,也可替代甘油作为保湿剂。此外,也可作为其他有机物的溶剂。

3. 双丙甘醇　又称一缩二丙二醇、二丙二醇,是一种无臭、无色的吸湿性液体,有甜味,可溶于水。刺激性小,毒性低,作为保湿剂可用于各种清洁及护理类化妆品。

4. 1,3-丁二醇　为无色、无臭、略有甜味的透明黏稠液体。溶于水和乙醇。不仅具有良好的保湿性,而且还具有抗菌作用,对皮肤无刺激。可用于膏霜、化妆水等化妆品,也可作为精油、色素的溶剂。另外,由于 1,3-丁二醇中易掺杂丁四醇,影响使用效果,因此使用量较少。

5. 赤藓醇　为 1,2,3,4-丁四醇,是一种非常安全的天然保湿剂。保湿性能优于甘油,并且更加温和,可用于所有个人护理产品中。对于防晒产品及晒后舒缓产品,本品能提供温和的、凉爽的保湿效果。

6. 木糖醇　为白色晶体或者白色粉末状晶体,是从白桦树、橡树、玉米芯和蔗糖等植物中提取出来的一种天然甜味剂。纯的木糖醇是一种五碳糖醇,具有一般多元醇的保湿性能,可作为保湿剂添加到护肤产品中,且可增加产品涂抹的润滑感。

7. 山梨醇和聚氧乙烯山梨醇　山梨醇又称为山梨糖醇、己六醇。为白色、无臭、微甜的结晶粉末,略有清凉的感觉。溶于水,微溶于乙醇。山梨醇具有良好的保湿性能,黏度高于甘油,常作为化妆品膏霜的优良保湿剂及牙膏的赋形剂、保湿剂。与甘油以合适比例合用,可得到良好的保湿效果,也可作为甘油的替代品。同时,山梨醇对皮肤无刺激,是婴儿制品最理想的保湿剂。聚氧乙烯山梨醇也是很好的保湿剂。

8. 甘露糖醇　又称甘露醇,广泛存在于植物、藻类、食用菌类等生物体内。为无臭、具有爽口甜味的白色针状结晶,其结构也为己六醇,与山梨醇互为同分异构体。溶于水,可作为保湿剂用于化妆品。

9. 泛醇　又称 D-泛醇,是维生素 B_5 的前体,故又称为维生素原 B_5。有 DL-泛醇和 D-泛醇两个品种,分别为白色结晶粉末或黄色至无色透明黏稠液体。泛醇易被皮肤吸收,作为皮肤护理的保湿剂,渗透性好,同时能够刺激上皮细胞的生长,促进伤口愈合,具有消炎作用。

10. 聚甘油-10　为黄色或淡黄色透明液体,稍有特征气味。由于本品分子结构中含有大量羟基,能够与水分子形成氢键,将水分锁住,从而起到良好的保湿作用。本品能够有效保持人体皮肤滋润,解决干燥、粉刺、敏感肌肤等问题,同时能够增加产品中其他组分的溶解性。其水溶液具有丝柔般柔滑感受,可赋予化妆品良好的使用感。作为保湿剂、肤感调节剂,广泛用于膏霜、精华液及面膜等护肤产品。

11. 聚乙二醇(PEG)　聚乙二醇随相对分子质量不同而物理性质各异,相对分子质量增加,其溶解性降低,吸湿能力也相应降低。用作化妆品保湿剂的是平均相对分子质量为 600 以下的聚乙二醇,常温(25℃)下为液体,一般无色、无臭。可替代甘油或丙二醇。主要用于润肤膏霜、化妆水等化妆品。

12. 十六醇　又称鲸蜡醇。本品用于化妆品中不但具有优良的保湿作用,而且还可起到增稠作用。常用于护肤膏霜等化妆品。

13. 十八醇　又称硬脂醇。本品在化妆品中的作用类似于十六醇,也具有良好的保湿作用。差别在于其增稠乳剂的作用比十六醇强,与十六醇匹配使用,能够调节制品的稠度和软化点。化妆品中一般使用十六、十八混合醇较多。

14. 油醇　又称9-十八碳烯醇。为白色或淡黄色、稍有气味的透明液体。熔点6℃以下,不溶于水,溶于乙醇。不黏滞,易分散,渗透性好,对皮肤无不良作用,具有较好的保湿和润滑作用。

上述十六醇、十八醇、油醇均为油性原料,通过在皮肤表面形成油膜而发挥封闭性保湿作用,此外,还有羊毛醇、氢化羊毛醇、鲨肝醇等。

（二）有机酸及其盐类

有机酸分子中含有的羧基属于极性基团,可以与水分子作用形成氢键,使水分不易挥发,从而发挥保湿作用。由于有机酸具有酸性,加入化妆品中一方面可能影响产品的 pH 值,另一方面可能会对皮肤产生刺激作用。所以,一般多以有机酸盐或酯的形式用于化妆品中,这样不仅可以克服上述两方面的弊端,同时也可增大其在水中或油中的溶解度。常用的有机酸及其盐类保湿剂简要介绍如下。

1. 乳酸　乳酸是自然界中广泛存在的有机酸,是人体天然保湿因子中的主要成分。易溶于水,对皮肤和头发均有较好的亲和作用,且与其他成分相容性好。其在表皮细胞间隙中结合水分,且能修复表皮屏障功能,保湿性能优于甘油。

2. 乳酸钠　是天然保湿因子之一。为淡黄色黏稠液体,易溶于水。具有较强的吸湿和保湿能力,其保湿性优于甘油。常与乳酸组成缓冲溶液,用于润肤膏霜、奶液等化妆品。

3. 吡咯烷酮羧酸钠（PCA-Na）　又称为 2-吡咯烷酮-5-羧酸钠,是天然保湿因子之一。为无色、无臭、略带咸味的透明液体,在保湿性、安全性、渗透性和水溶性等方面均具有优异的性能。其保湿能力优于甘油,效果与透明质酸相当。由于黏度较其他保湿剂低,因此其制品无黏腻厚重感觉。

（三）脂肪酸酯类

脂肪酸酯是一般保湿化妆品中常用的保湿成分,主要分为低级醇脂肪酸酯和高级醇脂肪酸酯两类,在配方中的添加量一般分别为 2%~10% 和 0.5%~2%。

1. 低级醇脂肪酸酯　代表性原料包括月桂酸己酯、豆蔻酸异丙酯、豆蔻酸丁酯、棕榈酸异丙酯、棕榈酸丁酯等。这些合成油质原料渗透性好,应用在护肤膏霜、乳液中,可在皮肤表面形成一层黏度低、延展性好、无油腻感的润滑膜,阻碍表皮水分的过快蒸发。常与各种植物油脂配合使用,以调节膏体性能,而且能够提高其他润肤剂的渗透力,应用极为广泛。

2. 高级醇脂肪酸酯　代表性原料包括豆蔻酸鲸蜡醇酯、豆蔻酸豆蔻醇酯、聚乙二醇单油酸酯等。是极好的油质类保湿剂,普遍应用于护肤膏霜、乳液中。

3. 各种植物油　目前很多植物油作为保湿剂已被广泛用于各类护肤膏霜、乳液等化妆品中。

（四）酰胺类

此类保湿剂中含有羧基、羟基、酰胺基等亲水性基团,对水有较好的亲和作用,具有良好的保湿性。

1. 神经酰胺　又称为酰基鞘氨醇,是皮肤角质层细胞间脂质的主要成分,约占角质层脂质含量的 50%，与胆固醇、胆固醇酯、脂肪酸等物质构成了细胞间脂质，在角质层中具有重要的生理功能，主要表现为：①屏障作用：角质层是人体皮肤的第一道屏障，而神经酰胺又是皮肤角质层细胞间脂质的主要成分，神经酰胺的丢失会使皮肤的屏障功能丧失，而局部使用一定量的神经酰胺就可使丧失的皮肤屏障功能得以恢复；②黏合作用：神经酰胺与细胞表面蛋白质通过酯键连接，可以起到黏合细胞的作用，其含量的减少可导致角化细胞间黏合力下降，皮肤出现干燥、脱屑等现象；③保湿作用：神经酰胺的屏障作用及黏合作用，减少了角质层水分的丢失，同时，神经酰胺具有很强的缔合水分子的能力，可通过在角质层中形成的网络结构来维持水分，防止皮肤水分的丢失；④抗衰老作用：神经酰胺的抗衰老作用除了与其优异的保水功能及其对角质层的独特修复作用密切相关外，还能激活衰老细胞，促进表皮细胞分裂和基底层细胞再生，改善皮肤新陈代谢功能。

人体自 25 岁开始，角质层中神经酰胺即开始逐步减少直至消失，经皮肤补充神经酰胺以改善皮肤干燥及衰老等现象是一条有效而又可靠的途径。

此外，神经酰胺也是毛发中脂质的主要成分，微量的神经酰胺可增加毛发毛皮细胞间的黏合力，修饰毛发表面，增加毛发的疏水性，具有调理毛发的功能。

2. 乙酰基单乙醇胺 分子中含有亲水基团，对水有较好的亲和作用，具有良好的保湿性，与甘油相比，具有更好的吸收和保持水分的能力。常用于保湿膏霜和乳液。

3. 乳酰基单乙醇胺 也为性能优良的保湿剂，在较宽的 pH 值范围内性质稳定，性能优于甘油，一般可用于护肤和护发产品。

4. 羟乙基脲 为无色至浅黄色透明液体或结晶固体。本品具有良好的渗透性、配伍性，安全性高，生物降解性好，在较宽的温度和 pH 值范围内均稳定。作为保湿剂，广泛用于护肤、护发及清洁类产品。

5. 尿素 又称脲或碳酰胺，为天然保湿因子之一，易溶于水。具有保湿及柔软角质的功效，且能改善粉刺。可作为保湿剂及角质柔软剂添加于护肤品中。

6. 尿囊素 是一种无毒、无味、无刺激性、无过敏性的白色晶体，是尿素的衍生物。作为日化产品的添加剂，尿囊素主要具有以下功能：①增强肌肤、毛发最外层的吸水能力，改善肌肤、毛发和口唇组织中的含水量；②软化角质层，增加皮肤的柔软性及弹性；③促进表皮细胞再生，加快伤口愈合，是良好的皮肤创伤愈合剂。

（五）氨基酸与水解蛋白类

1. 甜菜碱 又称为氨基酸保湿剂。为具有甜味的白色晶体粉末，易潮解。易溶于水和乙醇，具有很强的吸湿性，是一种吸收快、活性高的新型保湿剂。应用于个人护理产品时，本品能够迅速渗透到皮肤与毛发组织内部，增加其水分保持能力，提升细胞活力，赋予皮肤和毛发以滋润、滑爽的感觉。

2. 聚谷氨酸 又称为纳豆菌胶。主要是通过微生物发酵产生水溶性多聚氨基酸，经过分离精制而得到的一种白色晶体粉末。易溶于水。这种生物高分子具有长效保湿、安全温和、生物降解性好等优点，作为保湿剂可用于护肤化妆品。

3. 玉米谷氨酸 由玉米蛋白控制水解制得。与皮肤亲和性好，具有良好的吸湿作用。作为保湿剂，玉米谷氨酸与其他具有黏弹性的蛋白质不同，可赋予皮肤丝一般柔软的感觉。

4. 动物水解胶原蛋白 由药用明胶水解制得，易溶于水，是相对分子质量较低的蛋白质,与皮肤和头发表面的蛋白质分子亲和力较大。在护肤品中,与皮肤表面的蛋白质结合,起到天然保湿剂的作用,同时也可降低其他制剂的刺激性。水解蛋白在化妆品中的应用发展速度很快,其性能温和,使用安全,能滋润肌肤,赋予其平滑感觉,是高档化妆品的重要原料。

(六) 多糖类

1. 透明质酸钠　透明质酸是一种直链高分子多糖,也是存在于真皮基质中的一种氨基多糖类物质,简称为 HA。作为保湿剂应用于化妆品中的一般为透明质酸钠。透明质酸钠渗透皮肤后被电离,形成透明质酸根离子。

透明质酸为白色、无臭、无定形固体。其水溶液不仅具有较高的黏度,而且还具有高的黏弹性和渗透压,使其具有较强的保水作用。本品是性能优良的功能性生化物质,广泛存在于哺乳动物的眼球玻璃体、角膜、关节液、脐带及结缔组织中。其在真皮中含量占氨基多糖(黏多糖)的 70% 左右,主要作用是维持真皮结缔组织中的水分,使结缔组织处于疏松状态,从而使皮肤饱满光滑,柔软细嫩。由于透明质酸在真皮中的特异保水性能,在护肤品中常作为保湿剂使用。

透明质酸在化妆品中作为保湿剂,有较强的吸湿性和保水润滑性。可保留比自身重 500~1 000 倍的水,一般质量分数为 2% 的透明质酸水溶液能牢固地保持 98% 水分,生成凝胶,且水分不容易流失。透明质酸分子质量越高,其保湿效果越好,在化妆品中的用量越低。同时,透明质酸还具有抗衰老、营养、抗菌消炎、促进伤口愈合及药物载体等特殊功能,且对皮肤几乎无刺激性。

2. 甲壳质　甲壳质是一种聚氨基葡萄糖,广泛存在于菌藻类植物和低等动物体内,是龙虾和蟹壳的主要成分。它几乎不溶于水及各种有机溶剂,限制了其使用范围。目前,一般都利用甲壳质为原料,制成水溶性甲壳质衍生物,以扩大其使用范围。在化妆品中以成膜剂、毛发保护剂等形式应用。

3. 脱乙酰壳多糖　脱乙酰壳多糖是甲壳质的衍生物,对皮肤有较好的亲和作用,能形成透明的保护膜。其保湿作用可以和透明质酸媲美,可作为透明质酸代用品,且使用安全,是较为理想的化妆品保湿成分。

4. 海藻酸钠　既是保湿剂又是增稠剂,其双重作用在某种程度上也恰恰限制了其作为保湿剂时的应用范围,例如在一些肤感要求清爽的保湿膏霜乳液中,海藻酸钠用量比例应有所降低。

5. 葡聚糖　是以葡萄糖为单糖组成的同型多糖,分为 α- 葡聚糖和 β- 葡聚糖。其中 β- 葡聚糖是一种天然多聚糖,具有深层修复、保湿作用,能够清除体内过剩自由基,增强皮肤屏障功能,具有防晒及晒后修复功能。可作为保湿剂、抗衰老功能性原料用于各类肤用化妆品。

6. 银耳多糖　从银耳中提取制得,其水溶液有极高的黏性。锁水能力及成膜性均优于透明质酸,形成的膜更柔软、富有弹性。相关实验研究显示,银耳多糖也具有抗氧化能力。本品作为保湿剂、肤感调节剂及抗衰老功能性原料应用于护肤产品。

四、实例解析

目前市场上有许多保湿化妆品,它们分别从不同的保湿途径设计配方,以达到皮肤保湿的目的。实例解析如下(表 5-8~ 表 5-10)。

表 5-8　保湿霜配方实例 1

组分	质量分数（%）	组分	质量分数（%）
十六醇和十六烷基糖苷	2.5	棕榈酸异丙酯	1.5
单硬脂酸甘油酯和 PEG-100 硬脂酸酯	2.0	白油	2.0
十六 - 十八醇	1.2	甘油	1.8
鳄梨油	3.0	防腐剂	适量
角鲨烷	2.0	香精	适量
肉豆蔻酸异丙酯	2.0	去离子水	加至 100.0

【解析】　方中十六 - 十八醇、鳄梨油、角鲨烷、肉豆蔻酸异丙酯、棕榈酸异丙酯、白油为油相原料，甘油与去离子水为水相原料，十六醇和十六烷基糖苷、单硬脂酸甘油酯和 PEG-100 硬脂酸酯为乳化剂。此配方以防止水分蒸发的保湿途径为主，通过方中十六 - 十八醇、白油、肉豆蔻酸异丙酯、棕榈酸异丙酯等油相原料，在皮肤表面形成封闭性油膜，达到润肤保湿的目的；同时甘油能从周围环境吸取水分，发挥吸湿保湿的作用。

表 5-9　保湿霜配方实例 2

组分	质量分数（%）	组分	质量分数（%）
十六 - 十八醇	2.5	D- 泛醇	0.2
橄榄油	5.0	丙二醇	2.0
白油	3.0	透明质酸	0.04
辛酸 / 癸酸三甘油酯	3.0	防腐剂	适量
小麦胚芽油	0.5	香精	适量
乳化剂 A6	2.0	去离子水	加至 100.0
乳化剂 A25	1.0		

【解析】　方中乳化剂 A6 为鲸蜡硬脂醇醚 -6，乳化剂 A25 为鲸蜡硬脂醇 / 鲸蜡硬脂醇醚 -25，两者构成乳化剂对。十六 - 十八醇、橄榄油、白油、辛酸 / 癸酸三甘油酯、小麦胚芽油为油相原料，D- 泛醇、丙二醇、透明质酸、去离子水为水相原料。其中十六 - 十八醇、辛酸 / 癸酸三甘油酯等油相原料与丙二醇、透明质酸等多种保湿原料复配使用，分别从防止水分蒸发的封闭性保湿、吸取水分的吸湿保湿及结合水分的锁水保湿三种不同途径入手，使其产生协同效应，增强保湿效果。

表 5-10　保湿乳液配方实例

组分	质量分数（%）	组分	质量分数（%）
$C_{14\sim22}$ 烷基醇 /$C_{12\sim20}$ 烷基葡萄糖苷	3.0	神经酰胺	0.5
单硬脂酸甘油酯和 PEG-100 硬脂酸酯	1.5	丙二醇	3.0
十八醇	1.2	甘油	1.8
霍霍巴油	5.0	透明质酸钠	1.0
角鲨烷	2.0	防腐剂	适量
聚二甲基硅氧烷	2.5	香精	适量
棕榈酸异丙酯	2.0	去离子水	加至 100.0

【解析】 方中 C_{14-22} 烷基醇 $/C_{12-20}$ 烷基葡萄糖苷、单硬脂酸甘油酯和 PEG-100 硬脂酸酯为乳化剂；十八醇、霍霍巴油、角鲨烷、聚二甲基硅氧烷、棕榈酸异丙酯、神经酰胺为油相原料；丙二醇、甘油、透明质酸钠、去离子水为水相原料。其中的主要保湿剂为神经酰胺、丙二醇、甘油、透明质酸钠，它们分别从修复角质层的修复保湿、吸取水分的吸湿保湿及结合水分的锁水保湿三条途径发挥保湿作用。而十八醇、霍霍巴油、角鲨烷、聚二甲基硅氧烷、棕榈酸异丙酯作为油质类原料，可防止水分蒸发，也起到了良好的保湿作用。

知识链接

眼霜的配方特点

眼霜是针对眼部肌肤问题而设计的护肤产品，目前市场上可见的产品主要针对眼部皱纹、眼袋及黑眼圈等几个方面。

眼部皱纹的形成主要是因为表皮组织干燥变薄，真皮层的胶原蛋白和弹力纤维补充不足而变细，失去网状支撑力而致。同时，过多的紫外线照射也会促生眼皱纹。因此，作为优质的抗皱眼霜，应具备以下特点：①保湿性：水分是皮肤中非常重要的组成部分，补充足够的水分是必要的条件；②营养性：为皮肤提供所需的养料，以加速皮肤的新陈代谢，令肌肤充满活力，延缓衰老，减少眼部皱纹的产生；③防晒性：紫外线的照射是加速皮肤老化的重要原因，因此，防晒是眼霜应必备的功能。

（徐　姣）

第三节　防晒化妆品

防晒化妆品是指能够防止或减轻由于紫外线辐射而造成的皮肤损害的一类特殊用途化妆品。人体长时间暴露于强烈的日光下，会因紫外线的过度辐射而导致皮肤损害，尤其近年来，紫外线辐射所引起的皮肤健康问题越来越突出，关注皮肤健康，保护皮肤免受紫外线损伤越来越被人们所重视，因而防晒化妆品现已成为现代人日常生活的必备之品，它的使用已成为基础护肤过程中必不可缺的一部分。

一、紫外线与皮肤损害

紫外线是指日光中波长范围在 200~400nm 之间的光波，通常用 UV 表示。根据波长的长短和生物学效应，紫外线又可分为三个波段：长波紫外线（UVA），波长为 320~400nm；中波紫外线（UVB），波长为 290~320nm；短波紫外线（UVC），波长为 200~290nm。紫外线是日光中波长最短的一种，约占日光总能量的 6%，也是日光中对人体伤害的主要光波。

（一）紫外线对皮肤的作用

1. UVA 对皮肤的作用　长波紫外线 UVA 具有透射力强、作用缓慢持久、透射深度可达真皮层的特点。其透射程度可达皮肤的真皮深处，可使皮肤出现黑化现象，被称为晒黑段。UVA 一般不会引起皮肤急性炎症，但它对皮肤的作用具有不可逆的累积效应,长期作用会损害皮肤的弹性组织,促进皱纹生成,使皮肤老化进程提前,同时增加 UVB 对皮肤的损伤。

2. UVB 对皮肤的作用　中波紫外线 UVB 可穿透表皮达到人体真皮表面,其透射程度虽只穿透人体表皮层,但对皮肤损伤作用强,可使皮肤出现红斑、炎症等强烈的光损伤,是导致皮肤晒伤的根源,被称为晒红段。它对皮肤的作用是迅速的,是导致紫外线晒伤的主要波段。UVA 和 UVB 照射过量,都会诱发皮肤癌变。

3. UVC 对皮肤的作用　短波紫外线 UVC 透射力最弱,只能到达角质层,并且日光中的 UVC 几乎被大气臭氧层完全吸收,所以不会对人体皮肤产生危害。因其具有较强的生物破坏作用,可由人造光源发射用于环境消毒,所以被称为杀菌段。

紫外线透入皮肤的深度与波长有关,随着波长增长,透射量和深度均随之增加。由于大气臭氧层的吸收,地球将 UVC 段的光波基本过滤掉,但 290~400nm 波段的照射仍然很强烈,因此,对紫外线的防护不容忽视。

(二)紫外辐射引起的皮肤损伤

1. 日晒红斑　又称日光灼伤或紫外线红斑,是由紫外线照射在皮肤局部引起的一种急性光毒性反应,表现为皮肤出现红色斑疹,轻者出现皮肤红肿、灼热、疼痛,重者则会产生水疱、脱皮反应等。UVB 是导致皮肤日晒红斑的主要波段,因此,UVB 通常被称为红斑光谱或红斑区。

根据紫外线照射后出现红斑时间的不同,日晒红斑可分为两类:①即时性红斑:是指在照射期间或照射后数分钟之内出现,而在数小时内很快消退的微弱红色斑疹;②延迟性红斑:是指经紫外线照射 4~6 小时后,皮肤开始出现红斑反应,并逐渐增强,于照射后 16~24 小时达到高峰,红斑通常持续数日后逐渐消退,继发脱屑和色素沉着。

2. 日晒黑化　是指紫外线照射后引起的皮肤黑化现象。通常限于光照部位,边界清晰,表现为弥漫性灰黑色素沉着,无自觉症状。UVA 是诱发日晒黑化的主要因素,所以 UVA 通常被称为黑化光谱或晒黑区。

日晒黑化的反应类型可分为三类:①即时性黑化:是指皮肤经紫外线照射后立即发生或照射过程中即可发生的一种色素沉着现象,色素沉着消退很快,可持续数分钟至数小时不等;②持续性黑化:是指皮肤出现即时性黑化后,随着紫外线照射剂量的增加,色素沉着可持续数小时至数天不消退的皮肤黑化现象;③延迟性黑化:是指皮肤经紫外线照射后数天内发生的皮肤黑化现象,色素沉着可持续数天至数月不等。

皮肤出现日晒黑化现象时虽然通常无自觉症状,但也会严重损伤皮肤,所以不容忽视。

知识链接

UVA 常被称作“诱发皮肤黑化的光谱”,但并不意味着 UVA 不能引起红斑反应或 UVB 不能引起色素沉着。事实上,不论 UVA 还是 UVB 均具有既可引起皮肤红斑又可引起皮肤黑化的生物学效应,只是不同波段的紫外线在引起红斑反应和黑化现象的效能方面存在着较大差异。

3. 光致老化　是指皮肤长期受日光照射后由于累积性损伤而导致的皮肤衰老或加速衰老的现象。皮肤老化的基本改变为出现皱纹,而光老化的特征是只限于光暴露部位,表现为皮肤粗糙肥厚、皮沟加深及斑驳状色素沉着等。

日光对皮肤的损害是多方面的,最主要的是引起真皮组成的变化。真皮中的主要组成是弹力纤维、胶原纤维和蛋白多糖等,皮肤经日光中的紫外线照射后,会导致如下皮肤损害的发生:①真皮中弹力纤维变形、增粗和分叉,皮肤松弛无弹性;②胶原纤维结构改变,含量减少,皮肤出现松弛和皱纹;③蛋白多糖(氨基多糖与蛋白质的复合物)裂解,可溶性增加,影响其结构和功能,最终导致皮肤干燥、松弛、无弹性。

4. 皮肤光敏感和光敏感性皮肤病　皮肤光敏感是指在光敏感物质的介导下,皮肤对紫外线的耐受性降低或感受性增高的现象,可引发皮肤光毒反应和光变态反应,它是皮肤对紫外线辐射的异常反应,只发生在一小部分人群当中;而前述的日晒红斑、日晒黑化及光致老化等均是皮肤对紫外线照射的正常反应,一定条件下几乎所有个体均可发生。多种皮肤病也可导致皮肤对紫外线照射的敏感性增强,临床表现以光损害为主,或者日光照射后可使病情加重,如多形性日光疹、慢性光化性皮炎、皮肤卟啉病、烟酸缺乏等。

此外,紫外线照射还能促使细胞分裂,破坏 DNA、RNA 和蛋白质结构,是发生皮肤癌的最主要因素。

二、常用防晒剂

理想的防晒剂应具备:①颜色浅,气味小,无刺激,无毒性,无过敏性,无光敏性,安全性高;②对光稳定,不易分解;③防晒效果好,成本较低;④配伍性好,产品稳定。

防晒剂主要有无机防晒剂、有机防晒剂及辅助防晒剂三类。

(一)无机防晒剂

无机防晒剂是一类白色无机矿物粉末状物质,如二氧化钛、氧化锌、高岭土、滑石粉等,我国《化妆品安全技术规范》(2015 年版)将其中最为常用的二氧化钛和氧化锌列在批准使用的防晒剂清单中。无机防晒剂的抗紫外线能力及防晒机制与其粉末粒径大小有关:当粒径较大(颜料级)时,对 UVA 和 UVB 的阻隔是以反射、散射为主,防晒机制是简单的遮盖,属于物理性防晒,防晒能力较弱;随着粒径的减小,其对 UVA 的反射、散射作用逐渐降低,对 UVB 的吸收性明显增强;当粒径达纳米级时,防晒机制是:既能反射、散射 UVA,又能吸收 UVB,对紫外线有更强的阻隔能力。

通过简单遮盖阻隔紫外线的无机防晒剂具有安全性高、稳定性好等优点,但是容易在皮肤表面沉积成较厚的白色层,堵塞毛孔,影响皮脂腺和汗腺的分泌,且易脱落。通常所谓的纳米级材料的无机防晒剂,其粒子直径应在数十纳米以下,此类防晒剂虽然具有防晒能力强、透明性好的特性,但也存在易凝聚、分散性差、吸收紫外线的同时易产生自由基等缺点,因此,需要对其粒子表面进行改性处理以解决上述问题。

1. 超细(纳米级)二氧化钛　作为无机防晒剂,超细二氧化钛具有优异的化学稳定性、热稳定性,并且无毒、无味、无刺激,使用安全。由于其粒径小,成品透明度高,克服了颜料级二氧化钛不透明,使皮肤呈现不自然的苍白色等缺点。其防晒机制是:以吸收 UVB 为主,且效果显著;同时又能反射、散射 UVA,但效果一般。该原料抗紫外线能力较强,显著高于纳米级氧化锌。

经过表面处理后的超细二氧化钛通常以固体粉末的形式使用,根据其表面性质可分为亲水性粉体和亲油性粉体两类。目前,将纳米二氧化钛表面包覆既有亲水基团、又有亲油基团的表面处理剂,使其表面具有两亲性,从而具有了很强的通用性,这是对纳米级无机防晒剂进行表面处理的一个发展方向。

2. 超细(纳米级)氧化锌　超细氧化锌类似超细二氧化钛,也是广泛使用的无机防晒剂,常与二氧化钛配伍使用,它们抗紫外线性能的机制都是吸收和散射紫外线,但超细氧化锌的作用显著低于超细二氧化钛。

(二) 有机防晒剂

有机防晒剂是指对 UVB 和 UVA 段紫外线有较好吸收作用的一类有机化合物,又称为紫外线吸收剂或者光稳定剂。这类物质能选择性吸收紫外线,并将其光能转换为热能,而本身结构不发生变化。其分子结构不同,选择吸收的紫外线波段也不同。我国《化妆品安全技术规范》(2015 版)(以下简称为《技术规范》)允许在限量范围内使用的有机防晒剂有 25 项。这些有机防晒剂多采取复配添加的形式以增强防晒效果。

1. 对氨基苯甲酸及其酯类　简称 PABA 类,是 UVB 吸收剂,也是最早使用的紫外线吸收剂。价格低廉,对皮肤刺激性大,吸收效率低,耐水性差,易氧化,易发生颜色变化。近年来已较少使用,甚至有些防晒化妆品还声明不含 "PABA"。

2. 水杨酸酯类及其衍生物　是较早使用的一类 UVB 吸收剂,也是目前国内常用的一类防晒剂,常与其他防晒剂复配使用。优点是价格便宜,毒性低,与其他成分相容性好,产品外观好,还可作为一些不溶性化妆品组分的增溶剂。缺点是吸收效率太低,吸收波段窄,长时间光照后产品易变色。另外,水溶性的水杨酸盐类对皮肤亲和性较好,能增强制品的防晒效果,并可用于发类化妆品。

3. 对甲氧基肉桂酸酯类　是一类优良的 UVB 吸收剂,吸收波长为 280~310nm。与油性原料相容性好,特别是在醇中吸收效果好。这类化合物在欧洲很盛行,ParsolMCX(甲氧基肉桂酸辛酯)是目前世界上通用的防晒剂,尤其是 2- 乙基己基 -4- 甲氧基肉桂酯使用最多。

4. 邻氨基苯甲酸酯类　为 UVA 吸收剂,具有防晒黑作用。特点是价格低廉,吸收率低,皮肤刺激性大,国内产品较为常用,如邻氨基苯甲酸薄荷酯。

5. 甲烷衍生物　是一类高效 UVA 吸收剂。缺点是光稳定性差,需要与其他防晒剂配合使用,对皮肤刺激性大,致敏性强,使用受到限制。另外,不能与释放甲醛的防腐剂合用,否则产品会变色。最近日本将其与其他共聚物和硅烷组合,提高了产品的稳定性。

6. 樟脑类衍生物　是一类较为理想的紫外线吸收剂。兼能吸收 UVB 和 UVA,吸收波长为 290~390nm,在 345nm 处有最强吸收。优点是储藏稳定,不刺激皮肤,无光致敏性和致突变性,毒性小,化学惰性,以甲基苯亚甲基樟脑最为常用。缺点是皮肤吸收能力弱,多以复配形式加入到防晒化妆品中。

7. 二苯酮及其衍生物　兼能吸收 UVB 和 UVA,吸收波长为 290~380nm,是一种广谱紫外线吸收剂。代表性原料如 2- 羟基 -4- 甲氧基二苯甲酮及 2- 羟基 -4- 甲氧基二苯甲酮 -5- 磺酸,均是美国 FDA 批准的 Ⅰ 类防晒剂,在美国和欧洲使用频率较高,其中 2- 羟基 -4- 甲氧基二苯甲酮具有一定的光毒性,产品上要求标出警示语。

8. 苯并三唑类　兼能吸收 UVA 和 UVB,在 300~385nm 内有较高的吸光指数,吸收光谱接近于理想吸收剂的要求。这类化合物光稳定性好,毒性小,安全性高,可配制成防晒指数高的化妆品。化妆品中常用 7% 以下浓度配制成乳剂。

9. 三嗪类 是兼能吸收 UVA 和 UVB 的新型紫外线吸收剂,吸收波长为 280~380nm,可吸收一部分可见光,易使制品泛黄,其突出特点是强紫外线吸收性和高耐热性。

10. 聚硅氧烷 -15 是一类 UVB 紫外线吸收剂,具有稳定性好、挥发性低的特点,在护发和染发类产品中常有应用,用量不得超过 10%。

11. 甲酚曲唑三硅氧烷 又称为麦素宁滤光环。对 UVA 和 UVB 都有一定的吸收能力,在防晒类化妆品中常有应用,用量不得超过 15%。

12. 奥克立林 化学名称为:2- 氰基 -3,3- 二苯基丙烯酸 -2- 乙基乙酯。本品为黏稠的浅黄色澄清油状液体,具有吸收率高、对光和热稳定性好的优点,能够同时吸收 UVA 和 UVB,是美国 FDA 批准使用的 I 类防晒剂,一般用于高 SPF 值的化妆品中,使用限量为 10%(以酸计)。

13. 二乙氨基羟苯甲酰苯甲酸己酯 为黄色固体至熔融状,油溶性,对 UVA 有良好吸收,并能保护肌肤免受自由基的损伤,同时有很好的光稳定性,可长时间维持防晒效果,化妆品中使用限量为 10%。

(三)辅助防晒剂

辅助防晒剂在防晒产品中大多不具有直接的防晒作用或者防晒作用不强,在《技术规范》中的 27 项准用防晒剂不包括此类。辅助防晒剂大致可分为两类:一类属于间接防晒剂,这类物质能够清除由于紫外线辐射而造成的活性氧自由基,从而减轻或阻止紫外线对皮肤组织的损伤,促进日晒后的修复;另一类是植物防晒剂,这些植物中含有能够吸收紫外线的化学成分,有些植物吸收紫外线的同时也具有清除自由基的作用。

1. 间接防晒剂 主要包括一些酶类抗氧剂和一些维生素及其衍生物等,如超氧化物歧化酶(SOD)、辅酶 Q10、谷胱甘肽过氧化物酶、金属硫蛋白、维生素 E、维生素 C、β- 胡萝卜素等。其中维生素 E 与维生素 C 有协同清除自由基的作用。

2. 植物防晒剂 某些植物中由于含有黄酮、蒽醌及多酚类化合物等化学成分而具有吸收紫外线的作用;同时有些植物也具有物理防晒的作用,主要是通过在皮肤表面形成膜屏障,起到反射紫外线的作用,如芦荟胶等。

具有代表性的植物防晒剂有:含有黏多糖及蒽醌类成分的芦荟、含多酚成分的绿茶、含黄酮类化合物的黄芩及槐花、含萘醌类成分的紫草等。此外,黑莓叶、青石莲、石榴、猫爪草、黄芪、薏苡仁、沙棘、丹参、夏枯草、魔芋、月见草、何首乌、迷迭香等均具有一定的防晒作用,可作为辅助功效性原料添加于防晒产品中,提高防晒化妆品的防护效果。这类物质安全性高,不会引起皮肤的不良反应,因而越来越受到化妆品公司和广大消费者的青睐。

三、防晒化妆品的防晒因子

(一)SPF 值

1. 定义 SPF 值(sun protection factor)是防晒化妆品保护皮肤避免发生日晒红斑的一项性能指标,主要用于评定防晒化妆品对 UVB 的防护效果,称为防晒因子或日光防护系数。可定义如下：

引起被防晒化妆品防护的皮肤产生红斑所需的最小红斑量（MED）与未被防护的皮肤产生红斑所需的最小红斑量（MED）之比，为该防晒化妆品的 SPF 值。

$$SPF = \frac{防护皮肤的\ MED}{未防护皮肤的\ MED}$$

2. SPF 值的标识方法　目前国际上尚没有统一的 SPF 值的标识方法。

我国规定：SPF 值的标识值在 2~50 之间。SPF 值 <2 的化妆品不得标识防晒效果；如果 SPF 实测值超过 50，只能标识 50^+ 或 50+。

（二）PFA 值与 PA 等级

1. PFA 值的定义　对于 UVA 的防御效果的评价，目前尚无统一的评定标准，国际上多数国家认可的是 PFA（protection factor of UVA）值，即对晒黑的防护程度的测定值。

引起被防晒化妆品防护的皮肤产生黑化所需的最小持续性黑化量（MPPD）与未被防护的皮肤产生黑化所需的最小持续性黑化量（MPPD）之比，为该防晒化妆品的 PFA 值。

$$PFA = \frac{防护皮肤的\ MPPD}{未防护皮肤的\ MPPD}$$

2. UVA 防护效果的标识方法　目前在 UVA 防护产品标签中，并不标出所测的 PFA 值，而是根据 PFA 值的大小采用"PA 等级"的方式进行标识。其 PFA 值与 PA 等级的对应关系见表 5-11。

表 5-11　防晒化妆品的 PFA 值及其防护等级

PFA 值	防护等级	PFA 值	防护等级
<2	无 UVA 防护效果	8~15	PA+++
2~3	PA+	≥16	PA++++
4~7	PA++		

知识链接

最小红斑量 MED 与最小持续性黑化量 MPPD

最小红斑量 MED（minimal erythema dose）：引起皮肤红斑，其范围达到照射点边缘所需要的紫外线照射最低剂量（J/m^2）或最短时间（s）。

最小持续性黑化量 MPPD（minimal persistent pigment darkening dose）：即辐照后 2~4 小时在整个照射部位皮肤上产生轻微黑化所需要的最小紫外线辐照剂量或最短辐照时间。

（三）防晒化妆品防水性能标识

防晒化妆品未经防水性能测定，或产品防水性能测定结果显示洗浴后 SPF 值减少超过 50% 的，不得宣称防水效果。宣称具有防水效果的防晒化妆品，可同时标注洗浴前及洗浴后 SPF 值，或只标注洗浴后 SPF 值，不得只标注洗浴前 SPF 值。

四、防晒化妆品的安全隐患

目前市场上的防晒化妆品存在诸多的不安全因素,存在的安全隐患主要有以下几方面。

1. 生产企业没有获得特殊用途化妆品批件 防晒化妆品在我国属于特殊用途化妆品,生产企业所生产的防晒化妆品必须经国务院卫生行政部门批准,取得批准文号后方可生产,这是确保防晒化妆品安全性的重要保证。此批准文号可以在国家食品药品监督管理总局官网进行查询。目前市场上存在部分没有取得批准文号的产品,不符合国家法规要求,产品安全性难以保证。

2. 生产企业的特殊用途化妆品批件已经过期 国家监管部门下发的特殊用途化妆品批件是有时效性的,该批件一旦过期,生产企业将不再具有生产和销售该产品的资质。部分企业在批件过期的情况下仍然进行生产和销售,造成安全隐患。

3. 产品名称与批件不符 生产企业擅自更改产品名称,导致其生产销售的防晒品名称与其上报审批的批件中的产品名称不一致,使得产品安全难以保证。

4. 实际检出成分与标识成分不相符 根据《消费品使用说明化妆品通用标签》(GB5296.3—2008)规定,所有在我国境内生产或进口并销售的化妆品,均须在包装上真实标注所有成分的中文标准名称,生产的化妆品上必须贴上"全成分"标签。但有些生产企业的产品中添加的某些防晒剂在产品标签上并没有标识,而标签上标识的防晒剂在产品中实际却没有添加,造成安全隐患。

出现上述问题的防晒化妆品中,有些是由正规企业生产的,这些企业具有生产许可的资质,但却没有遵守化妆品行业的法律法规;而有些可能是根本就没有生产许可的小作坊生产出来的假冒产品。这些问题的存在使得防晒化妆品的安全性得不到保障,严重侵害了消费者的权益,国家监管部门也始终在不断加大对特殊用途化妆品的监管力度,最大限度地保障消费者的正当权益。

五、实例解析

目前,防晒化妆品常见的剂型有膏霜、乳液、油、水、棒、凝胶、气雾剂等。剂型不同,配方设计也不同,下面以防晒霜、防晒乳液、防晒油及防晒水为例解析如下(表5-12~ 表5-15)。

表 5-12 防晒霜配方实例

组分	质量分数(%)	组分	质量分数(%)
十六醇/十八醇	4.0	2-羟基-4-甲氧基二苯甲酮	4.5
羊毛脂	4.0	二氧化钛	5.0
凡士林	12.0	氧化锌	2.0
橄榄油	12.0	聚乙二醇	4.5
液体石蜡	2.0	分散剂	适量
单硬脂酸甘油酯	2.0	去离子水	加至 100.0
吐温 -60	2.0		

【解析】 方中十六醇/十八醇、羊毛脂、凡士林、橄榄油、液体石蜡均为油相原料,

聚乙二醇和去离子水为水相原料,单硬脂酸甘油酯和吐温 -60 为乳化剂,2- 羟基 -4-甲氧基二苯甲酮、二氧化钛及氧化锌均为防晒剂。其中羊毛脂具有很好的润肤作用;橄榄油既能有效保持皮肤的弹性和润泽,又能抗击紫外线对皮肤的损伤;二氧化钛及氧化锌为无机防晒剂,与有机防晒剂 2- 羟基 -4- 甲氧基二苯甲酮配合使用,对 UVA 及 UVB 均有较好的防护作用。

表 5-13　防晒乳液配方实例

组分	质量分数(%)	组分	质量分数(%)
Parsol MCX	5.0	羧甲基纤维素	0.15
羟苯甲酮 -3	4.0	三乙醇胺(99%)	0.25
邻氨基苯甲酸薄荷酯	3.0	甘油	5.0
山梨醇单硬脂酸酯	1.0	防腐剂、香精	适量
吐温 -60	3.0	去离子水	加至 100.0
平平加 O	0.25		

【解析】　方中甘油和去离子水为水相原料,山梨醇单硬脂酸酯、平平加 O 和吐温 -60 为乳化剂,三乙醇胺可调节产品 pH 值,羧甲基纤维素为增稠剂,甘油为保湿剂,Parsol MCX、羟苯甲酮 -3 和邻氨基苯甲酸薄荷酯均为防晒剂。其中 Parsol MCX 是 UVB 吸收剂,羟苯甲酮 -3 兼能吸收 UVB 和 UVA,与对 UVA 有高效吸收的邻氨基苯甲酸薄荷酯配合使用,具有高效抵抗 UVA 及 UVB 照射的作用。

表 5-14　防晒油配方实例

组分	质量分数(%)	组分	质量分数(%)
橄榄油	15.0	水杨酸薄荷酯	8.0
液体石蜡	50.0	Parsol 1789	2.0
蓖麻油	25.0	香精	适量

【解析】　方中橄榄油、蓖麻油和液体石蜡均为油性原料,水杨酸薄荷酯和 Parsol 1789 均为防晒剂。其中液体石蜡性能稳定,具有稀释和改善体系流动性的作用;蓖麻油具有很好的润肤作用;橄榄油既能有效保持皮肤的弹性和润泽,又能抗击紫外线对皮肤的损伤;水杨酸薄荷酯是 UVB 吸收剂,与高效 UVA 吸收剂 Parsol 1789 配合使用,能同时抵抗 UVA 及 UVB 的照射。

表 5-15　防晒水配方实例

组分	质量分数(%)	组分	质量分数(%)
水溶性硅油	8.0	水杨酸钠	1.0
黄芩提取物	0.5	三乙醇胺	适量
Uvinul DS-49	2.0	香精、防腐剂	适量
Uvinul MS-40	2.0	去离子水	加至 100.0

【解析】　方中水溶性硅油具有很好的润肤和护肤的作用;三乙醇胺可调节 pH

值;水杨酸钠、Uvinul DS-49 和 Uvinul MS-40 均为防晒剂;黄芩提取物既能润泽肌肤,又能吸收紫外线。Uvinul DS-49 和 Uvinul MS-40 能同时吸收 UVA 和 UVB,对 UVA 及 UVB 均有较好的防护作用。

 知识连接

如何选择和使用防晒化妆品

选择和使用防晒化妆品时应注意以下几方面:①合理的防晒系数:SPF 值和 PA 等级越高,防晒效果越好,同时刺激性也越大,需依据皮肤类型和照射强度选择适宜的防晒系数,一般冬日、春秋早晚和阴雨天时选 SPF 值 8~15,PA+;夏日早晚时选 SPF 值 15~20,PA++;外出旅游时选 SPF 值 20~30,PA++;日光浴或强光线下活动时选 SPF30+,PA+++;②成分和剂型:粉刺肌肤应选主要含二氧化钛和氧化锌等无机防晒剂的乳液类防晒化妆品,敏感性肌肤则选用植物类或防过敏的防晒化妆品;③足量涂抹防晒产品:通常防晒霜在皮肤上涂抹量为 2mg/cm^2 时,才能达到对应的防晒系数,若产品达不到足够厚度,防晒效果会大打折扣;④涂抹的时间和次序:出门前 20min 涂抹,先涂抹护肤乳液等,最后涂抹防晒霜,间隔 2 小时或出汗后要补涂;⑤使用环境:四季均应进行防晒护理,室内及车内也要防晒,在海边等暴晒环境下,选择油性大的防水型防晒产品,并且注意定时增补。

(陈 国)

 复习思考题

1. 洁肤化妆品中常用的表面活性剂有哪些?
2. 常用的保湿剂有哪些?
3. 防晒化妆品中常用的防晒剂有哪些?

第六章

功能性肤用化妆品

学习要点

抗衰嫩肤化妆品的作用机制及其活性原料;美白祛斑化妆品的作用机制及常用美白活性物质;抗痤疮化妆品的作用机制及常用抗痤疮原料;敏感性皮肤用化妆品的功效性原料。

功能性肤用化妆品是指对皮肤具有某些特殊作用,用以改善皮肤不良状态的一类化妆品。本章分为四节将分别介绍抗衰嫩肤化妆品、美白祛斑化妆品、抗痤疮化妆品以及敏感性皮肤用化妆品。

第一节　抗衰嫩肤化妆品

随着社会经济发展以及现今步入老龄化社会的态势,抗衰老美容护肤越来越受到人们的关注,具有延缓皮肤衰老作用的化妆品已经成为诸多化妆品生产厂家研究的热点方向。然而,什么原因导致皮肤衰老? 抗衰嫩肤化妆品如何延缓皮肤衰老? 哪些原料具有抗衰嫩肤的作用? 以上问题就是本节所要介绍的主要内容。

一、影响皮肤衰老的因素

人体的皮肤一般从 25~30 岁以后即随着年龄的增长而逐渐衰老,大约在 35~40 岁之后逐渐出现比较明显的衰老变化。影响皮肤衰老的因素有内在因素和外在因素两方面,其中内在因素引起的皮肤衰老是不可阻挡的,而外在因素则是可以控制的。通过对外在因素的控制以及对内在因素的影响,可以减缓皮肤衰老的速度,达到抗皮肤衰老的目的。

(一) 内在因素

皮肤衰老的内在因素是人体的自然生理性衰老,主要可概括为以下几个方面:①角质层通透性增加,皮肤屏障功能降低,导致角质层内含水量减少;②皮肤附属器官功能减退,如汗腺、皮脂腺的分泌功能随着年龄的增大而逐渐减弱,导致分泌物减少,使得皮肤缺乏滋润而干燥,造成皱纹增多;③皮肤的新陈代谢速度减慢,使得真皮内弹力纤维和胶原纤维功能降低,导致皮肤张力和弹力的调节作用减弱,以致皮肤皱纹增多;④皮肤吸收不到充分的营养,使皮下脂肪储存不断减少,细胞与纤维组织营

养不良,性能下降,使皮肤出现皱纹。

（二）外在因素

皮肤衰老的外在因素包括:①紫外线辐射;②面部表情过于丰富;③生活不规律,长期睡眠不足;④长期在光线暗的环境下工作;⑤长期处于干燥环境中,皮肤水分补充不足;⑥环境突然改变或环境恶劣;⑦化妆品使用不当,皮肤缺乏护理。

知识链接

自由基衰老学说

自由基衰老学说是由 Harman 于 1956 年提出的,也是长期以来研究相对较多的衰老理论。所谓的自由基是指带有不成对电子的原子或原子团,例如 R·、HOO·、ROO· 等,这些自由基非常活泼,单独存在的时间很短,能够引起多种化学反应。正常情况下,机体内自由基的产生和消亡是处于动态平衡中。随着年龄的增大以及日光的照射,体内自由基逐渐增多,过剩的自由基会和体内的不饱和脂肪酸反应,令细胞膜中不饱和脂肪酸减少,饱和脂肪酸相对增多,因而降低膜的柔软性,导致细胞膜功能异常,使机体处于不正常状态,表现为皮肤干燥、出现皱纹。不饱和脂肪酸与自由基发生过氧化反应生成的最终产物(丙二醛)会进一步与体内蛋白质、核酸或磷脂类物质发生反应,生成荧光物质,而这些荧光物质积聚后表现在皮肤上就是老年斑。此外,体内自由基的增加还会引起结缔组织中胶原蛋白的交联,使皮肤失去弹性和光泽等。

二、抗衰嫩肤化妆品的作用机制

延缓皮肤衰老可以针对引起衰老的原因和衰老所引起的病理变化进行,可通过以下几条途径得以实现。

（一）深层保湿

皮肤的老化与角质层含水量下降有着密不可分的关系。补充足够的水分,并使其在皮肤角质层中的含量维持在恒定的水平,是维持肌肤弹性和光泽的必要条件。因此,保湿剂是抗衰嫩肤产品中必不可少的成分。

（二）高效防晒

紫外线照射导致的光老化速度远远大于人体皮肤自身的衰老进程。所以,不适度的日晒是造成皮肤皱纹和弹性组织变性的主要原因,防止紫外线照射应是抗衰嫩肤化妆品必备的功能。

（三）清除自由基

自由基可从多方面对皮肤造成损伤,加速皮肤的衰老,因此,清除自由基已成为抗衰嫩肤化妆品的研究方向。有许多产品采用超氧化物歧化酶(SOD)来达到清除自由基的目的。这类自由基清除剂包括:维生素 A、维生素 E、维生素 C 及其衍生物,含硒、锗等植物提取物以及从中药中提取的皂苷、黄酮化合物等。

（四）补充营养

皮肤的营养除了来自人体内部,还需要从外界不断补入,以改善由于肌肤老化而导致的营养不足,加速皮肤的新陈代谢,令肌肤充满活力,减少皱纹产生,延缓衰老。可补充的营养物质主要有骨胶原蛋白水解物、胎盘素、丝肽及 D-泛醇等。其中 D-泛醇能迅速渗透皮肤使之湿润,刺激细胞繁殖,促进皮肤正常角质化,使皮肤恢复活力。

（五）增强细胞的增殖和代谢能力,重建皮肤细胞外基质

细胞功能的衰退是衰老的实质,通过增强细胞的增殖和代谢能力以提高组织细胞功能,是抗衰嫩肤的根本对策。

真皮组织细胞外基质的含量与质量的改变也是皮肤衰老的又一关键因素:①基质含量的改变,如胶原蛋白、弹性蛋白以及蛋白多糖含量的下降等;②基质质量的改变,如胶原蛋白、弹性蛋白的异常交联聚合等。因此,重建皮肤细胞外基质,使其在质与量方面均趋向于年轻时的构成,也是抗衰嫩肤的有效途径。

三、抗衰嫩肤活性原料

抗衰嫩肤活性原料具有延缓皮肤衰老的作用,大致可分为如下几类。

（一）具有保湿和修复皮肤屏障功能的原料

这类原料在抗衰嫩肤化妆品中的主要作用是保持皮肤角质层中的含水量在适宜的范围内,减少皱纹的形成,从而达到延缓皮肤衰老的目的。

甘油由于保湿效果显著,且来源广泛、价格便宜,所以是首选的保湿剂;尿囊素也是极好的保湿剂,可促进皮肤保持水分,软化皮肤,吡咯烷酮羧酸钠、乳酸和乳酸钠均是角质层中的天然保湿因子,与皮肤亲和性好,保湿效果好;神经酰胺是角质层脂质中的主要成分,既具有很强的缔合水分子的能力,又能够修复皮肤屏障,具抗衰老作用;透明质酸是真皮中发挥保湿作用的主要成分,能够结合水分,防止水分丢失。由于以上这些原料在第五章第二节中已经进行了详细的介绍,这里不再详述。

（二）促进细胞分化、增殖,促进胶原和弹性蛋白合成的原料

1. 细胞生长因子　细胞的生长分裂能力反映了细胞的状态。细胞生长因子是生物活性多肽,能够刺激靶细胞增殖和分化,主要包括表皮生长因子、成纤维细胞生长因子、角质形成细胞生长因子等。

（1）表皮生长因子（EGF）:表皮生长因子具有延缓皮肤衰老作用,其作用机制在总论第三章第三节中已进行过详细介绍,这里不再叙述。

（2）成纤维细胞生长因子（FGF）:包括酸性和碱性两种,是作用极强的有丝分裂源,尤其是碱性成纤维细胞生长因子,可从多角度达到延缓皮肤衰老的作用,其作用机制在总论第三章第三节中已进行过详细介绍,这里不再叙述。

（3）角质形成细胞生长因子（KGF）:是从成纤维细胞培养基中纯化而制得,是角质形成细胞生长和毛囊形成过程中较为重要的影响因素。可刺激DNA合成,促进人类表皮细胞及上皮细胞生长,在调节表皮角化细胞增殖过程和创伤愈合过程中起重要作用。

2. 核酸　核酸作为化妆品添加剂,其主要作用在总论第三章第三节中已进行过详细介绍,在此不再叙述。

3. 维甲酸酯　是维甲酸经结构修饰而得到的新型化合物,既保持了维甲酸的原有功效,又明显降低了致敏性。能有效促进表皮新陈代谢,促使表皮及结缔组织增生,调节和减缓表皮层和真皮层的老化过程,增强皮肤弹性,祛除皱纹,减轻色斑,是理想的化妆品功能性成分。但需要注意的是,维甲酸酯在体内仍然是转化为维甲酸发挥作用,故使用后应注意避孕,以免对胎儿产生影响。

4. 果酸 果酸是指从天然水果中萃取出来的多种有机酸的总称。

果酸是一类小分子物质,能够迅速被皮肤吸收,可作为剥离剂渗透至皮肤角质层,使角质层中老化细胞间的键合力减弱,加速老化细胞剥落,同时促进细胞分化、增殖。所以,果酸作为抗衰嫩肤原料主要是通过加速细胞更新速度和促进死亡细胞脱离等方式来达到改善皮肤状态的目的,令皮肤光滑、柔软、富有弹性。

果酸的抗皱作用与果酸的种类、浓度均有关系。一般情况下,果酸分子量越小,浓度越高,则抗皱效果越好,但刺激性也越大。通常加入消炎、抗刺激物质,以降低果酸引起的刺激。在化妆品配方中的浓度一般为 2%~8%。

5. 海洋肽 是从栉孔扇贝中提取的多肽。海洋肽能够刺激真皮中成纤维细胞,促进成纤维细胞分裂,增强其合成和分泌胶原蛋白与弹性蛋白的能力,使皮肤中弹性纤维含量明显增加,恢复皮肤弹性,可达到减少细小皱纹的效果。

6. 羊胚胎素 是从怀孕 3 个月的母羊胎盘中抽取并提炼的一种活性胚胎细胞精华,含有表皮细胞生长因子、DNA、超氧化物歧化酶、黏多糖、脂蛋白、酵素、维生素、卵磷脂、胸腺肽及矿物质等营养成分,这些物质能够渗入皮肤深层组织,刺激人体组织细胞分裂和活化,促进老化细胞分解排出,延缓皮肤衰老。

7. β - 葡聚糖 是酵母细胞壁提取物,具有激活免疫和生物调节器的作用。可刺激皮肤细胞活性,增强皮肤自身免疫保护功能,修护皮肤,减少皮肤皱纹产生,延缓皮肤衰老。

8. 尿苷 存在于灵芝、冬虫夏草、北柴胡等中药中,是生物体中核糖核酸及一些辅酶的成分。为白色结晶性粉末或针状结晶,能够加速皮肤细胞的新陈代谢和皮肤角质层的再生,特别适用于状况不良或需要特殊护理的皮肤类型。

(三) 抗氧化活性原料

抗氧化活性原料是抗衰老化妆品中的一类主要原料,在抗衰老化妆品中具有无可取代的作用。下面对部分常用抗氧化原料作一简要介绍。

1. 维生素 E 是一种脂溶性维生素,也是无毒的天然抗氧化剂之一。在化妆品中使用时,常常将其包裹在微囊或其他载体内,以防止过早氧化。

维生素 E 作为抗氧化剂,是自由基的清除剂,能阻止过氧化脂质生成,防止胶原蛋白交联,从而减少老年斑的生成,保持皮肤弹性,减少皮肤皱纹。但单独外用维生素 E 不足以支持真皮中的抗氧化需求,常需要联合其他的抗氧化剂,如维生素 C。

2. 维生素 C 又称抗坏血酸,是一种水溶性维生素。它能清除 $O_2^-\cdot$、$OH\cdot$ 和 $R\cdot$ 等自由基,具有较强的抗氧化作用。若与维生素 E 合用,则具有协同清除自由基的作用。由于维生素 C 的吸收性较差,不易进入细胞内,可对其进行化学结构修饰后或以包覆物(如采用脂质体等进行包覆)的形式用于化妆品中。

3. 辅酶 Q10 是组成细胞线粒体呼吸链的成分之一。其本身是细胞自身产生的天然抗氧化剂,类似于维生素 E,能抑制线粒体的过氧化,减少自由基生成,提高体内 SOD 等酶的活性,抑制氧化应激反应诱导的细胞凋亡,应用于化妆品中具有显著的抗氧化,调理皮肤,延缓衰老的作用。

4. 谷胱甘肽过氧化物酶(GSH-Px) 是生物机体内重要的抗氧化酶之一,是一种含硒的过氧化物还原酶。它可以消除机体内的过氧化氢及脂质过氧化物,阻断活性氧自由基对机体的进一步损伤,具有抗皮肤衰老及减轻色素沉着的作用。

5. 木瓜硫蛋白　来源于天然鲜嫩木瓜果中,是一种高生物活性因子。其分子链上存在大量的活性巯基基团,能有效清除机体内超氧自由基和羟基自由基,降低皮肤中过氧化脂质含量,从而使肌肤的衰老过程得以延缓。

6. 黄酮类化合物　黄酮类化合物具有清除自由基、吸收紫外线、促进皮肤细胞生长等多种抗衰老功能。

(1) 芦丁:为豆科植物槐角中的主要成分,属于黄酮醇类化合物。在化妆品中具有如下作用:①明显清除体内活性氧自由基,对 $O_2^- \cdot$ 及 OH· 的清除率均大于维生素 E;②对紫外线和 X 射线均具有极强的吸收作用,可作为天然防晒剂;③保持毛细血管正常的抵抗力,减少血管通透性,使因脆性增加而充血的毛细血管恢复正常弹性,从而抑制红血丝的形成。

(2) 原花青素(OPC):是一种纯天然植物提取物,主要从葡萄籽中提取,有低聚原花青素和高聚原花青素之分。应用于化妆品中的多为低聚原花青素,为红棕色粉末,可溶于水。

原花青素的多羟基结构使其具有独特的化学和生理活性,具有极强的清除自由基作用,是一种新型高效抗氧化剂,在护肤品中发挥多重作用,对多种因素造成的皮肤老化具有独特功效。

(3) 茶多酚:为茶叶中多酚类物质的总称,包括儿茶素、黄酮醇、花色素、酚酸及羧酸酚等,是一类还原剂。能够中断或终止自由基的氧化链反应,还能提高和诱导生物体内抗氧化酶的活性,从而抑制自由基异常反应所致的过氧化脂质生成,降低脂褐素含量。

此外,大豆、竹叶、甘草、黄芩、橙皮、葛根等植物中均含有丰富的黄酮类物质,其中大豆异黄酮、竹叶黄酮、甘草黄酮及黄芩苷等已经在化妆品中得到应用。

7. 富勒烯　是由碳原子相互连接成的五边形或六边形组成的封闭的多面体,是单质碳被发现的第三种同素异形体。本品对自由基具有极其强大的吸收能力而且容量巨大,能够像海绵吸水一样清除自由基,故有"自由基海绵"之美誉。它通过清除自由基,可以预防脂质过氧化反应,与超氧化物歧化酶抗氧化作用相似,但作用更强。有资料称,富勒烯的抗氧化能力甚至是维生素 C 的 125 倍。

另外,超氧化物歧化酶(SOD)、金属硫蛋白(MT)、丝蛋白同样具有很好的抗氧化作用,在总论第三章第三节中均已经介绍过,在此不再叙述。

(四) 防晒原料

已在第五章第三节作过介绍。

(五) 具有复合功能的天然提取物

天然提取物通常具有多重作用,而且具有作用温和且持久稳定、适用面广、安全性高等优势,近年来受到了国内外化妆品行业的广泛关注,使其在化妆品中的应用更为广泛,也越来越受到消费者的认可。

在天然动植物中,尤其是一些中药如人参、黄芪、绞股蓝、鹿茸、当归、蜂王浆、灵芝、花粉、沙棘、茯苓、珍珠、月见草等的提取物中含有许多生物活性成分如各种氨基酸、多糖、维生素、脂类、微量元素、有机酸、生物碱、黄酮、皂苷等,具有清除体内自由基、增强机体抗氧化能力、调节机体免疫功能、改善皮肤血液循环、提高皮肤胶原蛋白含量等作用,能够恢复皮肤弹性,具有抗皮肤衰老的作用。

1. 抗衰养颜类中药　在总论第三章第三节中已经对人参等 12 味具有抗衰养颜作用的中药进行过详细的介绍,在此不再叙述。

2. 红景天　具有很强的抗衰老作用,红景天素是其中的主要药效成分。研究表明,红景天对真皮成纤维细胞具有刺激作用,促进成纤维细胞分裂及其合成,使成纤维细胞分泌胶原蛋白及胶原蛋白酶能力增强,分泌的胶原蛋白量大于其分解量。

3. 银杏叶提取物　所含有的银杏黄酮是强有力的氧自由基清除剂,能保护皮肤细胞不受氧自由基过度氧化的影响,延长皮肤细胞寿命,增强皮肤抗衰老的能力。此外,所含有的内酯能够加速皮肤新陈代谢,改善皮肤血液循环,增强皮肤细胞活力,延缓皮肤衰老。

4. 植物甾醇　是由植物自身合成的一类活性成分,以植物种子为原料提取而得,主要成分是谷甾醇、豆甾醇和菜油甾醇等,为白色固体,不溶于水。植物甾醇能促进新胶原蛋白的产生,从而促进皮肤新陈代谢;可以保持皮肤表面的水分,对皮肤有较高的渗透性;此外,本品对皮肤炎症和日晒红斑等也有抑制作用。广泛应用于抗衰老、抗过敏和晒后修复等化妆品中。

5. 白藜芦醇　为无色针状结晶,可来自于天然植物如葡萄、虎杖等,也可人工合成。易溶于乙醇,微溶于水。白藜芦醇的美容作用主要体现为以下几方面:①具有很好的抗氧化作用,可延缓皮肤衰老;②对 B_{16} 细胞内黑色素合成有很好的抑制作用,有美白作用;③具有收敛性,可以减少皮肤油脂分泌。此外,还有保湿、抗炎、杀菌作用。主要用于抗衰老和美白化妆品中。

6. 葛根素　为白色针状结晶,是豆科植物葛根的主要有效成分。微溶于水,可溶于热乙醇。葛根素具有雌激素样活性,能够减少细纹、延缓皮肤衰老;且能扩张血管,使血流加速,改善微循环,促进乳房周围脂肪的堆积,从而使乳房坚挺,因此具有丰胸作用。主要用于丰胸类化妆品中。

7. 大豆异黄酮　为浅黄色粉末,主要存在于大豆等豆科植物中,因其与雌激素结构相似,又被称为植物雌激素。不溶于水,可溶于乙醇。大豆异黄酮的美容作用主要体现为以下几方面:①具有较强的抗氧化作用:本品能清除自由基,提高抗氧化酶活性;②促进真皮中胶原和透明质酸合成,减少胶原分解,从而使皮肤变得细腻、光泽、有弹性,减少皮肤皱纹的产生;③可抑制酪氨酸酶活性,能够阻缓黑色素的生成;④雌激素作用还可以激活乳房中的脂肪组织,达到丰胸的效果。主要用于抗衰老、美白和丰胸类化妆品中。

8. 神经酰胺　主要来源于米糠、小麦胚芽、大豆、魔芋等。因其化学结构决定其既有亲水性,又有亲脂性,非常容易被皮肤吸收。本品既是很好的保湿剂,同时也可作为抗衰嫩肤活性原料,其主要作用在保湿化妆品中已经介绍过。主要用于活肤精华类化妆品。

（六）微量元素

微量元素的抗衰老作用是近年来衰老生物学研究的热点。大量研究发现,与抗衰老关系密切的微量元素主要有以下几种。

1. 锌　人体中的锌以 Zn^{2+} 为中心离子,存在于许多酶或金属蛋白中。研究发现,锌的主要功能是抗氧化,能够提高机体 200 多种酶的活力,增强机体清除自由基能力,从而有效地保护生物膜的结构和功能,并参与细胞的复制过程。

2. 铜　铜是人体中含量位居第二的必需微量元素。含有铜的酶有酪氨酸酶、单胺氧化酶、超氧化物歧化酶及血铜蓝蛋白酶等。铜对血红蛋白的形成起活化作用，促进铁的吸收和利用，而且在传递电子、弹性蛋白的合成、结缔组织的代谢、嘌呤代谢、磷脂及神经组织形成方面具有重要作用。

3. 锰　锰是超氧化物歧化酶、精氨酸酶、脯氨酸酶等多种酶的组分，也是多种酶的激活剂。锰可参与酶、蛋白质、激素、维生素的合成及糖的代谢，对中枢神经系统结构和功能有着重要作用。研究发现，衰老与锰具有一定关系，体内锰含量减少，超氧化物歧化酶活性降低，从而会导致机体抗氧化能力下降。

4. 硒　硒是谷胱甘肽过氧化物酶的重要成分，其主要生理功能是通过谷胱甘肽过氧化物酶的形式发挥抗氧化作用，从而防止脂质过氧化，以延缓脂褐素的形成。硒还可提高人体的免疫功能，通过抑制自由基反应影响胶原蛋白的交联过程，从而发挥延缓衰老的作用。

四、抗衰嫩肤化妆品的安全选用

人体皮肤的衰老是一种自然的生理过程，是不可阻挡的，我们只能通过使用化妆品和正确的护肤方法，使这一过程得以减慢，达到延缓皮肤衰老的目的。所以，使用抗衰嫩肤化妆品是一个长期的过程，如何合理选择及安全使用此类化妆品就显得尤为重要。

1. 合理选择抗衰嫩肤化妆品　选择此类化妆品应注意以下几方面：①不能用价格来衡量化妆品的优劣：目前抗衰嫩肤化妆品中所含的科技成分非常多，价格也十分昂贵，但产品的抗衰老效果并不一定与价格成正比，价格的高低并不能代表产品效果的强弱与否。引起皮肤衰老的原因很多，每个人的皮肤类型、肤质状况各不相同，只有适合自己的才是最好的。②慎重选用剥脱、腐蚀等嫩肤化妆品：对于果酸焕肤产品或微晶焕肤产品，虽然嫩肤效果明显，可看到立竿见影的效果，但不可经常使用。如果频繁使用此类产品，则会伤害皮肤，使皮肤变得敏感，反而会加速皮肤衰老。③慎重选择对皮肤有刺激性的化妆品：某些化妆品宣称，轻微的刺痛感表示这些化妆品在发挥作用，是抗衰老产品发挥作用的正常反应，这种说法只是商家的一面之词。只要皮肤感觉刺痛，或伴有泛红、脱皮等问题，说明产品已经对皮肤产生了伤害。高度的安全性是化妆品的首要特性，所有化妆品均应满足化妆品的这一基本特性。

2. 安全使用抗衰嫩肤化妆品　使用抗衰嫩肤化妆品时应注意以下几方面：①避免过量使用抗衰嫩肤化妆品：抗衰嫩肤的效果并不取决于产品用量的多少，在面部过量涂抹抗衰老产品，不仅浪费时间和金钱，还会增加皮肤负担，增大皮肤过敏的可能性。②抗衰老产品在夜间更能发挥效果，这是因为人们在睡眠的状态下，流向皮肤表面的血液量增多，抗衰老成分能够得到最好的吸收。③注意日间皮肤的防护：紫外线、冷热、风沙等外界刺激也是造成衰老的主要原因，所以，日间的防晒和肌肤的防护同样有助于抗衰老。

总之，选择抗衰嫩肤化妆品，首先不能破坏皮肤的正常结构，不影响皮肤的正常功能，不对皮肤造成伤害，在此基础上，结合自身皮肤特点，选择适合的化妆品，长期使用，才能达到抗衰嫩肤的效果。

五、实例解析

目前市售抗衰嫩肤化妆品种类很多,以下为面部抗衰嫩肤化妆品几种常见剂型的配方实例及解析(表 6-1~ 表 6-4)。

表 6-1 抗皱霜配方实例

组分	质量分数(%)	组分	质量分数(%)
角鲨烷	8.0	甘油	8.0
辛基十二醇肉豆蔻酸酯	10.0	透明质酸钠	0.5
十六醇和十六烷基糖苷	4.0	DNA 盐	0.3
十六醇	3.0	防腐剂	适量
蜂蜡	2.0	香精	适量
聚二甲基硅氧烷	2.0	去离子水	加至 100.0

【解析】 方中十六醇和十六烷基糖苷为乳化剂;角鲨烷、辛基十二醇肉豆蔻酸酯、十六醇、蜂蜡、聚二甲基硅氧烷为油相原料;甘油、DNA 盐、去离子水为水相原料。其中十六醇和蜂蜡为赋形剂;甘油和透明质酸钠为保湿剂;DNA 盐能够活化细胞,加快细胞的更新速度;同时,各种油相原料从润肤保湿的角度,使产品具有更好的抗衰老作用。

表 6-2 抗皱液配方实例

组分	质量分数(%)	组分	质量分数(%)
甘油	5.0	防腐剂	适量
水溶性霍霍巴油	4.0	水溶性香精	适量
L- 乳酸	2.0	去离子水	加至 100.0
L- 乳酸钠	1.5		

【解析】 方中的甘油、水溶性霍霍巴油、L- 乳酸、L- 乳酸钠均为保湿剂、润肤剂。其中 L- 乳酸、L- 乳酸钠又组成缓冲剂,可调节 pH 值。此配方的特点就在于通过深层保湿的途径使抗皱的必要条件得以满足,从而为后续的抗皱活性成分发挥作用做好铺垫。此类产品在使用时通常与其他抗皱产品配合使用。

表 6-3 抗皱凝胶配方实例

组分	质量分数(%)	组分	质量分数(%)
卡波 940	0.6	透明质酸	0.01
三乙醇胺	适量(pH 值 =6~7)	对羟基苯甲酸甲酯	适量
胎盘提取物	0.5	香精	适量
甘油	8.0	去离子水	加至 100.0

【解析】 方中卡波 940 为胶凝剂,三乙醇胺为中和剂,两者构成凝胶的配方体系。主要功效成分为胎盘提取物、透明质酸及甘油。其中胎盘提取物能够刺激人体组织

细胞的分裂和活化,促进细胞的新陈代谢;透明质酸及甘油均为保湿剂,与胎盘提取物合用,共同发挥延缓皮肤衰老的作用。

表 6-4　抗皱乳液配方实例

组分	质量分数(%)	组分	质量分数(%)
丁二醇	2.0	甘油	8.0
乳化剂 202	3.0	β - 葡聚糖	0.1
单硬脂酸甘油酯	1.0	辅酶 Q10	0.5
对羟基苯甲酸丙酯	适量	胶原蛋白粉	0.2
辛酸 / 癸酸三甘油酯	5.0	对羟基苯甲酸甲酯	适量
葡萄籽油	3.0	香精	适量
白油	3.0	色素	适量
十六醇	1.2	去离子水	加至 100.0

【解析】　方中辛酸 / 癸酸三甘油酯、葡萄籽油、白油、十六醇为油相原料;乳化剂202 与单硬脂酸甘油酯为乳化剂;丁二醇、甘油为水相原料;对羟基苯甲酸甲酯及对羟基苯甲酸丙酯为防腐剂。主要抗皱原料为 β - 葡聚糖、辅酶 Q10、胶原蛋白粉、葡萄籽油及甘油。其中 β - 葡聚糖可刺激皮肤细胞活性;辅酶 Q10 是天然抗氧化剂;胶原蛋白粉能够增加皮肤营养,促进表皮细胞活力,且具有良好的保湿作用;葡萄籽油是很好的润肤剂;甘油为保湿剂。它们分别从不同的角度,相辅相成,使有效成分易于被皮肤吸收,发挥较好的延缓皮肤衰老的作用。

知识拓展

靓肤化妆品

　　靓肤化妆品,顾名思义是指那些能够提靓肤色、缓解皮肤暗黄、嫩肤的化妆品。皮肤暗黄是指肤色泛黄、暗沉,是皮肤老化初期的重要征兆。目前抗衰老化妆品的研究多侧重于抗皱嫩肤,往往忽略了提靓肤色、缓解暗黄的环节。导致肤色暗黄的原因有:①羰基毒化作用;②皮肤干燥缺水;③新陈代谢缓慢等。其中羰基毒化作用是导致皮肤暗黄的关键所在,它的两大生物化学副反应是氧化应激和非酶糖基化。其中氧化应激代表了需要氧参与的生化副反应,是由于过量的自由基引起不饱和脂肪酸过氧化,产生羰基化合物(丙二醛),与蛋白质等生物大分子进行交联进而生成脂褐素,导致肤色暗黄的过程,属于羰 - 氨反应;而非酶糖基化代表了不需要氧参与的生化副反应,是由于糖作为一种多羟基的醛酮,与蛋白质或氨基酸发生羰 - 氨反应。

　　因此,靓肤化妆品的设计要点为:①清除氧自由基,抑制氧化应激诱导的羰基毒化作用;②抑制非酶糖基化反应,消除羰基毒化作用;③深层保湿;④高效防晒;⑤促进皮肤新陈代谢。

(赵　丽)

第二节　美白祛斑化妆品

　　美白祛斑化妆品是指能够减轻或抑制皮肤表皮色素沉着的一类化妆品,属于特殊用途化妆品范畴。近年来,此类化妆品越来越受到消费者的青睐,安全、温和、有效、便捷的美白祛斑化妆品已成为爱美人士追求的目标和未来发展的方向。本节将对美白祛斑化妆品的相关知识进行简要介绍。

一、黑素的合成与代谢

(一) 黑素细胞与黑素

黑素细胞是位于表皮基底层的树枝状细胞,是合成黑素的唯一场所,每一个黑素细胞与其四周的 20~30 个角质形成细胞相联系,构成一个表皮黑素单元。

黑素是一种醌型高分子聚合物,可分为优黑素和褐黑素两种。优黑素也称真黑素,其颜色比褐黑素更深,是影响皮肤白皙的主要色素。因此,探讨黑素的合成与抑制主要是针对优黑素而言。

(二) 黑素的合成

黑素的合成过程相当复杂,是一个以酪氨酸为底物的多步骤的酶促氧化反应。其合成过程如图 6-1 所示。

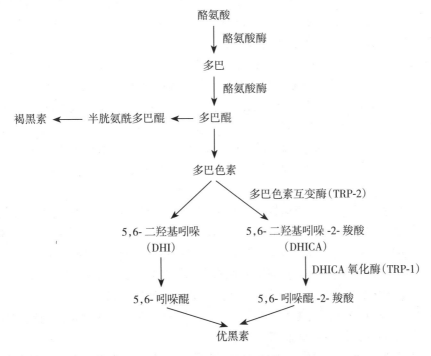

图 6-1 黑素合成过程示意图

从黑素合成过程可以看出,酪氨酸在黑素细胞内既可以生成优黑素,也可以生成褐黑素,两者形成机制的转换取决于酪氨酸酶的活性,酪氨酸酶活性越高,生成优黑素的量就越多。抑制黑素的合成主要就是针对优黑素而言,从图 6-1 中可知,在优黑素的合成过程中,体内酪氨酸酶、多巴色素互变酶、DHICA 氧化酶的活性以及酪氨酸的量、中间体多巴醌和多巴色素的稳定性均是影响优黑素合成量的重要因素,因此,可通过对这些因素的控制达到抑制黑素合成的目的。

(三) 黑素的代谢

黑素在黑素细胞内合成后,成熟的黑素小体向黑素细胞的树突方向转移,并沿树突向周围的角质形成细胞传递,进而在表皮内扩散、降解,最后随角质细胞的脱落排出体外。

二、美白祛斑化妆品的作用机制

抑制表皮色素沉着,实现皮肤的真正美白,既要抑制黑素的合成,同时又要干扰其代谢途径;既要考虑机体自身对黑素合成及代谢的影响,也应考虑环境因素的作用,应从多方面、多角度入手,减轻黑素对人体皮肤颜色所产生的影响。美白祛斑化妆品主要通过以下几条途径发挥其美白祛斑的作用。

(一) 抑制黑素的合成

抑制黑素合成,应从机体自身因素和环境因素两方面入手。其中机体自身因素称为内源性因素,环境因素属于外源性因素。其中对外源性因素的抑制主要是对紫外线的防护。

1. 抑制酪氨酸酶活性 酪氨酸酶是一种多酚含铜氧化酶,是黑素合成的起始酶、主要限速酶,其活性大小决定了黑素合成的数量。目前大多数美白祛斑化妆品都是通过抑制酪氨酸酶活性来达到美白效果的。

根据抑制机制的不同,对酪氨酸酶活性的抑制有破坏型抑制和非破坏型抑制两种方式:①破坏型抑制:是用美白活性物质直接对酪氨酸酶活性部位(如 Cu^{2+} 部位)进行修饰、改性,使酪氨酸酶失去对酪氨酸的作用,如用络合物与酪氨酸酶发生配位反应,使酪氨酸酶失去活性等。所以,寻找安全、高效的 Cu^{2+} 络合剂作为美白剂是该领域的一个研究热点;②非破坏型抑制:这类抑制剂不影响酪氨酸酶的结构,而是通过抑制酪氨酸酶的合成或取代酪氨酸酶的作用底物(酪氨酸),最终达到抑制黑素合成的目的。

2. 抑制多巴色素互变酶活性 多巴色素互变酶是一种与酪氨酸酶有关的蛋白质,能够促进多巴色素发生重排反应,生成多巴色素的同分异构体,最终形成黑素。

对于多巴色素互变酶活性的抑制主要集中在竞争性抑制研究上,即通过寻求另一种物质作为该酶的作用底物,与该酶原有的作用底物(多巴色素)竞争,替代多巴色素与多巴色素互变酶作用,从而阻碍多巴色素进一步形成黑素。

此外,DHICA 氧化酶也参与了黑素的合成,但目前对于该种酶抑制机制的研究较少,相关抑制剂的开发尚未见报道。

3. 还原多巴醌 多巴醌是黑素形成的中间体,还原剂能够使多巴醌或多巴等中间体发生还原反应,抑制其自动氧化,阻断其向黑素的合成途径。

4. 选择性破坏黑素细胞的活性 黑素是由黑素细胞产生的,黑素细胞是由酪氨酸酶蛋白经过一系列合成反应形成的。通过降低黑素细胞功能或破坏黑素细胞等方式都能达到抑制黑素合成的目的。通常选用某种物质使黑素细胞中毒,或阻碍酪氨酸酶蛋白的合成而达到抑制黑素合成的目的。

5. 清除自由基,抑制氧化链 黑素是由酪氨酸经过一系列氧化反应后形成的,体内自由基参与了酪氨酸的氧化反应,能够促进黑素的合成,因此,加入自由基清除剂,抑制氧化反应,也可达到美白祛斑的目的。此外,自由基清除剂也可抑制脂褐素的形成,可起到抑制老年斑的作用。

6. 拮抗内皮素 黑素的合成不仅与细胞内酶的活性有关,还与细胞自身的活性有关。研究发现,黑素细胞的活性与其细胞外内皮素的刺激有关,肌肤中内皮素 -1 和内皮素 -2 能激发黑素细胞活性,是黑素合成过程中不可缺少的存在于黑素细胞外的两种物质。内皮素拮抗剂则能抑制黑素细胞的增殖、存活,具有抑制黑素合成的作用。

7. 防晒 紫外线是促进黑素合成的最主要的外源性因素,因此,美白离不开防晒。有关防晒的知识已经在前面的防晒化妆品中做过详细介绍。

(二) 控制、干扰黑素的代谢途径

上述作用机制是为了抑制黑素的合成,那么对于已经生成的黑素,则可通过控制、干扰其代谢途径的方式避免其对皮肤颜色产生影响。

1. 阻断黑素小体向角质形成细胞内传递 黑素合成后,黑素小体就会沿黑素细胞的树突进入角质形成细胞内,进而在表皮内进一步扩散,从而影响皮肤的颜色。因此,对于黑素细胞内尚未转移到角质形成细胞的成熟的黑素小体而言,阻断其向角质形成细胞的传递,是一有效的美白祛斑方式。

2. 促进表皮新陈代谢,加速黑素小体代谢过程 此种方式是针对已经扩散到表皮角质形成细胞内的黑素小体而言,可通过促进表皮新陈代谢的作用,使表皮的更新速度加快,从而使在表皮内逐步降解后的黑素小体随表皮的快速更新而脱落,以减轻其对皮肤颜色的影响。

三、常用美白活性物质

美白活性物质是指具有降低皮肤色度或减轻色素沉着作用的天然或人工合成物质。传统的美白活性物质如过氧化氢、氯化氨基汞、氢醌等,其特点是美白迅速,但毒性大,对皮肤的损害性大,已被很多国家禁用。随着研究的不断深入,更为安全、高效的美白活性物质相继被研制成功。

(一) 酪氨酸酶活性抑制剂

酪氨酸酶活性抑制剂是美白活性物质中研究最早、品种最多的一类,至今,市售的绝大多数美白祛斑化妆品中都含有此类美白活性物质。

1. 熊果苷及其衍生物 熊果苷是杜鹃花科植物熊果叶中的主要成分,属氢醌糖苷化合物。外观为白色粉末,易溶于水和极性溶剂。目前占市场主导地位的为其有机合成品。

熊果苷的美白机制为:①抑制酪氨酸酶活性,抑制率高于曲酸和维生素 C;②有效抑制多巴及多巴醌的合成;③减少酪氨酸酶在皮肤中的积累;④抑制黑素细胞增殖。

熊果苷对紫外线照射引起的色素沉着的影响尤为明显。此外,熊果苷还具有保湿、除皱、消炎等作用,并具有良好的配伍性。

熊果苷不稳定,为了提高其稳定性和透皮吸收效果,现已研究开发出很多熊果苷的衍生物,如维生素 C- 熊果苷磷酸酯及熊果苷酚羟基酯化物等;对熊果苷的脂质体及 α - 熊果苷的研究也在不断深入。

2. 曲酸及其衍生物 曲酸是葡萄糖或蔗糖在曲酶作用下发酵、提纯而制得的天然产物,又称为曲菌酸,是由日本学者 1907 年从酱油的曲中发现的。本品外观为白色

针状结晶体,溶于水、乙醇等溶剂。

曲酸的美白机制为:①与酪氨酸酶中的铜离子螯合,使酪氨酸酶失去活性;②抑制 DHI 的聚合和 DHICA 氧化酶的活性;③吸收紫外线。

曲酸通过上述多途径的美白作用,使其具有很好的美白、祛斑功效,是一种安全、高效的美白活性物质。然而,曲酸的稳定性较差,特别是对光、热不稳定,容易被氧化而发生变色,易与金属离子发生螯合反应,皮肤对其吸收效果差。

为了克服曲酸的上述缺点,进一步提高曲酸的综合效能,现已开发研究出了很多曲酸衍生物,如曲酸双棕榈酸酯(KAD-15)、曲酸单亚麻酸酯及维生素 C 曲酸酯等。这些曲酸衍生物不但克服了曲酸稳定性及吸收性较差的缺点,而且美白效果往往也优于曲酸。

3. 甘草提取物 是取自甘草的一类天然植物提取物,主要有效成分为黄酮化合物。

甘草提取物是一种快速、高效、安全的美白活性物质,其美白机制为:①抑制酪氨酸酶及多巴色素互变酶的活性;②阻断 5,6- 二羟基吲哚的聚合;③使黑素细胞中毒;④清除体内自由基,其抗氧化能力与维生素 E 相当。

甘草中含有多种天然美白活性成分,其中黄酮类活性成分对酪氨酸酶活性的抑制非常显著,具有非常优异的美白功效,是近年来深受欢迎的美白活性物质,光甘草定即是其中的一种,但价格也非常昂贵。

4. 红景天提取物 红景天提取物既具有独到的抗衰老作用,又可用作美白活性物质,其美白机制为:①具有很强的抗氧化作用,能阻止紫外线和化学物质诱导的自由基对皮肤的损伤;②具有很强的 SOD 活性,能清除体内自由基;③具有很强的抗辐射作用,能够防止因各种辐射所导致的皮肤损伤和色斑。由于其作用全面、温和、对皮肤无刺激,是近年来深受欢迎的美白活性物质。

5. 丝肽 丝肽是丝蛋白的酶水解产物,是可溶性天然蛋白,易于被人体吸收。本品在化妆品中的主要作用在总论第三章第三节中已经进行过详细介绍,在此不再叙述。

6. 尿黑酸 又称龙胆酸,因其在空气中能自然氧化成为黑色而被称为尿黑酸,在化妆品中应用较少。尿黑酸的甲酯和乙酯具有较高的抑制酪氨酸酶活性的作用,且在质量浓度超过 100mg/ml 时,对 DHICA 氧化酶有抑制作用,从而抑制黑素的合成。

7. 根皮素 是国外新近研究开发出来的一种天然美白活性物质,因其主要存在于苹果、梨、多汁水果和蔬菜的果皮及根皮中而得名。在化妆品中的作用主要表现为:①清除皮肤内自由基,抗氧化功能强;②抑制黑素细胞活性,淡化皮肤各种色斑;③能吸收自身重量 4~5 倍的水,保湿作用强;④抑制皮脂腺的过度分泌,可用于痤疮的辅助治疗。

根皮素已被广泛用于面膜、护肤膏霜及乳液等类型化妆品。

8. 1- 甲基乙内酰胺脲 -2- 酰亚胺 是一种氨基酸衍生物的天然活性物质,其组成成分与人体肌肤组成完全相同,是一种安全无毒的水溶性白色晶体。具有温和的抑制酪氨酸酶活性、阻止黑素细胞中黑素向角质形成细胞转移的功效,是一种绿色美白活性物质。化妆品中的使用浓度为 0.1%~1.5%。

9. 雏菊花提取物　天然植物雏菊花中含有黄酮、挥发油、氨基酸和多种维生素等成分。其提取物能够降低酪氨酸酶活性;抑制由紫外线刺激引发的黑色素生成;降低黑素体由黑色素细胞向角质形成细胞的转移。主要用于美白化妆品中。

10. 凝血酸　又称为氨甲环酸、传明酸。为无臭、微苦的白色结晶性粉末,易溶于水。是一种蛋白酶抑制剂,抑制黑色素增强因子群,阻断因紫外线照射而形成的黑色素生成途径,从而有效地防止和改善皮肤的黑色素沉积;同时迅速抑制酪氨酸酶活性和黑色素细胞的活性,防止黑色素聚集,而具有美白作用。主要用作美白剂,与维生素 C 衍生物配合使用,效果更佳。

11. 苯乙基间苯二酚　白色至米黄色粉末,微溶于水,易溶于丙二醇。是一种新型美白祛斑原料,是最有效的酪氨酸酶抑制剂之一,还能抑制 B_{16} 细胞合成黑色素的活性,从而具有美白祛斑作用。但其具有光不稳定性和生物利用度较低等技术问题,是目前亟待解决的。

12. 阿魏酸乙基己酯　为浅黄色黏稠液体。可以从制油的米糠中提取,也可用化学方法合成,属于油溶性原料。本品有较强的抗氧化性;能够吸收波长为280~360nm的紫外线;能够结合铜离子、抑制酪氨酸酶活性,从而具有美白作用。主要用于美白祛斑化妆品、防晒化妆品和抗衰老化妆品。

13. 十一碳烯酰基苯丙氨酸　为白色粉末,易溶于水。本品结构与黑色素细胞刺激素相似,通过竞争性结合黑色素细胞上黑色素刺激素受体 MC1-R,抑制酪氨酸酶活性,从多个环节全面抑制黑色素的生成,效果明显、持久且安全可靠。主要用于美白化妆品。

（二）内皮素拮抗剂

内皮素拮抗剂是在 20 世纪 90 年代初由日本的 Imokawa 等人发现,是一种通过抵抗内皮素刺激,间接抑制黑素细胞增殖、分化的物质。目前国外主要从洋甘菊中提取这类物质,而国内利用生物工程高新技术,也首次以天然产物为原料制得了内皮素拮抗剂 8[#]。

内皮素拮抗剂在抑制黑素合成方面具有高效、快速以及使黑素分布均匀的特点。

（三）黑素运输阻断剂

黑素运输阻断剂能降低黑素小体向角质形成细胞的传递速度,从而达到美白祛斑功效。

1. 烟酰胺　又称尼克酰胺(NAA),与烟酸统称为维生素 B_3、维生素 pp,在体内可由烟酸转变而成。为无臭、味苦的白色针状结晶或粉末。易溶于水、乙醇和甘油。稳定性好,对皮肤刺激性小,使用安全。

烟酰胺分布于全身各组织中,可促进组织新陈代谢,具有抗炎活性,能抵抗紫外线照射并能修复因紫外线照射导致的皮肤损伤,可防止皮肤粗糙,对过敏性和瘙痒性皮肤病、光敏性皮炎以及痤疮等具有辅助治疗作用,并具有美白祛斑作用。烟酰胺的美白机制为:①降低黑素细胞的增殖和分裂能力;②降低黑素细胞内外物质交换的能力,从而抑制黑素小体向角质形成细胞的转运。烟酰胺在化妆品中使用浓度一般为4%~6%。然而,妊娠初期使用过量有致畸作用。

2. 壬二酸　又名杜鹃花酸,是一种含 9 个碳原子的直链饱和二元羧酸。为淡黄色晶体或结晶粉末。微溶于水,较易溶于热水和乙醇。对光不敏感,与皮肤相容性好,较难溶解,不易制成乳液。

壬二酸的美白机制为:①阻滞酪氨酸酶蛋白的合成;②抑制黑素细胞活性;③降低黑素小体的转运;④对恶性黑素瘤细胞有抗增生和细胞毒作用,效果持久。

壬二酸作为美白活性物质的优点是,只对高活性黑素细胞抑制,而不影响正常黑素细胞。化妆品中使用浓度为 5%~10%。治疗过程中最大浓度不超过 20%。

3. 绿茶提取物　绿茶提取物主要含有以儿茶素为主的生物类黄酮、黄烷醇、酚酸类、花色苷等成分。

绿茶中含有多种美白活性成分,不同的活性成分抑制黑素合成的机制也不相同,主要表现为:①抑制酪氨酸酶活性:包括对酪氨酸酶的破坏性抑制和非破坏性抑制两方面;②阻碍黑素小体向角质形成细胞的传递;③清除自由基;④吸收紫外线。

(四) 化学剥脱剂

美白活性物质可以通过软化角质和促进表皮新陈代谢作用,加速角质层脱落,消除皮肤异常色素沉着。

1. 果酸(AHA)　果酸既可用于抗衰嫩肤化妆品,同时也具有一定的美白祛斑作用。其美白机制是由于果酸能够促进含有黑素的角质细胞脱落,新生成的角质细胞中含黑素较少,从而降低皮肤中黑素的含量,达到美白祛斑的目的。

由于高浓度的果酸会刺激或损伤皮肤,因此,低刺激、低浓度的 β 型果酸是未来的开发方向。在化妆品中果酸往往是与其他美白活性物质复配使用。

2. 胶原蛋白酶　又称胶原酶、羧菌肽酶 A,是动物骨胶原蛋白的水解产物,含有大量氨基酸,较为集中地存在于动物皮肤组织内。

胶原蛋白酶与磷脂配合,有助于皮肤角质层的剥离,与果酸型皮肤剥离剂不同的是,酶型的皮肤剥离剂无刺激。胶原蛋白酶外用时的使用浓度为 0.000 5%~0.05%,高于此范围无效。

3. 溶角蛋白酶　溶角蛋白酶是一种既有活性又具有较好稳定性的蛋白酶,能促进活性成分的渗透,软化角质层,在无感觉中迅速分离及溶解老化的角质细胞,并能促进细胞分裂增殖,加快肌肤的更新速度。

(五) 还原剂

黑素及合成黑素的中间体多巴醌都是醌类结构,醌的结构中由于有大量共轭体系而显色,醌能被还原剂还原为无色的酚类物质。最常见的还原剂有维生素 C 及其衍生物和原花青素。

1. 维生素 C 及其衍生物　维生素 C 既是抗衰嫩肤化妆品的活性原料,同时也是化妆品中最具代表性的黑素合成抑制剂,很早就被使用,并且被认为是可口服使用的安全、高效的美白活性物质。

维生素 C 的美白机制是:①还原多巴醌,阻断多巴醌进一步合成黑素的途径;②还原黑素的醌式结构为无色的酚式结构,使色素褪色,但这一过程是可逆的;③抑制酪氨酸酶活性。

维生素 C 不稳定,易被氧化,且不易被皮肤吸收。因此,近年来新的维生素 C 衍生物不断问世,以克服维生素 C 所存在的缺点。目前,最常用的衍生物有维生素 C 磷酸酯镁和维生素 C 棕榈酸酯等。

维生素 C 磷酸酯镁是一种水溶性美白活性物质,能在体内迅速酶解游离出维生素 C,从而发挥维生素 C 特有的生理生化功能,同时又克服了维生素 C 易被氧化、怕光、热及金属离子等缺点,已广泛应用于美白祛斑产品中。另外,维生素 C 磷酸酯镁还能够清除氧自由基,促进胶原的产生,并具有很好的保湿功效,与维生素 E 有协同作用。该物质的不足之处是其水溶液长期放置会析出沉淀,为此,研究人员开发出了稳定性更好的丙氨基维生素 C 磷酸酯镁。

维生素 C 棕榈酸酯是脂溶性的维生素 C 衍生物,性能稳定,效果显著,适用于 W/O 型美白祛斑化妆品。

2. 原花青素 从抗衰嫩肤化妆品章节中已经得知,原花青素是一种新型高效抗氧化剂,具有良好的抗衰老作用。不仅如此,原花青素还具有迅速、高效、持久的美白功效。其美白机制为:①抑制酪氨酸酶活性;②具有特殊抗氧化活性和清除自由基的能力;③还原黑素的醌式结构为无色的酚式结构,使色素褪色;④在 280nm 处有较强的紫外线吸收,能防止紫外线对皮肤的损伤,抑制黑素的合成。与维生素 C 和维生素 E 都具有协同作用。因此,原花青素是非常优异的美白活性物质。

(六) 自由基清除剂

具有清除自由基功效的活性物质不仅可用于延缓衰老,也可用于美白。这类物质主要有维生素、酶以及许多天然植物提取物等,如维生素 E、维生素 C、SOD、辅酶 Q10 以及黄芩、人参、芦荟等植物的提取物等都属于这一类美白活性物质。

(七) 防晒剂

已在第五章第三节防晒化妆品做过详细介绍。

(八) 中药提取物

中药提取物作为美白活性物质具有副作用小、安全性高的优点,符合人们回归自然的愿望,具有很强的市场影响力。研究证明,许多中药提取物均能通过抑制酪氨酸酶活性而发挥美白作用,其中对于甘草提取物的研究较为深入而完善,甘草黄酮即是从甘草中提取得到的天然美白活性物质。另有研究结果表明,中药提取物对于酪氨酸酶活性的影响存在三种不同的情况:①对酪氨酸酶活性呈剂量依赖性抑制,即剂量越大,抑制性越强,如白术、僵蚕、藁本、白及、沙苑子等;②高浓度条件下抑制酪氨酸酶活性、低浓度条件下激活酪氨酸酶活性,如茯苓、甘草、白芍、细辛、苍术、桂枝、防风等;③高浓度条件下激活酪氨酸酶活性,低浓度条件下抑制酪氨酸酶活性,如生地、骨碎补、乳香等。因此,在选用中药提取物作为美白剂时,一定要注意其使用浓度的确定,以免适得其反。

目前,仍有很多中药的美白作用还没有被开发出来,尚需要我们进一步去努力,同时,对中药美白作用的研究仍主要局限在对酪氨酸酶活性的抑制方面,而对抑制黑素合成的其他机制方面的研究相对较少,从而限制了中药美白活性物质的开发和利用。因此对于中药美白剂的开发之路仍将是一条艰辛、漫长而曲折之路。

四、美白祛斑化妆品的安全风险

祛斑化妆品在我国属于特殊用途化妆品,而美白与祛斑又密不可分,所以目前国家把美白产品也作为特殊用途化妆品进行监管。目前,美白祛斑化妆品在满足市场需求的同时,其对消费群体造成的负面影响也日益凸显。虽然国家对于此类产品的监管更为严格,但各种违法违规、侵害消费者权益的现象仍层出不穷,很多不合格的美白祛斑产品甚至给消费者造成了不可挽回的身体和精神上的伤害,严重侵害了消费者的权益,影响了化妆品行业的健康发展。

美白祛斑化妆品存在的安全隐患主要来自以下四方面:①化妆品中违规添加禁用成分:一些不法生产厂家为迎合消费者急于求成的心理,追求化妆品能在短期内就出现明显的美白效果,违背职业道德,在化妆品中添加一些禁用的美白成分,主要包括汞、铅、砷、氢醌以及一些禁用药物等,导致这些禁用成分在化妆品中的含量严重超标,消费者一旦选用了这样的产品,将会对身心健康造成严重的伤害,造成不可挽回的严重后果。②广告宣传对消费者的误导:目前,化妆品市场上美白、祛斑类化妆品种类繁多,化妆品生产和销售商家为了追求经济利益,在宣传过程中,使用一些极度夸张的语句过度夸大化妆品的真实功效,使得消费者很容易听信这些宣传,而不去考虑产品的优劣真伪。③消费者安全意识薄弱:消费者在购买美白祛斑化妆品时,由于对"美白、祛斑"的过度渴望以及对化妆品知识缺乏了解,往往忽视了化妆品的安全问题,甚至轻易听信夸大宣传的三无产品。因此,提高消费者使用化妆品的安全意识是极为重要的。

总之,皮肤的美白祛斑是需要过程的,不是一蹴而就的。提高安全意识,选择合格化妆品,确保化妆品的使用安全。

五、实例解析

以美白霜、美白乳液、美白水及美白凝胶为例,其配方实例及解析如下(表6-5~表6-8)。

表 6-5　美白霜配方实例

组分	质量分数(%)	组分	质量分数(%)
凡士林	5.0	维生素 E	4.0
液体石蜡	4.0	熊果苷	4.0
十八醇	3.0	2-羟基-4-甲氧基二苯甲酮	2.0
单硬脂酸甘油酯	5.0	羟基丙基纤维素	0.1
硬脂酸聚氧乙烯酯	2.0	防腐剂	适量
甘油	4.0	去离子水	加至100.0

【解析】　方中十八醇、凡士林、液体石蜡均为油相原料,甘油和去离子水为水相原料,单硬脂酸甘油酯和硬脂酸聚氧乙烯酯为乳化剂,羟基丙基纤维素为胶黏剂,发挥增稠作用。2-羟基-4-甲氧基二苯甲酮为防晒剂;维生素 E 是优良的抗氧化剂,同时具有很好的润肤养肤作用;熊果苷是优良的酪氨酸酶活性抑制剂,同时还具有防紫外线照射和去皱消炎的功效,与维生素 E 复配能提高其稳定性和产品的美白功效。

表 6-6　美白乳液配方实例

组分	质量分数（%）	组分	质量分数（%）
液体石蜡	5.0	壬二酸	5.0
角鲨烷	4.0	水杨酸薄荷酯	2.0
十六醇	1.0	单硬脂酸甘油酯	2.0
甘油	5.0	防腐剂	适量
曲酸	3.0	去离子水	加至 100.0

【解析】　方中十六醇、角鲨烷、液体石蜡均为油相原料,甘油和去离子水为水相原料,单硬脂酸甘油酯为乳化剂,曲酸和壬二酸为美白剂,水杨酸薄荷酯为防晒剂。其中角鲨烷与皮肤的亲和性好,有护肤和润肤作用;曲酸能够抑制酪氨酸酶和 DHICA 氧化酶活性,抑制 DHI 的聚合;壬二酸能阻碍酪氨酸酶蛋白的合成,抑制黑素细胞活性,降低黑素小体的转运。上述活性物质与水杨酸薄荷酯复配,使得产品美白效果显著。

表 6-7　美白水配方实例

组分	质量分数（%）	组分	质量分数（%）
维生素 C 磷酸酯镁	3.0	水杨酸薄荷酯	2.0
曲酸	4.0	平平加 O	1.0
乳酸	2.0	防腐剂	适量
甘油	5.0	去离子水	加至 100.0
乙二胺四乙酸二钠	0.01		

【解析】　方中甘油为保湿剂,平平加 O 为增溶剂,乳酸、曲酸和维生素 C 磷酸酯镁为美白剂,水杨酸薄荷酯为防晒剂,乙二胺四乙酸二钠为金属离子螯合剂。其中乳酸为果酸中的一种,具有剥脱角质和促进表皮新陈代谢的作用;曲酸能够抑制酪氨酸酶和 DHICA 氧化酶活性,抑制 DHI 的聚合;维生素 C 磷酸酯镁是还原型美白剂,具还原淡化色斑的作用。它们都是水溶性,彼此间具有协调增效作用。

表 6-8　美白凝胶配方实例

组分	质量分数（%）	组分	质量分数（%）
羟乙基纤维素	2.0	L- 抗坏血酸	1.0
乙醇	3.0	乙二胺四乙酸二钠	0.01
甘油	3.0	三乙醇胺	适量
果酸	7.0	防腐剂	适量
壬二酸	2.0	去离子水	加至 100.0

【解析】　方中甘油为保湿剂,三乙醇胺为 pH 值调节剂,羟乙基纤维素为胶凝剂,可使体系形成凝胶。果酸、壬二酸、L- 抗坏血酸为美白剂,乙二胺四乙酸二钠为金属

离子螯合剂。其中乙二胺四乙酸二钠可提高 L- 抗坏血酸的稳定性；壬二酸是黑素运输阻断剂,且能抑制黑素细胞活性；果酸和壬二酸都具有剥脱角质的能力；L- 抗坏血酸是还原型美白剂。上述原料都是水溶性的,彼此间的促进作用可提高产品的美白功效。

（赵　丽）

第三节　抗痤疮化妆品

痤疮俗称"粉刺""青春痘"和"酒刺"等,是最常见的皮肤问题之一,主要发生在 15~30 岁的青少年中,是一种与遗传、内分泌、感染及免疫异常等多种因素有关的慢性毛囊皮脂腺疾病。主要发生在面部、前胸和后背等皮脂分泌旺盛的部位,症状为白头粉刺、黑头粉刺、炎性丘疹、脓疱、结节、囊肿等,部分留有瘢痕。抗痤疮化妆品已经成为热销产品之一,但需指出的是,痤疮为一种皮肤病,必须由皮肤科医师治疗,抗痤疮类化妆品只能起到辅助作用。

目前国际上根据痤疮的严重程度将其分为四级（表 6-9）。

表 6-9　痤疮的分级

痤疮类型	痤疮表现严重程度
Ⅰ（轻度）	以粉刺为主,伴有少量的丘疹和脓疱,总病灶数小于 30 个
Ⅱ（中度）	有粉刺,并有中等数量的丘疹和脓疱,总病灶数是 31~50 个
Ⅲ（中度）	有大量的丘疹和脓疱,总病灶数是 51~100 个,偶尔有大的炎性损坏,结节数少于 3 个
Ⅳ（重度）	主要为结节、囊肿或聚合性痤疮,病灶数和病损数在 100 个以上,结节数 3 个以上

一、痤疮的发病机制

（一）西医学对痤疮发病机制的认识

痤疮的发病因素很多,目前尚未完全清楚,多数现代医学学者认为主要有:雄性激素代谢失调、毛囊皮脂腺导管角化异常、微生物感染和免疫失调等。

1. 雄性激素代谢失调　雄性激素可刺激皮脂腺增生和皮脂分泌增多,它与痤疮的发生、发展和持续状态有着密切的关系。正常情况下,体内各种激素的作用是互相平衡的,而在青春期,由于人体生长旺盛,雄性激素分泌增多,体内雄激素与雌激素受体之间比例失调,雄激素受体对正常血清雄激素的敏感性增加,使得皮脂腺增生和肥大,皮脂分泌增多,同时,毛囊漏斗部及皮脂腺导管角化过度,导致皮脂排泄障碍,皮脂潴留,形成痤疮。此外,痤疮的形成还可能与皮脂腺中 5α- 还原酶的活性增高及雄性激素受体的亲和能力增高有关。

2. 毛囊皮脂腺导管角化异常　毛囊皮脂腺导管角化过度是痤疮形成的关键因素。在痤疮患者中,毛囊皮脂腺导管内角质形成细胞的角化物质变得致密,细胞更新速度加快,细胞间黏附性增加且不易脱落。导管内这种角质形成细胞的过度增殖以及内皮的脱屑障碍导致角栓形成,堵塞毛囊口,毛囊扩张,形成微粉刺,微粉刺进一步发展,形成痤疮。

皮脂成分的改变、局部雄性激素的作用以及痤疮丙酸杆菌导致炎症因子的分泌均可促进毛囊皮脂腺导管的过度角化。其中痤疮患者皮肤表面皮脂成分的改变主要体现为以下三点：①角鲨烯含量高于正常人：研究发现，角鲨烯特别是其氧化物有很强的致粉刺作用；②亚油酸浓度降低：皮脂分泌率高时导致亚油酸浓度下降，使毛囊上皮细胞缺乏必需脂肪酸的脂质（如亚油酸）而过度角化，使角质形成细胞致密，形成粉刺，局部外用亚油酸可溶解粉刺，并且可使粉刺缩小；③局部维生素 A 缺乏：缺乏维生素 A 可导致上皮细胞过度增殖和角化过度。

3. 微生物感染及炎性介质　炎症反应是痤疮发病机制中的重要环节。痤疮炎症主要由痤疮丙酸杆菌、表皮葡萄球菌、糠秕马拉色菌等微生物感染所引起。其中痤疮丙酸杆菌是首要因素，它能产生溶脂酶、蛋白质分解酶、透明质酸酶。溶脂酶将甘油三酯水解为甘油和游离脂肪酸，游离脂肪酸、蛋白分解酶、透明质酸酶可以刺激毛囊上皮角化，毛囊壁损伤并破裂。粉刺内存物进入真皮，这些物质能直接引起炎症，随后出现炎性丘疹和脓疱，毛囊周围炎性进一步扩大，导致炎症波及真皮结缔组织，引起炎性肉芽肿反应，形成炎性结节，结节软化后形成囊肿，囊肿继发感染又会形成脓肿，重症患者由于深层组织损害，愈合后会形成萎缩性或少见的肥大性瘢痕。

4. 免疫失调及其他　免疫机制在痤疮的发病过程起到了积极的参与作用。在许多免疫功能检测中发现，痤疮的发病与人体全身或局部免疫有关。起初，角质形成细胞和痤疮丙酸杆菌释放前炎症因子，能导致血管黏附因子的表达上调，刺激皮脂腺导管。随后，导管壁被破坏，释放到真皮中的内容物趋化大量的嗜中性粒细胞，该细胞吞噬痤疮丙酸杆菌后，释放溶脂酶，加剧炎症反应。后期，淋巴细胞、组织细胞和部分巨噬细胞影响炎症的程度取决于导管壁破坏程度和导管内物质的释放情况。

其他因素如化妆品使用不当、微量元素（如锌、硒）缺乏、情绪抑郁、睡眠不良、饮食不当、使用雄激素类药物以及遗传因素等均有可能诱发或加重痤疮的生成。

（二）中医学对痤疮病因病机的认识

痤疮与中医的"面疮""肺风粉刺""酒刺"相类似，关于本病的记载有很多，最早见于《黄帝内经》，如《素问·生气通天论》中曰："劳汗当风，寒薄为皶，郁乃痤"，"汗出见湿，乃生痤痱"。《素问·咳论》曰："皮毛者，肺之合也，皮毛先受邪气，邪气以从其合也"。《医宗金鉴·肺风粉刺》中曰："此症由肺经血热而成，每发于面鼻，起碎疙瘩，形如黍屑，色赤肿痛，破出白粉汁，日久皆成白屑，形如黍米白屑。"

通过古代医家对痤疮的论述，结合当代中医学者对痤疮的进一步研究可知，痤疮的发生主要与血热偏盛、肺胃积热、外感风热、气血凝塞以及血瘀痰结等机体因素有关，简言之即是：素体血热偏盛是痤疮发病的根本，饮食不节、外邪侵袭是致病的条件，血瘀痰结使病情复杂加重。

二、抗痤疮化妆品的作用机制

根据对痤疮发病机制的认识，抗痤疮化妆品在进行配方设计时应主要从以下几方面进行考虑。

（一）抑制皮脂分泌

皮脂分泌亢进是由雄激素所支配，因此内调比外治更为重要。少数外用制剂也具一定的减少皮脂分泌的作用，但其中有些原料目前主要作为治疗痤疮的外用药活

性成分使用,作为化妆品原料则受到政策法规的限制或禁用,如螺内酯、维甲酸等。可作为化妆品原料用于抑制皮脂分泌的有维生素 B_3、维生素 B_6、南瓜素及微量元素锌等。

(二) 溶解角质

粉刺发生时,毛囊漏斗内致密的角质栓堵住毛囊口,毛囊扩张。为排出毛囊漏斗内的角栓,使毛囊口通畅,可使用硫黄、水杨酸、间苯二酚等功效性成分使角质溶解或剥离。

(三) 抑菌消炎

微生物感染及炎性介质是痤疮发病的重要因素,抑菌消炎是防治痤疮的又一途径之一。痤疮丙酸杆菌是痤疮发病中最主要的致病菌,过氧化苯甲酰、壬二酸、甘醇酸等均对其具有一定的抑制作用。还有部分中药原料如丹参、蒲公英等,均具有不同程度的抗炎及抑制痤疮丙酸杆菌的作用。

三、常用抗痤疮原料

(一) 水杨酸

水杨酸又称柳酸,是角质溶解剂,其溶解粉刺的作用只有全反式维甲酸的 25%。一般用于对全反式维甲酸不耐受者。能使蛋白变性,略有抗菌作用,对寻常性痤疮和粉刺的炎性损害有效。常与乳酸配伍使用,多用其 1%~3% 的乙醇溶液。

(二) 过氧化苯甲酰(BPO)

又称过氧化苯酰或过氧化二苯甲酰,是强氧化剥脱剂,可使角质软化和剥脱,对异常的角化过程如粉刺也有抑制作用,但比维甲酸弱;有很强的杀菌、除臭作用;其渗透能力强,能透入皮脂腺深部,使厌氧的痤疮丙酸杆菌和表皮葡萄球菌不能生长繁殖,游离脂肪酸减少,从而减轻对毛囊的刺激和对毛囊壁的损伤,减轻炎症。

该药对治疗寻常痤疮有效,特别是炎性损害为主的痤疮较好,可使炎症完全消失,炎性丘疹及结节部分消失,而对粉刺、囊肿和聚合性痤疮效果较差。治疗脓肿为主的痤疮最好结合内服抗生素,如外用过氧化苯甲酰,内服四环素或红霉素等,待炎症控制后,逐渐停用抗生素。轻度痤疮可以单独使用过氧化苯甲酰治疗,有各种剂型,其中水剂的刺激性较小,以丙酮为溶剂的乙醇凝胶疗效较好。

这类原料的副作用是在使用初期部分患者会出现刺激性皮炎,停药后 3~5 天症状消失,避免与眼及口唇等黏膜部位接触,属于限用化妆品原料,过敏者慎用。

(三) 壬二酸及其衍生物

本章第二节已经介绍过,壬二酸可作为美白活性物质用于美白祛斑化妆品中。此外,这类化合物也可作为抗痤疮原料,用于粉刺以及脓疱性痤疮的辅助治疗。可抑制痤疮丙酸杆菌和表皮葡萄球菌活性,从而降低皮肤表面脂质中游离脂肪酸的浓度,使毛囊皮脂腺导管的过度角化恢复正常,同时也具有抗炎作用。

壬二酸在使用过程中偶有灼烧感和轻微的红斑,不良反应很轻,但孕妇慎用。常用 20% 的壬二酸软膏。

(四) 间苯二酚

又称为雷锁辛,属于角质溶解剂,能使蛋白质变性,并具有略微的抗菌作用。美国 FDA 认为,间苯二酚对于痤疮的治疗是安全有效的。

（五）甘醇酸

为天然动植物提取物,许多中草药中含有此成分,如紫草、甘菊、春黄菊、杏仁、蛇含草、黄芩、苦参、细辛、白僵蚕等,有清热、消炎和解毒作用。添加在化妆品中能够抗炎及抑制痤疮丙酸杆菌而起到抗痤疮的作用。

（六）锌制剂

锌制剂作为抗痤疮原料,主要具有以下作用:①维持上皮细胞正常生理功能,促进上皮组织正常修复;②杀菌;③延缓表皮细胞角质化;④抑制皮脂分泌。

常用的锌制剂有硫酸锌、葡萄糖酸锌、甘草酸锌及吡啶硫酮锌。

（七）吡哆素

又称为维生素 B_6 、吡哆醇。为白色晶体,溶于水。本品与皮肤的健康有着密切的关系,缺乏本品,会影响到皮肤和黏膜的健康,出现脂溢性皮炎等皮肤问题。在化妆品中主要用于防治皮肤粗糙、粉刺、日光晒伤、脂溢性皮炎、干性脂溢性湿疹、寻常痤疮等皮肤问题。可制成膏霜、乳液和醇溶液。与其他维生素配合使用,效果更佳。

（八）吡哆醇二棕榈酸酯

又称为维生素 B_6 双棕榈酸酯。为白色或类白色结晶性粉末,不溶于水,溶于热乙醇,易溶于油脂。本品主要通过抑制油脂的分泌来达到防痘、祛痘效果,也可用于防治皮肤粗糙、日晒斑等皮肤问题。作为抗痤疮的原料,与皮肤的相容性好,结构稳定,易被皮肤吸收。

（九）黄芩黄素

本品在第三章的功能性原料中已经介绍过。作为抗痤疮的功能性原料,本品具有抗炎及较强的抑制痤疮丙酸杆菌的作用,对于囊肿型痤疮的死细胞、菌体及残留物清除效果极好,可加速痤疮的痊愈。

（十）中药添加剂

中医学认为痤疮的发生与风热、肺热、血热、血瘀等因素有关,不同的中医学者对其辨证分型也不完全相同,但多数学者认同的较为常见的证型有肺胃热盛型、湿热蕴结型、血瘀痰结型等。因此能够清肺胃热、清热燥湿、凉血解毒以及活血化瘀、化痰软坚的中药均可用于痤疮的治疗,如桑白皮、枇杷叶、黄芩、黄连、苦参、栀子、大黄、金银花、连翘、蒲公英、紫草、姜黄、丹参、硫黄、薏苡仁、白芍、苍术、射干、赤芍、地榆等。

上述中药大多具有一定的抗菌消炎作用,有些中药对痤疮丙酸杆菌具较高的敏感性,且无副作用。其中薏苡仁提取物、白芍中的芍药苷、苍术提取物等具有较好的抗菌、消炎作用,对于感染性粉刺的治疗效果尤佳;紫草具有收敛、消炎、抗菌作用;姜黄能够祛除黑头粉刺,对感染性粉刺效果更佳;黄芩具有广谱抗菌作用,尤宜于混合感染性粉刺,与射干同样都能使闭合性粉刺变为开放性粉刺,使粉刺很快痊愈;丹参所含的丹参酮对痤疮丙酸杆菌高度敏感,并具有抗雄性激素及温和的雌激素样活性,且具有抗炎作用,适用于各种类型的痤疮;硫黄具有溶解角质、软化表皮及抑制皮脂溢出的作用;蒲公英提取物具有抗菌、消炎作用,对有感染的粉刺及黑头粉刺均有很好的改善作用。

此外,金缕梅的叶、枝条或树皮的提取物也常用作抗痤疮的活性原料,主要活性成分为单宁,可发挥如下作用:①对油性皮肤具有收敛及镇静作用;②具有有效的抗皮肤炎症和抗刺激的能力;③具有修复和增强皮肤天然屏障功能。

四、实例解析

目前,抗痤疮化妆品常见的剂型有膏霜、乳液、水剂、凝胶等。剂型不同配方组成也不同,现以抗粉刺霜和抗粉刺露为例进行配方实例解析(表6-10、表6-11)。

表6-10　抗粉刺霜配方实例

组分	质量分数(%)	组分	质量分数(%)
棕榈酸异丙酯	4.0	吐温-20	2.0
羊毛脂	2.5	对羟基苯甲酸甲酯	0.1
凡士林	5.0	对羟基苯甲酸乙酯	0.15
十六醇	3.0	蒲公英提取物	3.5
蜂蜡	5.0	去离子水	加至100.0
单硬脂酸甘油酯	12.0		

【解析】　方中棕榈酸异丙酯、十六醇、羊毛脂、凡士林、蜂蜡均为油相原料,去离子水为水相原料,单硬脂酸甘油酯和吐温-20为乳化剂,对羟基苯甲酸甲酯和对羟基苯甲酸乙酯是防腐剂。其中十六醇与凡士林具有增稠作用;羊毛脂、蜂蜡、棕榈酸异丙酯具有很好的润肤作用;蒲公英提取物具有广谱抗菌、消炎和控油作用,是非常有效的抗粉刺药物,产品在抑制粉刺的同时还具有护肤的功效。

表6-11　抗粉刺露配方实例

组分	质量分数(%)	组分	质量分数(%)
阿拉伯树胶	3.0	单硬脂酸甘油酯	3.0
甘油	3.0	乙醇	15.0
黄芩苷	3.0	三乙醇胺	0.5
茶树油	0.2	香精、防腐剂	适量
吐温-20	0.3	去离子水	加至100.0

【解析】　方中阿拉伯树胶为增稠剂,单硬脂酸甘油酯和吐温-20为增溶剂,三乙醇胺为pH值调节剂。乙醇能够溶解和清除表皮油脂,疏通毛囊导管,杀菌,抑制粉刺形成;黄芩苷和茶树油是使用最广泛的抗痤疮原料,具有清凉舒爽、杀菌消炎、预防和治疗痤疮的作用。

知识链接

痤疮患者如何选用化妆品

痤疮患者的皮肤已经受损并伴有炎症,在选用化妆品方面应注意以下几点:①清洁类产品应以控油、温和、少刺激为原则:可选用皮肤科专用洁肤皂,不宜频繁使用抗菌清洁剂,洁肤凝胶较温和,可作为日常洁肤用品;②化妆水主要选用收缩水和爽肤水,但是不可多用,特别是急性期的患者不适宜使用;男性痤疮患者可选用含过氧化苯甲酰的剃须水;③润肤品最好选用含油脂少的奶液和露剂等,或含有水杨酸、硫黄等抗痤疮原料的润肤品;④防晒产品应选用标签上印有"不导致粉刺"或"不导致痤疮"的制品;⑤避免使用具有刺激性的磨砂膏,不宜化浓妆,洗脸水不宜过热等。

(孙珊珊)

第四节　敏感性皮肤用化妆品

近年来,敏感性皮肤的发生有逐渐增多的趋势,这种问题性皮肤直接影响着人们的生活质量,因而受到了皮肤科学界的广泛关注,同时针对这类人群的化妆品的研发也愈来愈受到化妆品行业的重视。本节将对敏感性皮肤的特点、产生机制、发生原因及敏感性皮肤用化妆品的功效性原料等知识进行简要介绍。

一、敏感性皮肤的特点

敏感性皮肤,亦称敏感性皮肤综合征,目前对其尚无统一、确切的定义,但多数学者认为:敏感性皮肤不是严格意义上的皮肤疾病,它是一种高度敏感的皮肤亚健康状态,处于这种状态下的皮肤极易受到各种因素的激惹而产生刺痛、烧灼、紧绷、瘙痒等主观症状,而皮肤外观基本正常或伴有轻度的脱屑、红斑和干燥。主要发生于女性面部、双手、头皮和足部。

与正常皮肤相比,敏感性皮肤所能接受的刺激程度非常低,特别容易受到各种因素刺激。此类人群表现为面色潮红,脉络依稀可见,抗紫外线能力弱等,甚至水质的变化、穿化纤衣物等都能引起其敏感性反应。

二、敏感性皮肤的产生机制

敏感性皮肤的产生机制极为复杂,目前尚未完全清楚,可能与以下机制有一定关系:①神经传导功能增强:敏感性皮肤的人群可能有着变异的神经末梢,释放更多的神经介质,有独特的中枢信息处理过程;②皮肤屏障功能下降:该功能下降不仅会使外用化学物质的渗透性增加,而且会使神经末梢受到的保护减少,导致感觉神经的信号输入明显增加,这是敏感性皮肤产生的主要机制;③各种刺激导致血管扩张及某些炎症介质释放。

"敏感性皮肤"应与"皮肤过敏"相鉴别。皮肤过敏是一种变态反应,仅对抗原物质产生反应;而敏感性皮肤更多是一种原发刺激反应,刺激源缺乏特异性。然而变态反应是否参与敏感性皮肤的发病机制目前尚未定论。有学者认为,人们在日常生活中经常接触的低浓度抗原物质可以引起皮肤敏感,大部分人的皮肤敏感就是由于过敏而引起的。过敏和刺激引起的皮肤敏感并不是截然分开的,某些抗原本身就具有刺激性,并且刺激反应和过敏反应在效应阶段也具有相似性。

中医理论认为,面部敏感性皮肤是因为禀赋不耐,皮肤腠理不密,外感毒邪,热毒

蕴于肌肤而致,治疗应以清热解毒、凉血为主。

三、导致皮肤敏感的原因

敏感性皮肤产生的原因不是简单独立的,而是由多种内在和外在因素分别或共同作用的结果,这些因素主要包括以下几方面。

1. 种族　不同种族人群的角质层厚度及细胞间黏附力不同,黑素生成的量也不一样,导致了皮肤敏感性有差异。亚洲人容易对辛辣食物、温度变化和风表现出高反应,并且容易产生瘙痒。

2. 性别、年龄　一般女性皮肤比男性皮肤敏感,一方面是因为女性皮肤比男性皮肤薄,另一方面可能是因为女性皮肤 pH 值较高,对于刺激缓冲力较差所致。老年人的皮肤存在感觉神经功能减退,神经分布也在减少,所以青年人比老年人容易出现皮肤敏感。

3. 机体内在因素　主要包括:①内分泌因素:月经周期会影响皮肤的敏感性,调查发现敏感性皮肤的女性中 49% 认为皮肤反应与月经周期有关。②心理因素:心理压力及情绪激动等会激发或加剧皮肤反应。③皮肤干燥:皮肤角质层含水量低会使皮肤的敏感性增加,抵抗外界物质的刺激能力降低。④体弱或患有皮肤病:对于体质较弱者,其自身抵抗力差,自我修复功能有限;而某些皮肤病也可以使皮肤的敏感性增高,如异位性皮炎、脂溢性皮炎、鱼鳞病及玫瑰痤疮等,在女性异位性皮炎患者中有 66% 为敏感性皮肤。

4. 外界刺激　各种外界刺激均可导致皮肤敏感。皮肤屏障功能下降时,经皮失水率增高,皮肤更加容易受到刺激而导致皮肤敏感。①物理性刺激:如冬季寒冷干燥的气候,以及日晒、风吹、冷、热、湿度低、电离辐射等;②化学性刺激:如化妆品、药物及清洁剂等。

上述因素中,对于化妆品使用不当所引起的皮肤敏感非常常见,主要表现为皮肤红肿、发热、发痒,严重者会出现皮疹、水疱、皮炎等现象。主要原因可能是皮肤对化妆品中的以下成分敏感:①香精中的香料(欧盟公布 26 种化妆品香料过敏原清单,如柠檬醛、水杨酸苄酯、香豆素、芳樟醇、香叶醇等,要求化妆品生产企业在使用这些香料到达一定量时,需要在产品外包装上标注,以提醒消费者注意);②抗氧剂;③防腐剂;④表面活性剂;⑤重金属;⑥乙醇;⑦果酸等。其中出现几率较高的是对香精和防腐剂敏感。

此外,生活方式也是引起皮肤敏感的因素之一,如辛辣刺激的饮食以及酒精等均可加重皮肤的敏感性反应。

四、敏感性皮肤的类型

根据敏感性皮肤的产生机制和影响因素,一般将敏感性皮肤分为以下几种类型。

1. 生理性皮肤敏感　生理性皮肤敏感是先天性皮肤脆弱敏感者,此类人群表现为皮肤白皙、纹理细腻、透明感强、脉络依稀可见、面色潮红。多数女性认为自己是这种皮肤,但真正属于这种皮肤的人不超过 10%。

2. 药物刺激引起的医源性皮肤敏感　在临床治疗皮炎、湿疹、痤疮等一些损美性皮肤病时,通常会使用一些刺激性的药物,如维甲酸类、过氧化苯甲酰、糖皮质激素等。这些药物长期使用会使皮肤变薄、屏障功能受损、毛细血管扩张导致皮肤敏感。

3. 疾病状态下的皮肤敏感 鱼鳞病、脂溢性皮炎、玫瑰痤疮、异位性皮炎等自身皮肤疾病的临床前期或临床期会增高皮肤的敏感性,可能是在疾病状态下,感觉神经信号输入增加、皮肤屏障功能受损导致的。同时,选择不适合的化妆品刺激皮肤或变应性等炎症反应也会增加皮肤的敏感性。

4. 激光术后皮肤敏感 激光的光化效应及热效应会对皮肤产生非常大的影响,如角蛋白、纤维蛋白、酶蛋白变性,天然保湿因子、脂质生成代谢障碍,神经酰胺的合成减少,皮肤的"砖墙结构"受到破坏,导致角质层的屏障及保湿功能下降。所以激光术后的皮肤容易受到微生物、外界紫外线的影响变得敏感。

五、敏感性皮肤用化妆品的功效性原料

近年来,用于敏感性皮肤用化妆品的功效性原料主要包括舒缓皮肤类、抗炎或抗过敏类、修复皮肤屏障类三大类。

(一)舒缓皮肤类

1. 芦荟提取物 芦荟提取物含有芦荟宁、芦荟苦素、芦荟苷、氨基酸、黏多糖和多肽等物质,除具有防晒、保湿作用外,还具有消炎、抑菌及加速伤口愈合等作用,作为皮肤舒缓剂广泛应用。

2. 薰衣草 薰衣草精油适用于任何肤质,可以平缓神经紧张,减压镇静。具有促进细胞再生,治疗灼伤,抑制细菌,减轻瘢痕的作用。薰衣草非精油组分可不同程度地缓解病理状态下自由基对机体的伤害。

3. 芹黄素 属于黄酮类化合物,为芹菜的主要有效成分。外用芹黄素能够调理皮肤,缓解其紧张状态,具有镇静作用,并能强烈吸收 UVB。可作为调理剂用于面部用化妆品中。

4. 白杨素 又名柯因,属于黄酮类化合物,主要存在于黄芩、蜂胶等原料中,可由黄芩中提取。外用白杨素能够调理皮肤,缓解皮肤紧张状态,具有镇静作用。

5. 雪松醇 属于倍半萜类化合物,能舒缓皮肤的过敏反应,特别是对高过敏性皮肤的作用更明显,可用于敏感性皮肤用化妆品的配制。

(二)抗炎与抗敏类

1. 积雪草提取物 积雪草含有三萜类成分、挥发油、多种微量元素、多糖及氨基酸等,具有消炎、促进胶原蛋白合成、促进黏多糖分泌以及增加皮肤水合度的作用。羟基积雪草皂苷能抑制脂多糖诱导的痛觉增敏,降低小鼠对痛觉刺激的敏感性。

2. 洋甘菊提取物 洋甘菊抗敏成分主要是蓝香油薁,其具有良好的消炎及抗氧化作用和抗敏作用。能够改善血管破裂现象,有效修复血管,恢复与增强血管弹性;同时能够修复皮肤受损角质层,改善肌肤对冷热刺激的敏感度,为皮肤提供天然保护屏障。

3. 马齿苋提取物 马齿苋具有清热解毒、凉血消肿的功效,现代研究发现,马齿苋提取物有抗敏、炎及抗外界刺激作用,被广泛用于过敏性皮肤的康复与治疗。

4. 黄芩提取物 提取物中的黄芩黄素、黄芩苷及汉黄芩素三种成分均具有抗炎及抗变态反应作用,对组胺引起的被动性皮肤过敏及皮肤反应均有抑制作用,能缓和

化学添加剂对皮肤的刺激作用,缓解皮肤的紧张程度,抑制过敏性水肿及炎症的发生;同时,它们对 NO 合成酶有强烈抑制作用,NO 可以导致血管扩张,而皮肤血管的扩张是导致皮肤敏感的一个重要机制。三者抑制 NO 合成酶的能力强弱依次为:汉黄芩素 > 黄芩苷 > 黄芩黄素。

5. 甘草提取物　提取物中的甘草素、甘草苷和甘草次酸为功效性成分,三者均具有抗过敏反应的作用。其中甘草素和甘草苷能够调理皮肤,缓解皮肤的紧张状态,具有镇静作用;甘草次酸可用于治疗过敏性或职业性皮炎。

（三）修复皮肤屏障类

1. 神经酰胺　是人体皮肤角质层细胞间脂质的主要成分。角质层是人体皮肤的天然屏障,局部使用一定量的神经酰胺可使受损的皮肤屏障得以修复。此外,神经酰胺还具有保湿和抗衰老作用。

2. 维生素 E　外用维生素 E 可使其聚集在皮肤的角质层,帮助角质层修复其屏障功能,增强皮肤抵御外界刺激的能力,并可阻止皮肤内水分的丢失。

六、敏感性皮肤用化妆品的设计原则

各类不同功用的化妆品,如洁肤类、化妆水、防晒霜、面膜等,均可针对敏感性肌肤进行设计。进行配方设计时应遵循以下原则:①配方组成尽量简单,不宜过度复杂;②选取温和型原料,减少香精、防腐剂及乙醇等原料的用量,洁面产品不含皂基;③修复角质层,增强其皮肤屏障功能;④抗炎、抗过敏,舒缓肌肤;⑤保湿、防晒。其中防晒是预防皮肤敏感的重要环节。

七、实例解析

以洋甘菊洁面乳为例解析如下（表 6-12、表 6-13）。

表 6-12　洋甘菊洁面乳配方实例

组分	质量分数（%）	组分	质量分数（%）
单硬脂酸甘油酯	2.0	甘油	5.0
十六醇	3.0	尿囊素	0.1
白油	8.0	洋甘菊提取液	2.0
辛酸葵酸三甘油酯	4.0	去离子水	加至 100.0
十二烷基葡萄糖苷	11.0		

【解析】　方中辛酸葵酸三甘油酯、白油、十六醇为油相原料,单硬脂酸甘油酯及十二烷基葡萄糖苷为乳化剂。辛酸葵酸三甘油酯具有赋脂作用,能够改善洗涤后的肤感,使皮肤柔软、光滑、不紧绷;十二烷基葡萄糖苷还具有洗涤作用,其去污力显著,泡沫丰富细腻,且对皮肤无刺激,是一种性能全面的绿色表面活性剂;白油可溶解皮肤上的油溶性污垢;十六醇为增稠剂;甘油为保湿剂;尿囊素具有镇静作用,可以软化角蛋白,促进伤口愈合及组织吸水能力;洋甘菊提取液具有消炎及抗敏作用,能够修复血管,增强血管弹性,改善肌肤对冷热的敏感度。此方适合于敏感性皮肤使用。

表6-13 调理乳液配方实例

组分	质量分数（%）	组分	质量分数（%）
橄榄油	15.0	甘油	5.0
肉豆蔻酸异丙酯	5.0	尼泊金乙酯	0.1
壬基酚聚氧乙烯醚	0.5	去离子水	加至100.0
芹黄素	0.2		

【解析】 方中橄榄油和肉豆蔻酸异丙脂为油相原料,具有润肤作用;壬基酚聚氧乙烯醚为乳化剂;芹黄素用乙醇溶解后加入油相,具有镇静、舒缓皮肤紧张作用;甘油为保湿剂;尼泊金乙酯为防腐剂。

知识拓展

红血丝皮肤用化妆品

敏感性皮肤受外界刺激导致末梢血管时紧时松,呈现反复瘀血状态,造成血管迂回扩张,形成红血丝。红血丝又称为面部毛细血管扩张,也就是毛细血管壁的弹性降低,脆性增加,血管持续性不均匀的扩张甚至破裂,导致面部皮肤泛红,肉眼可见扩张的毛细血管,常伴有红色或紫红色斑状、点状、线状或星状等现象。目前国内外多以激光治疗方法为主。化妆品多以舒缓皮肤为主,一些高端品牌推出了针对红血丝皮肤的化妆品,其作用机制是以修复毛细血管为主。

化妆品应通过以下途径来改善红血丝皮肤问题:①增加皮肤的屏障功能;②修复毛细血管:这是去除红血丝的关键步骤,可通过保护作用、修护作用和舒缓作用三种方式来实施;③增强胶原蛋白和弹性蛋白的活力。常用功效性原料主要是含有黄酮、皂苷或鞣酸三大类成分的植物提取物,如黄芪、枳实、七叶树、假叶树和金缕梅等植物提取物。

（孙珊珊）

复习思考题

1. 影响皮肤衰老的内在因素和外在因素有哪些?
2. 简述美白祛斑化妆品的作用机制。
3. 痤疮的发病机制有哪些?
4. 敏感性皮肤的产生机制主要有哪些?

第七章

发用化妆品

学习要点

洁发化妆品的配方组成;护发素的配方组成;永久性染发剂的染发机制;冷烫卷发的机制。

头发的清洁、护理和修饰是美容的一项重要内容。发用化妆品就是一类能够满足上述要求,用于清洁、护理和美化头发的一类日用化妆品,主要包括洁发化妆品、护发化妆品、染发化妆品、烫发化妆品和整发化妆品几大类。

第一节　洁发化妆品

洁发化妆品统称为香波,主要用于洗净附着在头皮和头发上的灰尘、油脂、汗垢、头屑及不良气味等。早期的洗发香波功能单一,自 20 世纪 60 年代后,香波已不再仅仅是一种头皮和头发的清洁剂,而是逐渐朝着洗发、护发、养发等多功能方向发展,尤其是近 20 年来,随着化妆品行业的飞速发展,具有洗发、护发功能的调理香波以及集洗发、护发、去屑、止痒等多功能于一体的多功能香波已经成为市场流行的主要品种,香波已经成为人们日常生活中不可缺少的洗发用品。

理想的香波在品质上应满足以下要求:①适度的洗净力,在保证洗涤效果的同时,又不会脱尽油脂而导致头发干燥;②泡沫丰富,稳泡性好,脏污易从头发上清洗下来;③良好的干发和湿发梳理性;④安全性好,对眼睛、头皮及头发均无刺激、无毒性,pH 值应在 6.0~8.5 之间;⑤具有怡人的香气和悦人的色泽。

一、洁发化妆品的配方组成

香波的配方组成大致可分为两大类:表面活性剂和其他添加剂。表面活性剂是香波中的主要成分,主要发挥洗涤、发泡、稳泡及增稠等作用,根据其在香波中发挥作用的不同又可分为主表面活性剂和辅助表面活性剂两类;其他添加剂的作用主要是改善香波的使用性能及感官效果等,主要包括调理剂、增稠剂、螯合剂、澄清剂、珠光剂、防腐剂、着色剂、香精、去屑止痒剂及营养剂等。

(一)主表面活性剂

香波中主表面活性剂主要发挥洗涤和发泡作用,目前最为常用的是一些阴离子型表面活性剂,主要有脂肪醇硫酸盐、脂肪醇聚氧乙烯醚硫酸盐、脂肪酸单甘油酯硫酸盐、脂肪醇磺基琥珀酸酯盐、N-酰基谷氨酸盐等。

1. 脂肪醇硫酸盐(AS) 也称为烷基硫酸酯盐,是香波中最常用的阴离子型表面活性剂,具有很好的去污力和发泡性能,有钠盐、钾盐、铵盐、一乙醇胺盐、二乙醇胺盐和三乙醇胺盐等。其中月桂醇硫酸钠(K_{12})的发泡力及去污力均较强,但低温溶解性较差,脱脂力强且有一定刺激性,不适于制备透明液体香波。乙醇胺盐具有良好的溶解性能,低温下仍能保持透明,其中十二烷基硫酸三乙醇胺(LST)即是制造透明液体香波的主要原料。

2. 脂肪醇聚氧乙烯醚硫酸盐(AES) 也称为烷基聚氧乙烯醚硫酸酯盐,是香波中应用最为广泛的阴离子型表面活性剂,多为钠盐、胺盐等,脂肪烷基多为十二烷基,聚合度 n 为 2~4,n=4 时水溶性最佳。AES 的性能优于 AS,具有优良的去污力,起泡迅速,易被无机盐增稠。其刺激性低于 AS,且溶解性优于 AS,低温下仍保持透明,故适宜于制备透明液体香波,缺点是泡沫稳定性稍差。

3. 脂肪酸单甘油酯硫酸盐 一般采用月桂酸单甘油酯硫酸铵。洗涤性能类似于月桂醇硫酸盐,比月桂醇硫酸盐易溶解,洗后使头发柔软而富有光泽,缺点是易水解,适合配制弱酸性或中性香波。

4. 脂肪醇磺基琥珀酸酯盐 又称为脂肪醇琥珀酸酯磺酸盐。是近几年来新开发的新型阴离子型表面活性剂,具有良好的洗涤性和发泡能力,对皮肤和眼睛的刺激性小,属温和型表面活性剂。与其他温和型原料相比,具有成本低、价格便宜等优点。与脂肪醇硫酸盐或醇醚硫酸盐等配合使用时,可降低它们对皮肤的刺激性,并具极好的发泡性。缺点是在酸或碱性条件下易发生水解,故宜于配制微酸性或中性香波。

5. 醇醚磺基琥珀酸单酯二钠盐(AESM,AESS) 全称为脂肪醇聚氧乙烯醚磺基琥珀酸单酯二钠盐,又称为脂肪醇聚氧乙烯醚琥珀酸单酯磺酸钠。具有良好的洗涤和发泡能力,尤其是对人体皮肤和眼睛的刺激作用极低,是目前洁发用品中极温和的表面活性剂之一。

此外,N-酰基谷氨酸盐具有良好的抗硬水及助洗涤去污能力,作用温和,安全性高,宜于配制低刺激性香波;椰子油单乙醇酰胺磺基琥珀酸单酯二钠盐不但具有优良的钙分散力、去污力以及良好的配伍性、发泡性和稳定性,还具有一定的调理性和增稠性,特别适合配制婴儿用香波。

(二) 辅助表面活性剂

香波中辅助表面活性剂的作用主要是增泡、稳泡、增稠、增加洗净力及降低主表面活性剂的刺激性等,主要为非离子型和两性表面活性剂。

1. 非离子型表面活性剂 在香波中主要发挥以下几方面作用:①作为增溶剂和分散剂,增溶和分散水不溶性物质如油脂等;②降低阴离子型表面活性剂的刺激性;③调节香波的黏度,并起到稳泡作用。

常用的非离子型表面活性剂有聚乙二醇脂肪酸酯、聚氧乙烯失水山梨醇脂肪酸酯、烷基醇酰胺及烷基糖苷(烷基为 $C_{8~18}$)等。其中烷基醇酰胺具有优异的稳泡和增稠性能,代表性原料为椰子油二乙醇酰胺;烷基糖苷是一种温和的表面活性剂,既可发挥稳泡和增稠作用,又能大大降低阴离子型表面活性剂的刺激性。

2. 两性表面活性剂　此类表面活性剂毒性低,对眼睛的刺激性低,具有较好的去污、起泡、杀菌、抑菌及调理毛发等性能,与头发的亲和性好,且具有良好的生物降解性。

常用的两性表面活性剂主要有氧化胺型、甜菜碱型、咪唑啉型和氨基酸型等。其中氧化胺型具有发泡、稳泡、润滑、抗静电等性能,且对眼睛刺激性很小,是香波中非常常用的稳泡剂;甜菜碱型的代表性原料椰油酰胺丙基甜菜碱(CAB)是目前香波中应用最广的辅助表面活性剂,与其他表面活性剂配伍性好,还可降低阴离子型表面活性剂的刺激性,性能温和,安全性高,对眼睛和皮肤的刺激性很低,且具有抗菌作用。

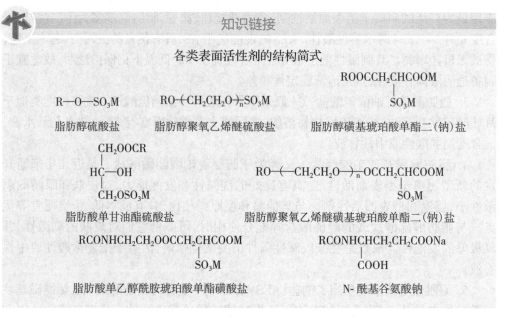

知识链接

各类表面活性剂的结构简式

（三）其他添加剂

1. 调理剂　主要作用是护理头发,使洗后头发光滑、柔软、易于梳理。用作调理剂的主要是高分子阳离子化合物、硅油、各种氨基酸、水解蛋白肽、卵磷脂以及赋脂剂等。这些物质易吸附在头发上,修复受损头发,为头发补充油分,使头发润滑、易于梳理。

（1）高分子阳离子化合物:包括阳离子纤维素聚合物、阳离子瓜尔胶、阳离子高分子蛋白肽等。其中阳离子纤维素聚合物在头发表面有很强的吸附力,对头发的调理作用非常明显,使用时最好与其他调理剂复配;阳离子瓜尔胶可改善头发的柔顺性、抗静电性,可赋予头发光泽、蓬松感,与其他表面活性剂有很好的相容性;阳离子高分子蛋白肽是采用天然蛋白质经改性制得,对头发有很好的附着性,能赋予头发良好的柔软性和梳理性,保持头发光泽,并对受损伤的头发有修复功能。

（2）硅油:即聚硅氧烷,属于高分子聚合物,是一类无油腻感的合成油质原料。该原料能够显著改善头发的湿梳理性和干梳理性,赋予头发抗静电性、润滑性、柔软性及光泽性等,对受损头发有修复作用,防止头发开叉,并能降低阴离子型表面活性剂对眼睛的刺激性,是现代香波中普遍采用的调理剂,常用的硅油有聚醚改性硅油和氨基改性硅油。

(3) 赋脂剂:包括羊毛脂、羊毛醇等油质原料。这些物质能有效地吸附在头发上,给头发补充油分,形成的油性薄膜能适当抑制头发水分的蒸发,赋予头发湿润感和自然光泽。

此外,香波中也会加入甘油、丙二醇和山梨醇等保湿剂,以使洗后头发保持适宜水分而柔软顺滑。

2. 增稠剂 用于提高香波的黏度和稠度。常用无机电解质(如氯化钠)和有机水溶性高分子化合物(如聚乙二醇二硬脂酸酯、汉生胶、瓜尔胶、变性淀粉、变性纤维素等)作为增稠剂。

3. 螯合剂 用于络合重金属离子,避免香波中阴离子型表面活性剂遇到 Ca^{2+} 或 Mg^{2+} 发生沉淀反应。常用的螯合剂为 EDTA 及其盐、柠檬酸、酒石酸等。

4. 澄清剂 用来保持或提高透明香波的透明度。常用的有乙醇、丙二醇、脂肪酸柠檬酯等。

5. 珠光剂或遮光剂 珠光剂是使香波产生珠光效果的一类原料,常用的珠光剂有乙二醇硬脂酸酯、聚乙二醇硬脂酸酯等。遮光剂是使香波的透明度降低、使之成为乳浊状的一类物质,主要是一些高级脂肪醇等,如十六醇、十八醇等。

6. 防腐剂 常用的防腐剂有尼泊金酯类、布罗波尔、凯松、杰马等。

7. 着色剂、香精 香波中可添加适量着色剂和香精,以赋予香波怡人的视觉和嗅觉效果。

8. 去屑止痒剂 目前常用的去屑止痒剂有吡啶硫酮锌(ZPT)、甘宝素(Climbazole)、十一碳烯酸衍生物和吡啶酮乙醇胺盐(Octopirox,OCT)等。

9. 营养添加剂 为使香波具有护发、养发功能,通常加入各种护发、养发添加剂。主要品种有:维生素类,如维生素 E、维生素 B_5 等;氨基酸类,如丝肽、水解蛋白等;中药提取液,如人参、芦荟、何首乌、当归、啤酒花、沙棘等。

二、洁发化妆品的常见类型

香波的种类很多,按形态分类有液状、膏状、凝胶状等;按功能分类有普通香波、调理香波、去屑止痒香波等,而目前的香波是向洗、护、养多功能方向发展。

1. 液状香波 液状香波按外观性状可分为透明型和乳浊型两类。

(1) 液状透明香波:液状透明香波具有外观透明、泡沫丰富、易于清洗等特点,在整个香波市场上占有很大比例。

液状透明香波由于要保持香波的透明度,在原料的选择上受到很大限制,以便产品即使在低温时仍能保持透明清晰,不出现沉淀、分层等现象。常用的表面活性剂是溶解性较好的脂肪醇聚氧乙烯醚硫酸盐、脂肪醇硫酸三乙醇胺盐、醇醚磺基琥珀酸单酯二钠盐、烷醇酰胺等。

为改进透明香波的调理性能,可加入阳离子纤维素聚合物、阳离子瓜尔胶、水溶性硅油等调理剂。

(2) 液状乳浊香波:液状乳浊香波包括乳状香波和珠光香波两种。由于外观呈不透明状,原料的选择范围较广,可加入各种调理剂。

乳状香波的配方组成是在液状透明香波的基础上加入了高级醇、羊毛脂及其衍生物、硬脂酸盐等遮光剂而构成;珠光香波外观呈珠光光泽,是因其配方中加入了珠光剂,目前最常用的珠光剂是乙二醇单硬脂酸酯及双硬脂酸酯。

乳浊香波中加入不同功能的添加剂,可赋予产品特殊的功能。如加入各种高分子阳离子型表面活性剂、两性表面活性剂时,构成调理香波;加入维生素、水解蛋白或天然动植物提取液时,构成护发、养发香波;加入吡啶硫酮锌、十一碳烯酸衍生物、二唑酮等去屑止痒剂时,构成去屑止痒香波;如同时加入多种功能性添加剂则构成多功能香波。

2. 膏状香波　膏状香波即洗发膏,由于呈不透明膏状体,故可加入多种具调理、滋养等作用的物质。

洗发膏多以皂体(各种高级脂肪酸盐)与其他表面活性剂相配或由各种表面活性剂相配(无皂基)制得。皂体的主要原料为各种脂肪酸及中和脂肪酸所需的碱,而合成表面活性剂有月桂醇硫酸钠、十二烷基硫酸三乙醇胺、烷醇酰胺、单硬脂酸甘油酯等,其中月桂醇硫酸钠最为常用,为洗发膏不可缺少的原料。

3. 洗发凝胶　呈透明胶冻状,可配成多种浅淡色泽,使外观晶莹剔透,令人悦目。

洗发凝胶的配方组成主要是在液状透明香波的基础上加入了胶凝剂、中和剂和光稳定剂。胶凝剂主要是水溶性高分子化合物,如丙烯酸树脂、海藻酸钠、角叉胶、瓜尔胶等,其中丙烯酸树脂形成凝胶是在碱(三乙醇胺等)的中和作用下形成的。光稳定剂即是紫外线吸收剂,防止丙烯酸树脂形成的凝胶由于长时间受紫外光的照射而黏度下降甚至被破坏。

三、实例解析

以液状透明香波和珠光香波为例解析如下(表 7-1、表 7-2)。

表 7-1　液状透明香波配方实例

组分	质量分数(%)	组分	质量分数(%)
月桂醇硫酸三乙醇胺	5.0	甘油	3.0
脂肪醇聚氧乙烯醚硫酸钠	5.0	氯化钠	1.0
醇醚磺基琥珀酸单酯二钠	15.0	柠檬酸	适量
脂肪醇酰胺	5.0	防腐剂、香精	适量
十六醇	1.0	去离子水	加至 100.0

【解析】 方中的主表面活性剂月桂醇硫酸三乙醇胺和脂肪醇聚氧乙烯醚硫酸钠在发挥优良的发泡作用及去污作用的同时,均具有良好的溶解性能,醇醚磺基琥珀酸单酯二钠也具良好的洗涤和发泡能力,作用温和,且可显著降低月桂醇硫酸三乙醇胺和脂肪醇聚氧乙烯醚硫酸钠的刺激性,特别是与脂肪醇聚氧乙烯醚硫酸钠复配效果极好;脂肪醇酰胺除可增强配方的洗涤效果外,主要发挥稳泡功能;十六醇作为赋脂剂用于滋润头发;甘油作为保湿剂,能够使洗后头发保持适宜水分而柔软顺滑;柠檬酸为酸度调节剂;氯化钠为增稠剂。纵观全方,该方的特点为洗涤、发泡力优良,刺激性较低。

表 7-2 珠光香波配方实例

组分	质量分数（%）	组分	质量分数（%）
月桂醇硫酸钠	9.0	氯化钠	1.0
脂肪醇醚硫酸盐	9.0	尼泊金乙酯	0.1
椰子油二乙醇酰胺	4.0	EDTA	0.1
乙二醇单硬脂酸酯	2.0	香精	0.6
水解蛋白	0.7	着色剂	适量
柠檬酸	0.2	去离子水	加至 100.0

【解析】 方中主表面活性剂月桂醇硫酸钠和脂肪醇醚硫酸盐均具有很好的发泡力及去污力；椰子油二乙醇酰胺具有良好的洗涤性能，能产生稳定的泡沫，又具有使水溶液变稠的特性，在这里既是增稠剂，又是稳泡剂；乙二醇单硬脂酸酯能产生波纹状珠光；柠檬酸为酸度调节剂，以防止椰子油二乙醇酰胺及乙二醇单硬脂酸酯的水解；水解蛋白为营养剂；尼泊金乙酯为防腐剂；EDTA 为金属离子螯合剂，用以螯合水中的钙、镁等金属离子。

第二节 护发化妆品

头发角质的表面有一层薄的油膜，此层薄膜可维持头发的水分平衡，保持头发光亮、柔软、富有弹性。若此层油膜的油分大量降低（如接触碱性物质、洗发、染发、烫发等对头发的脱脂作用或风吹、日晒等），头发就会变得枯燥、易断，此时就需要为头发补充水分和油分，以恢复头发的光泽和弹性。因此，护发化妆品的主要作用就是补充头发油分和水分的不足，赋予头发自然、健康、光泽和美观的外表，同时还可减轻或消除头发或头皮的不正常现象，以达到滋润、保护、修饰头发以及固定发型的目的。

护发化妆品主要有护发素、发蜡、发油、发乳、焗油等。

一、护发素

护发素是一种洗发后使用的护发用品，使洗发时头发表面脱去的一层油脂层得到修复，从而保护头发、柔软发质，使头发光亮、富有弹性、易于梳理，消除静电。

一般情况下，头发带有负电荷，而用香波，特别是阴离子型表面活性剂为主的香波洗发后，会使头发带更多的负电荷，产生静电，使头发难以梳理。当以阳离子型表面活性剂或阳离子高分子聚合物为主要原料配制的护发素涂于头发后，具有正电荷的阳离子吸附在具有负电荷的头发上，而非极性的亲油基部分向外侧排列，如同头发上涂上油性物质，在头发表面形成一层油膜，从而使头发变得滑润、光亮、柔软，易于梳理。

理想的护发素应具有如下功能：①改善头发的干梳和湿梳性能；②抗静电；③赋予头发光泽；④保护头发，增加头发立体感。

护发素的品种繁多，可按剂型、功能的不同或使用方法的不同分别对其进行分类。①按剂型:有透明液体、乳液、膏体、凝胶、气雾剂等不同类型;②按功能:有正常头发用、干性头发用、受损头发用、头屑性头发用、头发定型用、防晒用、染发时用等不同;③按使用方法:有水洗型、免洗型和焗油型等不同。其中水洗型护发素为市场主导产品,使用时先用香波等洗发用品将头发洗净后,将护发素均匀涂于头发上,保持5~10min,然后用清水漂洗即可。

护发素的配方组成可分为主体成分和辅助成分两大类。

1. 主体成分　护发素的主体成分多为季铵盐阳离子表面活性剂,有时再配以硅油和水溶性高分子化合物等。

阳离子型表面活性剂容易吸附于头发,形成单分子吸附膜,赋予头发柔软、光泽及弹性,消除静电,使头发易于梳理;用于护发素的硅油类原料是经聚醚类(聚乙二醇或聚丙二醇)或氨基改性的二甲基硅氧烷或环状聚硅氧烷,能在头发表面形成一层透气性良好的薄膜,具有抗尘、减少静电、增加头发光泽、提高头发梳理性的功效;水溶性高分子化合物能在头发表面形成具有一定强度的高分子化合物薄膜,从而起到护发定型的作用,如海藻酸钠、黄耆树胶、聚乙烯吡咯烷酮等。

2. 辅助成分　护发素的辅助成分有保湿剂、赋脂剂、乳化剂、防腐剂、抗氧剂、香精、着色剂等。

保湿剂有甘油、丙二醇、聚乙二醇、山梨醇等;赋脂剂有白油、植物油、羊毛脂、高级脂肪酸、高级脂肪醇等;乳化剂主要为单硬脂酸甘油酯、聚氧乙烯失水山梨醇脂肪酸酯、聚氧乙烯脂肪醇醚等脱脂力弱、刺激性小、与其他原料配伍性好的非离子型表面活性剂。

此外,还可以加入一些特殊添加剂如水解蛋白、维生素 E、霍霍巴油等,以配制一些特殊功效的护发素。

二、发蜡

发蜡是一种外观透明或半透明的软膏状半固体型化妆品,用于增加头发的光亮度及固定发型,最早为男士用品,但现在已不分男女,均可使用。

发蜡的主要成分为矿物油、石蜡、蜂蜡、地蜡、鲸蜡、凡士林、植物油等,也可含有香精、着色剂、防腐剂等,有无水和含水发蜡之分(这时需加入乳化剂)。现代发蜡又兼有染发、护发等功效。

发蜡黏性较高,油性较大,易粘灰尘,清洗较为困难,已逐渐被新型的护发、定发产品所替代。

三、发油

发油的主要作用是补充头发的油分,增加光亮度,主要组成成分为动植物油和矿物油,再辅以其他油质类原料、香精、着色剂、抗氧化剂等。

可用于发油的动植物油脂有橄榄油、蓖麻油、花生油、豆油及杏仁油等。一方面动植物油脂易发生氧化酸败,需加入抗氧化剂,另一方面,使用动植物油脂制成的发油在使用时有黏滞感,所以目前大部分已被矿物油所取代。

配制发油所用的矿物油主要是精炼的白油。白油主要由烷烃组成,化学性质稳定,正构烷烃在头发表面形成不透气的薄膜,影响头发的正常呼吸作用,而异构烷烃有良好的透气性,且润滑性能好,因此,应选用异构烷烃含量高的白油。

发油中加一些脂肪酸酯类、羊毛脂衍生物等,可提高发油的质量。这些物质能与动植物油脂、矿物油互溶,从而改善发油的性质、阻滞酸败,并能被毛发吸收,使制品既有光泽又有滋润毛发的功效,是性能良好的合成或半合成油性原料。

四、发乳

发乳是一种光亮、洁白、稠度适宜的乳化体,主要用于补充头发的油分和水分的不足,使头发光亮、柔顺、滑爽,并有适度的整发效果。有 O/W 型和 W/O 型之分。

发乳的配方主要由油性原料、水、乳化剂组成,另外,还需加入香精、防腐剂等。其中油性成分以低黏度和中等黏度的白油为主体,适量加入凡士林、高级醇以及各种固态蜡等,以提高发乳的稠度,增加乳化体的稳定性和修饰头发的效果;乳化剂以脂肪酸的三乙醇胺皂最为常用,再配以甘油单硬脂酸酯、脂肪醇硫酸盐等乳化剂,可以得到更为稳定的乳化体。

另外,还可根据需要适量加入胶质类原料及一些特殊添加剂。胶质类原料如黄蓍树胶、聚乙烯吡咯烷酮等的添加,不仅可以增加发乳的黏度,有利于乳化体的稳定,同时还可以改进发乳固定发型的效果;特殊添加剂如水解蛋白等营养类原料,可补充头发营养和修复受损头发;金丝桃等中草药提取液及其他去屑止痒剂的添加,则可以制成具有消炎、杀菌、去屑止痒等功效的药性发乳。

与发油和发蜡相比,发乳使用时不发黏、感觉滑爽、容易清洗,而且既可以补充头发上的油分,又可以补充水分,尤其是 O/W 型发乳,外相是水分,能使头发变软而具有可塑性,易于梳理成型,部分水分挥发后,残留的油脂在头发表面形成油膜,封闭了头发吸收的水分,真正达到补油补水作用。W/O 型发乳的特点是油分足,使头发光亮持久,但油腻感强,易使头发粘连,不易清洗,自然梳理成型性不如 O/W 型发乳。

五、焗油

焗油是 20 世纪 90 年代新开发上市的护发用品,英文是 hot oil,是通过蒸气促进油分和各种营养成分渗入到发根,起到养发、护发作用,其效果优于护发素。

焗油多半为液体或膏状,大多数为 O/W 型乳液,成分与护发素相似,主要成分为渗透性强、不油腻的动植物油质原料,如貂油、霍霍巴油等,以及对头发有优良护理作用的硅油及阳离子聚合物,还常加入一些吸收助渗剂,常用的有氮酮、薄荷醇、冰片和精油等。使用时将其涂抹在头发上,然后通过加热套散发蒸气,使焗油膏的营养成分渗透到头发内部,为头发补充营养,修复受损头发。

免蒸焗油是焗油的另一品种,即使用时不需要加热的一种焗油。由于没有加热的环节,因此配方中需含有助渗剂。

六、实例解析

以护发素和焗油为例解析如下(表 7-3、表 7-4)。

表 7-3　乳化型护发素配方实例

组分	质量分数（%）	组分	质量分数（%）
十八烷基三甲基氯化铵	2.0	十六醇	3.0
聚氧乙烯(20)失水山梨醇单硬脂酸酯	1.0	防腐剂、香精	适量
甘油	4.0	着色剂	适量
聚乙烯醇	1.0	去离子水	加至 100.0

【解析】　此方是乳化型护发素,十八烷基三甲基氯化铵为调理头发的主要成分,并具有杀菌作用;聚氧乙烯(20)失水山梨醇单硬脂酸酯为乳化剂;聚乙烯醇为高分子聚合物,对头发有一定的定型作用。

表 7-4　焗油膏配方实例

组分	质量分数（%）	组分	质量分数（%）
油醇	6.4	二甲基硅油	4.0
Tween-20	2.0	甘油	5.0
单硬脂酸甘油酯	2.5	防腐剂、香精	适量
丝肽蛋白	2.0	着色剂	适量
玉米胚芽油	15.0	去离子水	加至 100.0

【解析】　方中液态油性成分为玉米胚芽油及二甲基硅油,具有护发养发作用;固态油性成分为油醇,可增加乳化体的稳定性;丝肽蛋白为营养剂;甘油为保湿剂;Tween-20 和单硬脂酸甘油酯为乳化剂。

知识链接

育发化妆品

也称为生发用化妆品,它是在乙醇溶液中添加各种生发、养发成分及各种杀菌消毒剂而制得的液体制品。其育发机制为:①改善头皮微循环;②营养发根,赋活毛囊细胞;③调节皮脂分泌;④杀菌、抑菌。所用原料中,除 6-(1-哌啶基)-3-氧 -2,4-二氨基嘧啶是较好的毛发再生活性成分外,更多的天然活性成分被证实具有育发功能,如何首乌、黄芪、黄柏、羌活、川椒、当归、川芎、人参、大黄、姜黄、茯苓、蜂胶等中药提取物以及银杏黄素、辣椒素、大蒜酊、生姜酊、芦荟宁、金鸡纳酊、维生素、水解胶原等。此外,间苯二酚、水杨酸通过溶解角质作用也可用于育发化妆品中。育发化妆品属于特殊用途化妆品范畴。

第三节　染发化妆品

染发化妆品是发用化妆品中的一个重要组成部分,其目的主要是美化头发颜色,使头发染黑或染成其他各种丰富多彩的颜色。染发化妆品中的关键成分是染发剂,不同染发剂的染发原理、染发牢固度及对人体可能产生的影响也不一样。因此染发时必须正确使用染发化妆品。

理想的染发化妆品应具有如下特性:①安全性:安全性是染发产品必须具备的最重要的特性;②染色的牢固性:染在头发上的颜色应对空气、阳光、摩擦等稳定,不会变色或很快褪色;③不受其他发用化妆品的影响,如发油、头发定型剂、香波等;④能使头发染上各种自然美观的颜色,而又不会在头皮上染上颜色;⑤具较好的稳定性,有效期应为 1 年以上;⑥着染所需时间短,使用方便,易于分散涂布于头发上;⑦染料或中间体来源稳定,容易购得,成本满足经济核算的要求。

一、染发化妆品的活性成分

头发主要是由角蛋白组成的,组成角蛋白的氨基酸的侧链上可能含有氨基或羧基,这些基团可以和酸性或碱性染料形成盐键或者氢键,从而形成较强的染色牢固度。染色牢固度主要与染料分子有关,染料分子越小,越容易渗透到头发内部而不易洗脱;脂溶性染料比水溶性染料染色牢固度高。

染发化妆品的活性成分是染发剂。不同类型的染发剂所使用的染料也不同。根据染发效果可将染发剂分为暂时性染发剂、半永久性染发剂和永久性染发剂三类。暂时性染发剂只能暂时黏附在头发表面作为临时性修饰,色泽只能维持 7~10 天,一经洗涤就会褪色;半永久性染发剂能渗入到头发角质层中而直接染色,色泽可维持3~4 周。永久性染发剂是最常用、最重要的一种染发剂,染料不仅遮盖头发表面,还能渗入至发髓,不易褪色,色泽可维持 1~3 个月。

1. 暂时性染发剂　一般由水溶性酸性、碱性染料或水溶性颜料组成,它们具有很大的分子,基本上是附着在头发的表面,容易被香波和水洗掉,便于重复染色或随意改变发色。由于这一类染料的分子量相对大,所以很少损伤发质,也不易透过皮肤,安全性高。

2. 半永久性染发剂　主要是一些相对分子质量较低、可渗入头发外皮和部分渗入皮质的染料,多含有硝基苯胺类衍生物。这类染发剂既能够渗透入发质内部而不易洗脱,同样也会在洗发时从发质内部渗出而导致褪色,一般可耐 12 次的洗涤。除大量化学合成的染料外,近年还发掘出多种天然着色剂染料用于染发。

3. 永久性染发剂　永久性染发剂主要为氧化型染发剂。其配方组成主要包括染料中间体、偶联剂和氧化剂等。其原理是不直接使用染料,而是使用染料中间体,这些染料中间体能够渗透入发质内部,在发质内部与氧化剂发生氧化聚合生成大分子染料,而生成的大分子染料很难从发质内部渗出,因而难以被洗脱。

常用的染料中间体为对苯二胺类、氨基酚类,并配以适量的酚类、胺类、醚类等作为偶联剂。在染发时,将其与过氧化氢、过硼酸钠等氧化剂混合,它们在头发内部发生氧化聚合生成大分子染料。头发染成的色泽主要与染料中间体、染浴的 pH 值等因素有关。如对苯二胺可将头发染成棕黑色,邻苯二胺、邻氨基酚染成金黄色。当用对苯二胺和过氧化氢染发时,pH 值 = 4.5 染成棕色,而当 pH 值 = 9.0 时,染成橙色。

除了以上成分外,含有永久性染发剂的染发化妆品还包含表面活性剂、溶剂、均染剂、头发调理剂、抗氧剂、香精等基质原料。

通常将氧化型染发化妆品中的染料中间体和氧化剂分别制成 A、B 两剂,称为二剂型染发化妆品,使用时再将两者混合。市售的二剂型染发化妆品均属于此类,主要有粉状、液状、膏霜等不同剂型,其中膏霜型最为常用。

以下为二剂型染发化妆品配方实例(表 7-5)。

表 7-5　二剂型染发膏配方实例

A 剂组分	质量分数(%)	B 剂组分	质量分数(%)
对苯二胺	4.0	过氧化氢	12.0
2,4- 二氨基苯甲醚	1.0	白油	12.0
间苯二酚	0.2	聚乙二醇	10.0
异丙醇	4.0	卡波树脂 940	0.2
油酸	20.0	平平加 O-9	4.0
聚乙二醇	13.0	甘油	2.0
氨水	5.0	硅油	1.5
亚硫酸钠	0.5	泛醇	0.4
阳离子纤维素	0.5	防腐剂	适量
EDTA、防腐剂	适量	去离子水	加至 100.0
去离子水	加至 100.0		

两剂等量混合后,中性条件下用于灰色头发 20min,头发可被染成浅红棕色。

二、染发化妆品的安全性与健康问题

(一) 染发化妆品的不安全性因素

安全性是染发化妆品必须具备的重要特性,主要指不损伤头发和皮肤,不刺激、无毒性、无致敏性,对人体安全。染发化妆品的不安全性因素是多方面的,包括其本身含有的潜在危害性化学成分,也包括使用不当所引起的急慢性健康危害。随着现代医学的发展,大多数合成染料被证明具有不同程度的毒性而对人体有害,以致合成染料的使用在不断降温,使用范围和用量受到限制。天然植物染料具有安全性高,且具有保健、营养和药理作用等优势,是目前国内外专家和学者研发的热点方向,但由于原料来源不稳定,产品色调范围和性能均不能满足产品性能要求,因此天然植物染料仍不能完全取代合成染料。引起社会普遍关注的染发化妆品的不安全性问题主要有以下几方面。

1. 染发化妆品引起的急性中毒　染发化妆品及其原料具有中度或低度急性毒性,其引起的人类急性中毒事件极其罕见,多为误食引起。曾报道儿童因误食染发剂对苯二胺及 Henna 染料(一种从植物中提取的染料)而导致中毒身亡的事件。

2. 染发化妆品与过敏反应　染发化妆品中引起过敏反应的首要物质为对苯二胺,它是永久性染发剂中应用最广的成分;其次是过氧化物、氨水、过硫酸铵以及对氨基苯酚、对甲基苯胺等芳香族化合物等。据世界各国研究显示,永久性染发剂中的染料成分苯二胺类物质已被确认为有害物质,可引起某些敏感个体出现急性过敏反应,如皮炎、哮喘、荨麻疹等,甚至会引起发热、畏寒及呼吸困难等。

染发化妆品引起过敏反应的症状可能在染发的过程中产生，也可能在染发后几小时甚至几天产生。如果曾经用过且未发生过不良反应，而再次染发后发生过敏反应，则属于继发性过敏反应。染发化妆品的致敏性会随着反复接触染发剂而逐渐发展。

3. 染发化妆品对头发的损害　氧化剂是永久性染发剂中必不可少的组分，以过氧化氢为代表，这类物质与配方中的染料成分发生氧化反应而使头发染上颜色，浓度高时则染发效果更好，但同时也大大增强了对头发角蛋白的破坏力，加剧头发受损程度，使头发容易干枯、变脆、开叉、脱落。

4. 染发化妆品潜在的远期生物学效应　永久性氧化型染发化妆品含有使细胞遗传物质产生突变的有害成分，某些原料在动物体内具有致癌作用。近年来，化妆品生产企业对染发化妆品原料配方不断更新，采用低毒合成染料或天然着色剂替代传统的苯二胺类化合物来提高染发化妆品的安全性。从目前的研究资料来看，癌症的发生与染发化妆品的关系仍然不明确。

（二）染发化妆品的安全使用

个体对染发化妆品原料致敏的敏感性差异很大。因此，许多国家的卫生法规要求染发产品中应附有一份警示性说明并且指导消费者在使用染发化妆品之前进行皮肤斑贴试验。

斑贴试验可在使用染发化妆品 1~2 周前进行。具体方法是将少量染发化妆品涂抹在比较隐秘而又敏感的区域如耳后或肘部内侧皮肤。斑贴时间为 24~48h。如果在观察期内斑贴区或周围出现过敏反应，说明受试者对这种染发化妆品过敏，应避免使用。但是，需要指出的是，阴性斑贴试验并不说明今后也不会对该染发化妆品出现过敏反应，因此，即使长期使用同一染发产品，最好也要定期进行斑贴试验。

第四节　烫发化妆品

卷发是改变头发形态的一种整发术，是美化发型的基本方式之一。由于较早期的头发卷曲主要是利用物理方法，如水蒸气、火剪、电加热等，因此，将卷发称为烫发。现在主要是利用化学方法即化学卷发剂来使头发的结构发生变化而达到卷曲目的。化学卷发剂分为热烫卷发剂和冷烫卷发剂。使用热烫卷发剂的称为热烫或电烫，使用的是碱性较强的物质，对头发损伤较大，因而现在已基本不采用；使用冷烫卷发剂的称为冷烫，是在略比常温高的温度下进行的卷发，是目前常用的烫发方式。

一、冷烫卷发的机制

头发主要由角蛋白组成，角蛋白中的肽链卷曲为 α 螺旋。由于角蛋白中含有较多的胱氨酸（14%~15%），故二硫键含量特别多，其在蛋白质肽链中起交联作用，因此角蛋白有较高的机械强度，化学性质特别稳定。

冷烫的化学原理就是：使用还原剂将头发角蛋白中的二硫键打开，将卷曲成所需要发型的头发软化，再将卷好的头发使用氧化剂将软化过程所破坏的二硫键重新接上，使发型固定。因此，冷烫包括软化、定型两个过程。

二、冷烫卷发剂的配方组成

从冷烫卷发的原理可以看出,冷烫卷发剂为两剂型,即软化过程所使用的卷曲剂(还原剂)和定型过程所使用的定型剂(氧化剂)。

(一)卷曲剂

卷曲剂按产品剂型可分为粉剂型、乳膏型和水剂型等。其主要组成成分为还原剂、碱性促进剂、表面活性剂以及稳定剂。

1. 还原剂　还原剂是卷曲剂的主要组分,其作用是将二硫键还原打断。用作卷曲剂的还原剂主要是巯基化合物,如巯基乙酸及其盐、巯基乙酸单乙醇胺、半胱氨酸、α-巯基丙酸等含巯基的化合物。

2. 碱剂　由于碱性条件下可使头发角蛋白发生膨胀,有利于还原剂的渗透,可提高卷曲效果,因此,卷曲剂中还需加碱作促进剂。试验结果表明,卷曲剂的 pH 值在 9.0~9.5 的范围内卷曲效果较好。用作卷曲剂的碱剂主要有:氨水、乙醇胺、碳酸氢铵、磷酸氢二铵、尿素等,其中常用的是氨水。

3. 表面活性剂　为了使卷曲剂更好的渗入头发,卷曲剂中还需要加入表面活性剂。常使用的表面活性剂有阴离子型表面活性剂、阳离子型表面活性剂和非离子型表面活性剂。

4. 稳定剂　巯基化合物还原能力较强,较易被氧化,尤其是在碱性条件下,金属离子就可将其氧化或促进其氧化,因此,卷曲剂中还需加入金属离子络合剂作稳定剂,如 EDTA、柠檬酸等。

(二)定型剂

定型剂的作用是将已打开的二硫键氧化复原,其主要组成成分为氧化剂、酸剂及表面活性剂等。常用的氧化剂有溴酸钾、过硼酸钠、过氧化氢、过硫酸钾等。酸的作用主要是将 pH 值调至酸性,以提高氧化剂的氧化性。根据轻工行业标准,定型剂 pH 值为 2.0~4.0,所使用的酸一般为弱酸,如磷酸、磷酸二氢钠等。加入表面活性剂的目的是提高定型液向头发内渗透的能力。

需要注意的是,烫发化妆品不但可使头发卷曲,同样也可把头发拉直,作用原理与卷发相同,包括软化、拉直、定型三个过程。先用还原剂将头发软化,然后将软化后的头发拉直,最后使用氧化剂将拉直的头发定型。

冷烫卷曲剂和定型剂配方实例如下(表 7-6、表 7-7)。

表 7-6　冷烫卷曲剂配方实例

组分	质量分数(%)	组分	质量分数(%)
巯基乙酸铵	12.0	硼砂	0.1
羊毛脂聚氧乙烯醚	1.0	甘油	5.0
失水山梨醇单油酸酯	0.2	EDTA、香精	适量
十八烷基三甲基氯化铵	0.2	去离子水	加至 100.0

表 7-7　冷烫定型剂配方实例

组分	质量分数（%）	组分	质量分数（%）
过硼酸钠	56.0	碳酸钠	1.3
磷酸二氢钠	42.5		

第五节　整发化妆品

整发化妆品主要用于固定发型，主要品种有发胶、摩丝等，是无油的头发定型剂。此类制品之所以能够固定发型，是由于其配方中都含有高聚物，它们能在头发表面形成一层薄膜，并具有一定的强度，以保持头发良好的发型。常用的高聚物为聚乙烯吡咯烷酮（PVP）、乙烯吡咯烷酮与醋酸乙烯酯的共聚物（PVP/VA）、丙烯酸酯与丙烯酰胺的共聚物等。

一、发胶

发胶又称啫喱水、定型水，用于头发定型的同时，兼有保湿、赋予头发光泽和保养头发等作用。发胶的成分主要有成膜剂、调理剂、溶剂、中和剂、喷射剂及其他添加剂等，各种成分的配比在使用量上有所不同，从而形成不同的定型、美化及保养效果。

1. 成膜剂　成膜剂为高聚物，主要有聚乙烯吡咯烷酮及乙烯吡咯烷酮与乙酸乙烯酯的共聚物、聚丙烯酸树脂烷基醇胺等。这些高聚物在溶剂挥干后会在头发表面形成一层薄膜，从而发挥固定发型的作用。

2. 溶剂　溶剂的作用是溶解成膜剂。发胶的溶剂多采用乙醇，但大量乙醇的存在会引起头发和皮肤的脱水和脱脂，使头发干枯，而且乙醇的易燃性使发胶的存储具有一定的危险性。现有一些新型的成膜聚合物，对水和乙醇均有很好的溶解性，且有良好的成膜性和膜的坚韧性，可配制成不含乙醇或以乙醇／水为溶剂的发胶，这是发胶类产品的一个开发方向。除乙醇外，其他溶剂还有异丙醇、丙酮、戊烷和水等。

3. 中和剂　中和剂的作用是中和酸性聚合物，提高高聚物在水中的溶解度。常用的中和剂有氨甲基丙醇（AMP）、三乙醇胺（TEA）、三异丙醇胺（TIPA）、二甲基硬脂酸铵（DMA）。

4. 喷射剂　常用氟利昂、丙烷、丁烷、二甲醚（DME）等。

5. 添加剂　包括增塑剂、香精等。增塑剂的作用是改善聚合物膜在头发上的状态，使其柔软、自然。二甲基硅氧烷、月桂基吡咯烷酮等可用作发胶的增塑剂。

配方实例如下（表 7-8）。

表 7-8　发胶配方实例

组分	质量分数（%）	组分	质量分数（%）
聚乙烯吡咯烷酮	2.5	香精	0.2
羊毛脂	0.2	无水乙醇	41.8
鲸蜡醇	0.2	正丁烷	55.0
聚乙二醇	0.1		

二、摩丝

摩丝是 mousse 的译音,由液体和推进剂共存,在外界施用压力下,推进剂携带液体冲出气雾罐,在常温常压下形成泡沫,具有调理和定型作用。

理想的摩丝应具备以下性能:①具有较致密、丰满且柔软的泡沫;②泡沫具有一定的初始稳定性,且经摩擦或在体温的作用下,较容易坍塌消失,使其在头发表面发挥功效,一般把摩丝产生的泡沫称为快速破灭的泡沫;③基质表面张力较低,易于均匀涂抹于头发表面;④形成的薄膜应有一定的韧性,对头发有一定的亲和性,不会因头发的移动而破碎,也不会因梳理头发而产生脱落碎片;⑤形成的薄膜无黏滞感,可赋予头发天然光泽。

摩丝的配方组成主要有成膜剂、发泡剂(表面活性剂)、保湿剂、推进剂和其他成分等。

1. 成膜剂　成膜剂一般是高分子聚合物。与发胶略有差别,摩丝所用的聚合物要求有一定的黏度,对泡沫有一定的稳定作用,最好兼有调理头发,赋予头发自然光泽和外观,减少静电等作用;而发胶所用聚合物着重定型作用,相对分子质量不是很高,黏度较低,易形成较细的喷雾。

高分子聚合物是摩丝中最有效和重要的功能组分,主要作用是成膜和调理作用。多采用水溶性高分子化合物,如聚乙烯吡咯烷酮、聚季铵盐类、聚乙烯甲酰胺(PVF)等。

2. 发泡剂　常用的发泡剂为非离子型表面活性剂,常选用脂肪醇聚氧乙烯醚类及山梨醇聚氧乙烯醚类等。

3. 推进剂　常用的推进剂是丙烷、丁烷、异丁烷等,在有压力的摩丝罐中以液体的形式存在,当从喷嘴中出来后,常压下立即气化、膨胀,带动混在一起的料液喷出,形成摩丝的泡沫。一罐摩丝中的料液和推进剂的比例是经过反复精确计算的,以保证料液和推进剂同时用完,因此使用前摇一摇,以保证料液和推进剂同时用完。不经摇匀直接使用,那么首先喷出的一定是气多料少,长此以往,罐中的料多,而气少,最终可能剩下半罐再也挤不出泡沫了。

摩丝的品种很多,有以定发为主的和具有定发和调理双重功能的,也有不加任何成膜剂,而制成以梳理性、调理性为目的的调理性摩丝等。

配方实例如下(表 7-9)。

表 7-9　摩丝配方实例

组分	质量分数(%)	组分	质量分数(%)
硅油/聚氧乙烯共聚物	7.0	聚乙烯吡咯烷酮	2.0
油酸癸酯	4.0	甘油	5.0
聚氧乙烯羊毛脂	0.6	丙烷/异丁烷	15.0
油醇聚氧乙烯(20)醚	0.25	防腐剂、香精	适量
乳酸单乙醇胺	0.15	去离子水	加至100.0

(周佳丽)

扫一扫
测一测

复习思考题

1. 简述洁发化妆品的配方组成。
2. 简述护发素的配方组成。
3. 简述冷烫卷发的作用机制。

第八章

彩妆化妆品

🔍 **学习要点**

彩妆化妆品的概念、种类;不同类别彩妆化妆品的配方组成;指甲油的质量要求。

彩妆化妆品即美容化妆品,主要用于面部、眼部、唇部及指甲等部位的化妆,以掩盖缺陷、赋予色彩、美化容貌。根据使用目的和使用部位的不同,彩妆化妆品可分为面部用美容化妆品(不包括唇部和眼部)、唇部用化妆品、眼用化妆品及指甲用化妆品几大类。

第一节　面部用美容化妆品

面部用美容化妆品是指应用于面部的彩妆化妆品,根据使用目的不同,可分为香粉、粉底及胭脂三大类别。

一、香粉

香粉是一种涂敷在人体皮肤表面,加有香料和颜料,呈浅色或白色的粉状化妆品,具有遮盖皮肤缺陷、调整肤色、使皮肤滑爽舒适、吸收皮肤分泌的过多油脂,防止紫外线辐射对皮肤造成损害等作用。

（一）香粉的特性及组成

香粉应具有如下特性并在原料组成方面应符合如下要求。

1. 遮盖力　香粉应具有遮盖皮肤本色及面部瑕疵的作用。其遮盖力由具有良好遮盖力的遮盖剂来完成。常用的遮盖剂有二氧化钛、氧化锌等。通常以二氧化钛和氧化锌配合使用,混合物的用量一般不超过 10%。

2. 滑爽性　香粉的滑爽性极为重要,具有良好的滑爽性,才能使香粉在皮肤表面涂敷均匀。其滑爽性主要是依靠滑石粉(即硅酸镁 $3MgO \cdot 4SiO_2 \cdot H_2O$)来达到这一要求。滑石粉在香粉中的用量往往在 50% 以上,所以滑石粉质量的优劣是制造香粉产品成功与否的关键。优良的滑石粉能够使其均匀地黏附于皮肤表面,帮助遮盖皮肤表面的细小瑕疵。

3. 吸收性　香粉应具有一定的对油脂和水分吸收的能力。使香粉具有吸收性的原料有碳酸钙、碳酸镁、胶态高岭土、淀粉、硅藻土等。

4. 黏附性 香粉必须具有很好的黏附性,以免使用后脱落。常用的黏附剂主要是高级脂肪酸锌盐、镁盐等,如硬脂酸锌、硬脂酸镁或它们的混合物。用量一般在5%~15%。

5. 颜色 香粉一般均带有颜色,并要求其颜色应接近皮肤的本色。添加的着色剂原料应耐光、耐热,遇水或油时不会溶化或变色。常用无机颜料如赭石、褐土等。

6. 香气 香粉的香气不可过分浓郁。香粉用香精的香韵以花香或百花香型为好,使香粉具有甜润、高雅、生动而持久的香气感觉。

(二)香粉的种类

香粉根据形状或用途的不同可分为普通香粉(习惯叫香粉)、粉饼、爽身粉、痱子粉等。

1. 香粉 香粉是用于掩盖面部皮肤缺陷、改变面部皮肤颜色、柔和面部曲线、使皮肤光滑柔软并能吸收皮肤分泌的过多油脂及防止紫外线辐射的一类化妆品。

香粉的品种除了有香气和色泽不同的区别之外,还可以根据使用目的不同分为轻度、中度和重度遮盖力香粉以及不同的吸收性、黏附性等规格。不同的皮肤及不同的气候条件应选择不同类型的香粉。如油性皮肤应选用吸收性较好的香粉,而干燥性皮肤应选用吸收性较差的香粉;炎热天气时宜选用吸收性和干燥性较好的香粉,而寒冷天气则反之。

香粉配方中主要含有滑石粉、二氧化钛、氧化锌、碳酸镁、碳酸钙、硬脂酸锌、硬脂酸镁、着色剂、香精、脂肪类物质等。加入脂肪类物质的香粉称为加脂香粉,它均匀地涂布于香粉颗粒外面,降低了香粉的吸收性能、使粉质的碱性不会影响到皮肤的 pH值,且有粉质柔软、滑爽、黏附性好等优点。一般脂肪物用量不超过 5%~6%,用量过多会造成香粉结块。

香粉配方实例见表 8-1。

表 8-1 香粉配方实例

组分	质量分数(%)	组分	质量分数(%)
滑石粉	42.0	氧化锌	15.0
碳酸钙	5.0	硬脂酸锌	3.0
碳酸镁	10.0	硬脂酸镁	2.0
高岭土	10.0	香精、着色剂	适量
二氧化钛	12.0		

【解析】 配方中强遮盖剂二氧化钛用量为 12%,吸收剂碳酸钙、碳酸镁、高岭土的总含量为 25%,黏附剂硬脂酸锌、硬脂酸镁的总含量也仅为 5%。因此此方的特点是:强遮盖力,中度吸收性,黏附性一般。

2. 粉饼 粉饼和香粉的作用、效果相同。将香粉制成粉饼的形式,主要是便于携带,避免使用时粉尘飞扬。

粉饼配方中除具有香粉的原料外,还需加入胶合剂。常用的有水溶性高分子化合物如黄耆树胶、阿拉伯树胶、羧甲基纤维素等,以及油脂类物质如羊毛脂、白油等。

除了胶合剂外,加入甘油、山梨醇、葡萄糖等可使粉饼保持一定水分而不致干裂。此外,为了防止粉饼发生氧化酸败,还可加入适量的防腐剂和抗氧剂等。

粉饼有干粉饼和湿粉饼之分。干粉饼宜于油性皮肤,若干性皮肤使用,则必须配合液状或霜状粉底;湿粉饼则适合中、干性皮肤使用。

粉饼配方实例见表8-2。

表 8-2　粉饼配方实例

组分	质量分数（%）	组分	质量分数（%）
滑石粉	50.0	羧甲基纤维素	1.0
高岭土	13.0	海藻酸钠	0.5
碳酸镁	5.0	乙醇	2.5
碳酸钙	10.0	防腐剂、香精	适量
氧化锌	15.0	着色剂	适量
硬脂酸锌	5.0	去离子水	加至 100.0

【解析】 此配方中吸收剂高岭土、碳酸钙、碳酸镁的总含量为28%,而吸收性较强的碳酸镁的含量仅为5%;遮盖剂仅用了15%的氧化锌;黏附剂为硬脂酸锌;羧甲基纤维素、海藻酸钠作为胶黏剂;乙醇及去离子水为溶剂。此方的特点是:吸收性一般,遮盖力一般,黏附性一般。

3. 爽身粉　爽身粉并不用于化妆,主要用于浴后在全身敷抹,起到滑爽肌肤、吸收汗液的作用,给人以舒适芳香之感。

爽身粉的原料组成及生产方法和香粉基本相同,只是对滑爽性要求更高而对遮盖力要求则更低。此外,爽身粉中往往还含有具有轻微杀菌消毒作用和降低爽身粉pH值的硼酸。香精选用偏清凉型的,如薄荷脑或薄荷油等。

二、粉底

粉底是供化妆敷粉前打底用的一类化妆品,用于遮盖瑕疵,调节肤色,修正容颜,滋润肌肤,保持水分,可使皮肤显得细腻白皙,富有立体感。

（一）粉底的配方组成

粉底配方中一般含有如下原料:滋润剂(矿油、硅油、羊毛脂等油质原料)、营养剂(植物提取精华)、高效保湿因子、粉质原料(二氧化钛、滑石粉、颜料等)、表面活性剂(主要为阴离子型及非离子型表面活性剂)等。

（二）粉底的分类及特点

粉底的品种很多,分类方法也很多。按形态可分为粉底液、粉底霜、粉饼等;按基质体系又可分为水性粉底、乳化型粉底、油性粉底霜、粉底饼等。

1. 水性粉底　是将粉质、颜料、保湿剂、滋润剂等分散于水中形成的。水性粉底的配方较轻柔,紧贴皮肤,透明感强,但遮盖力较弱,适用于油性、中性及干性皮肤。

2. 乳化型粉底　这类粉底由于乳化剂的加入使油脂原料、粉质原料的含量可自由调节,使其具有较好的黏着性、伸展性、滋润性,且无油腻感等特点,因此备受青睐。常用阴离子型及非离子型表面活性剂作乳化剂。

乳化型粉底按形态又可分为膏霜状粉底和乳液状粉底。

(1) 膏霜状粉底:是将粉体原料均匀地分散于膏霜状乳化体系中而制成的,具有较强的遮盖力和修饰效果,更能掩饰细小皱纹,可分为 W/O 型和 O/W 型。O/W 型粉底霜黏度较低,不会感到油腻,适合于油性皮肤使用,易于卸妆,但易与皮脂、汗液融合,妆后保持性不强;W/O 型粉底霜油腻性较强,且有黏滞感,适合干性皮肤使用,但随着近年来二甲基硅氧烷及其衍生物的应用,以二甲基硅氧烷为外相的 W/O 型粉底霜无油腻感,妆后保持性较好,作为夏季用品很受欢迎。

(2) 乳液状粉底:其原料组成与膏霜状粉底类似,但与膏霜状粉底相比,其含有较多的水分,所以外观是乳液状的。乳液状粉底黏度较低,触变性好,很易在皮肤上分散铺展,有清爽舒适、自然清新及鲜嫩的使用感,但其遮盖性不如膏霜状粉底。

3. 油性粉底　油性粉底不含水分,主要由油质原料和粉质原料等组成。其在皮肤上的铺展性、黏附性和遮盖性均较好,能形成耐水性涂膜,因此适合于浓艳的晚会妆、舞台妆打底以及掩盖皮肤缺陷时使用。同时,油性粉底霜中较高的油性成分使其能预防皮肤干燥,因此也适于秋冬干燥季节以及干性皮肤使用。

三、胭脂

胭脂是用来涂敷于面颊而使面色显得红润、艳丽、明快、健康的化妆品。可制成各种形态:与粉饼相似的粉质块状胭脂,习惯上称之为胭脂;制成膏状的称之为胭脂膏;另外还有粉状、液状等。

(一) 胭脂

胭脂是由颜料、粉料、胶合剂、香精等混合后,经压制成为圆形面微凸的饼状粉块,载于金属底盘,然后以金属、塑料或纸盒盛装。

胭脂的原料大致与香粉相同,只是着色剂用量比香粉多,香精用量比香粉少。国产胭脂以红系(粉红、桃红等)为主,目前棕系(浅棕、深棕)的胭脂也常见。

胶合剂对胭脂的压制成型有很大关系,它能增强粉块的强度和使用时的润滑性。胶合剂的种类大体上有水溶性、脂溶性、乳化型和粉类等不同的类型。

1. 水溶性胶合剂　水溶性胶合剂一般为天然或合成的水溶性高分子化合物。一般多采用合成水溶性高分子化合物,主要有甲基纤维素、羧甲基纤维素、聚乙烯吡咯烷酮等。各种水溶性胶合剂的用量一般在 0.1%~3.0%。

2. 脂溶性胶合剂　这类胶合剂有液体石蜡、凡士林、脂肪酸酯类、羊毛脂及其衍生物等。这类物质作胶合剂时还具有润滑作用,但单独使用时黏结力不够强,压制前可加入一定量的水分或水溶性胶合剂增加其黏结力。这类胶合剂的用量一般在0.2%~2.0%。

3. 乳化型胶合剂　这类胶合剂是脂溶性胶合剂的发展。由于少量脂溶性胶合剂很难均匀地混入胭脂粉料中,但如果采用乳化型胶合剂就能使油脂和水在压制过程中均匀分布于粉料中,并可防止由于含有脂肪物而出现小油团的现象。乳化型胶合剂通常是硬脂酸、三乙醇胺、水、液体石蜡的混合物或单硬脂酸甘油酯、水、液体石蜡的混合物等。

4. 粉类胶合剂　粉状的胶合剂主要是硬脂酸的金属盐如硬脂酸锌、硬脂酸镁等,制成的胭脂组织细致光滑,对皮肤的附着力好,但需要较大的压力才能压制成型,且

对金属皂敏感的皮肤有刺激。

（二）胭脂膏

与胭脂不同的是，胭脂膏中加入了油脂，是以油脂和颜料为主要原料调制而成的，因此不需要胶合剂。胭脂膏质地柔软、敷用方便，且具有滋润作用，也可兼作唇膏使用，因此很受欢迎。胭脂膏一般有两种类型，一类是用油质原料和颜料所制成的油质膏状体称为油膏型，另一种是用油质原料、颜料、乳化剂和水制成的乳化体，称为膏霜型。

1. 油膏型　以油质原料为基质原料，加上适量颜料和香料配制而成。

油膏型胭脂膏最初主要是用矿物油和蜡类配制而成，价格便宜，但敷用时会感到油腻。因此，新型的产品则以脂肪酸的低碳醇酯类如棕榈酸异丙酯等为主要油质基料，配以滑石粉、碳酸钙、高岭土和颜料，并用巴西棕榈蜡提高稠度制得。由于油膏型胭脂膏有渗小油珠的倾向，特别是当温度变化时更是如此，在配方中适量加入蜂蜡、地蜡、羊毛脂以及植物油等可抑制渗油现象。此外，还需加入抗氧化剂、香精等。

2. 膏霜型　膏霜型产品是以乳化体为主，可避免油膏类的油腻感，而且涂敷容易。

膏霜型胭脂膏根据乳化体类型可分为 O/W 型和 W/O 型两种。只要在相应的油膏型胭脂的基础上加入乳化剂和水或者在相应类型的膏霜配方基础上加入粉料、颜料等就可制成膏霜型胭脂。

（三）胭脂水

胭脂水是一种流动性液体，它可分为悬浮体和乳化体两种。

1. 悬浮体胭脂水　是将着色剂悬浮于水、甘油或其他液体中的一类制品。优点是价格低廉，缺点是缺乏化妆品的美观，易发生沉淀等，使用前常需先摇匀。

为了提高悬浮体胭脂水的分散稳定性，降低沉淀速度，常常需要加入各种水溶性高分子化合物作为悬浮剂，如羧甲基纤维素、聚乙烯吡咯烷酮、聚乙烯醇等或其他易悬浮的物质如单硬脂酸甘油酯或丙二醇酯等。

2. 乳化体胭脂水　是将着色剂悬浮于可流动的乳化体中的一类制品，具有外表美观、使用方便的特点。为防止出现分层现象，可以采用调节脂肪酸皂的含量及加入羧甲基纤维素、胶性黏土或其他增稠剂等方式来调节。

第二节　唇部用化妆品

唇部用化妆品是指能够赋予唇部色彩及光泽、防止唇部干裂、增加魅力的一类化妆品，主要有唇膏、唇线笔等。

一、唇膏

根据唇膏的形态可分为固态唇膏和液态唇膏两类。

（一）固态唇膏

固态唇膏是用以增加唇部的色泽或改变唇部颜色，并具有滋润、保护唇部作用的一类化妆品，是将着色剂溶解或悬浮于脂蜡基内而制成的。

1. 固态唇膏的配方组成　固态唇膏的配方组成中主要包含有蜡、油脂、着色剂和香精等，其中蜡、油脂等为基质原料。

(1) 蜡：蜡类原料熔点较高，在唇膏中多作为硬化剂，使唇膏易于成型。巴西棕榈蜡和地蜡在唇膏中是最常用的蜡类原料。其中巴西棕榈蜡不易熔化（熔点约83℃），是化妆品原料中硬度最高的一种；地蜡也有较高的熔点（61~78℃），常与巴西棕榈蜡配合使用。

羊毛脂及其衍生物作为蜡类原料，与其他组分相容性好，可增加唇膏光泽，且可防止唇膏"出汗"、干裂等现象的发生，还具有优良的滋润性。

(2) 油脂：常用的有蓖麻油、矿油（液体石蜡）、矿物脂（凡士林）、可可脂、低度氢化的植物油等。

精制蓖麻油是唇膏中最常用的油脂原料，其作用主要是赋予唇膏一定的黏度，且对溴酸红颜料有一定的溶解性。用量不宜超过40%，否则，使用时会形成黏厚油腻的膜，而且给浇模成型带来困难。

矿物脂能增加唇膏表面光泽，但易使唇膏熔点下降，夏季变软，不宜多用。

可可脂是优良的润滑剂和光泽剂，熔点（30~35℃）接近体温，用量在8%以内，不可用量过大，否则基质难于铸模成型。

低度氢化的植物油（熔点38℃左右）是唇膏中较理想的油脂类原料，性质也较稳定，能增加唇膏的涂抹性能。

此外，基质中还含有单硬脂酸甘油酯、高级脂肪醇、聚乙二醇等。其中单硬脂酸甘油酯对溴酸红有很高的溶解性，且具有滋润及其他多种作用；高级脂肪醇（如油醇）具有滑而不油腻的优点，对溴酸红也具有很好的溶解性。

(3) 着色剂：唇膏中的着色剂分为可溶性染料、不溶性颜料和珠光颜料三类。

1）可溶性染料：是通过渗入唇部外表面皮肤而发挥着色作用，最常用的是溴酸红染料，不溶于水，在油脂、蜡中的溶解性也很差，能染红口唇并使色泽持久。单独使用溴酸红制成的唇膏表面是橙色的，但一经涂在口唇上，由于pH值的改变，就会变成鲜红色。

2）不溶性颜料：不溶性颜料主要是一类极细的固体粉末。其制成的唇膏在口唇上能留下一层艳丽的色彩，且具有较好的遮盖力，但附着力不佳，所以必须与溴酸红染料配合使用，用量一般为8%~10%。

这类颜料有氧化铁、炭黑、云母、二氧化钛、硬脂酸锌、硬脂酸镁等。

3）珠光颜料：现在多用合成珠光颜料，如氯氧化铋、二氧化钛覆盖云母片等。二氧化钛覆盖云母片对人体及皮肤无毒、无刺激性，产品有多种系列。

(4) 香精：唇膏用香精以芳香甜美适口为主，常选用玫瑰、茉莉、紫罗兰以及水果香型等。

2. 固态唇膏的种类　一般来说，固态唇膏大致可分为三种类型：原色唇膏、变色唇膏和无色唇膏。原色唇膏是最普遍的一种类型，有各种不同的颜色，常见的有大红、桃红、橙红、玫红、朱红等；变色唇膏内仅使用溴酸红染料而不加其他不溶性颜料；无色唇膏不加任何着色剂，其主要作用是滋润口唇、防止干裂、增加光泽等。

(二) 液态唇膏

液态唇膏的使用目的与固态唇膏相同，主要成分包括成膜剂、溶剂、增塑剂、着色剂等。成膜剂如乙基纤维素、醋酸纤维素、硝酸纤维素、聚乙烯醇、聚乙酸乙烯酯等水溶性高分子化合物，它们能够在口唇表面形成薄膜而覆盖口唇原色；增塑剂常用甘

油、邻苯二甲酸二丁酯、山梨醇、己二酸二辛酯等,其作用是用来改善成膜的可塑性,以增加柔性,减少收缩;溶剂主要采用乙醇、异丙醇等。

液态唇膏是用瓶装的,一般用小刷子刷涂,因此携带和使用都不如一般唇膏方便,也不如一般唇膏受欢迎。

（三）唇膏的质量要求

唇膏应满足以下质量要求:①对唇部皮肤无刺激,对人体无毒、无害;②膏体表面细洁光亮,软硬适度,易于涂抹,涂抹后感觉舒适,无油腻感;③色泽鲜艳、均一,香气纯正,附着性好,不易褪色,涂敷后无色条出现。

由于唇膏是直接涂于口唇部位,极易进入口中,因此在满足以上条件的同时,对其安全性要求很高,尤其是对细菌数量有严格的规定,细菌总数不得大于 500CFU/ml 或 500CFU/g。

二、唇线笔

唇线笔的笔芯是将油脂、蜡和颜料混合好后,经研磨后在压条机内压制而成,然后黏合在木杆中,制成像铅笔一样,在使用时用小刀把笔头削尖使用。其作用是勾画唇部轮廓,使其清晰饱满,给人以美观细致的感觉。笔芯要求软硬适度、画敷容易、色彩自然、使用时不易断裂。

第三节　眼用化妆品

在面部美容中,眼睛占有极其重要的地位。对眼睛(包括睫毛)进行必要的美容化妆,可弥补和修饰缺陷,使眼睛更加传神,更加活泼美丽、富有感情、明艳照人,在整体美中给人留下难忘印象。

眼部化妆品主要有眼影、睫毛膏、眼线笔等。

一、眼影

眼影是用于涂敷于眼窝周围上下眼皮及外眼角,使其形成阴影,从而塑造眼睛轮廓、强化眼神的化妆品,有眼影粉、眼影膏、眼影液等。

1. 眼影粉　眼影粉在眼影制品中较为流行,多数是将各类色调的粉末在小浅盘中压制成型后,装于化妆盒内使用。其原料类型、配方组成及配制方法均与胭脂粉饼类似。常用的粉质原料有滑石粉、高岭土、碳酸钙、二氧化钛等,还有颜料和胶合剂。

2. 眼影膏　眼影膏是颜料粉均匀分散于油脂和蜡基的混合物而形成的油性膏状眼影,或分散于乳化体系的乳化型制品。前者适合于干性皮肤使用,后者适合于油性皮肤使用。眼影膏的使用虽不及眼影粉普遍,但其化妆的持久性优于眼影粉。

3. 眼影液　眼影液是以水为介质,将着色剂分散于水中的一类制品,价格低廉、涂敷容易,但要使颜料均匀稳定地悬浮于水中并非易事,通常加入硅酸铝镁、聚乙烯吡咯烷酮等增稠稳定剂。

二、睫毛膏

睫毛膏是一类能够增加睫毛色泽,使睫毛显得既浓又长,增强立体感,用以烘托眼神的化妆品。根据外观形态的不同,有块状、膏霜状及液状等不同品种。

块状睫毛膏是将颜料与肥皂及其他油脂、蜡等混合而成,肥皂多用硬脂酸三乙醇胺。膏霜型则是在膏霜基质中加入颜料而成。除了块状和乳化型产品外,也可将极细的颜料分散悬浮于油类或胶质溶液中制成液态产品。有时为了增加使用后睫毛增长的效果,睫毛膏中还添加少量天然或合成纤维,约占3%~4%。

睫毛膏的颜色以黑色、棕色为主,一般采用炭黑和氧化铁棕。

三、眼线笔

用眼线笔沿眼睫毛生长边缘画线,能够使眼睛轮廓扩大、清晰、层次分明、更富魅力。

眼线笔的笔芯是由各种油脂、蜡和颜料配制而成,硬度由加入蜡的熔点及用量来调节。眼线笔通常配以眼线液,用眼线笔尖端蘸取眼线液使用。眼线液通常加入天然或合成的水溶性胶质原料或不溶于水的醋酸乙烯、丙烯酸树脂等原料,制成不抗水或抗水的眼线液,这些物质能稳定颜料,防止颜料沉淀,使用后可成膜,使卸妆容易。

第四节 指甲用化妆品

指甲用化妆品是通过对指甲的涂布、修饰来达到美化、保护指甲目的的化妆品,主要有指甲油、指甲油清除剂、指甲保养剂等,使用最多的是指甲油和指甲油去除剂。

一、指甲油

指甲油是用来修饰和美化指甲的化妆品,它能在指甲表面形成一层耐摩擦的薄膜,起到保护、美化指甲的作用。

指甲油由成膜剂、树脂、增塑剂、溶剂、颜料、珠光剂等组成,其中成膜剂和树脂对指甲油的性能起关键作用。

1. 成膜剂 成膜剂主要由一些合成或半合成的高分子化合物组成,如硝酸纤维素、乙酸纤维素、乙酸丁酸纤维素、乙基纤维素、聚乙烯、聚丙烯酸甲酯等,其中最常用的是硝酸纤维素,它在硬度、附着力、耐磨性等方面均较优良。但硝酸纤维素容易收缩变脆,光泽较差,附着力不够强,还需加入树脂以改善光泽和附着力,加入增塑剂增加韧性以减少收缩。

2. 树脂 树脂能增加硝酸纤维薄膜的亮度和附着力,是指甲油成分中不可缺少的原料之一。指甲油用树脂有天然树脂和合成树脂,但由于天然树脂质量不稳定,所以多采用合成树脂,常用的有醇酸树脂、氨基树脂、聚丙烯酸树脂、聚乙酸乙烯酯树脂、对甲苯磺酰胺甲醛树脂等。其中对甲苯磺酰胺甲醛树脂对膜的厚度、光亮度、流动性、附着力和抗水性等均有较好的效果。

3. 增塑剂 增塑剂又称软化剂,能使涂膜柔软、持久,减少膜层的收缩和开裂现象。指甲油用增塑剂有磷酸三甲苯酯、苯甲酸苄酯、磷酸三丁酯、柠檬酸三乙酯、邻苯二甲酸二辛酯、樟脑、蓖麻油等,其中最常用的是邻苯二甲酸酯类。

4. 溶剂 指甲油中的溶剂应满足以下要求:①能溶解成膜剂、树脂、增塑剂等;②能调节指甲油的黏度以获得适宜的使用感觉;③具有适宜的挥发速度等。一般使用混合溶剂来达到以上要求,如正丁醇、乙酸乙酯及异丙醇等。

5. 着色剂　一般采用不溶性颜料。可溶性的染料会使指甲和皮肤染色,一般不宜选用。珠光剂一般采用天然鳞片或合成珠光颜料。

二、指甲油清除剂

指甲油清除剂用于清除涂在指甲上的指甲油膜,可以用单一溶剂,也可以用混合溶剂,常用的溶剂有丙酮、乙酸乙酯、乙酸丁酯等。为了减少溶剂对指甲的脱脂而引起干燥感觉,可适量加入油脂、蜡类等物质。

三、指甲油的质量要求

指甲油应满足下列质量要求:①涂敷容易,成膜速度快,形成的膜均匀、无气泡;②颜色均匀一致,光亮度好,耐摩擦,不开裂,能牢固地附着在指甲上;③无毒,不损伤指甲;④形成的涂膜应容易被指甲油清除剂去除。

(孙珊珊)

扫一扫
测一测

复习思考题

1. 香粉的特性及所需的原料是什么?
2. 简述粉底的作用及配方组成。
3. 唇膏应满足的质量要求有哪些?

其他类化妆品

　　健美化妆品的作用机制及活性成分;化学脱毛化妆品的配方组成;抑汗除臭化妆品的作用机制;牙膏的配方组成。

　　前面已经介绍过基础护肤用化妆品、功能性肤用化妆品、发用化妆品及彩妆化妆品,本章将介绍健美化妆品、脱毛化妆品、抑汗除臭化妆品以及牙膏的相关知识,由于这几类化妆品的知识介绍所占篇幅较小,不便各自单独成为一章,因此统一放在本章,称之为其他类化妆品。

第一节　健美化妆品

　　身体健美是人体健康的重要标准之一,皮下脂肪的累积量对维持人体的曲线具有极其重要的作用。局部脂肪堆积不仅影响人体的形体美,而且导致肥胖病,进而诱发其他种类疾病,成为危害人类健康的主要因素之一。

　　健美化妆品是指有助于体形健美的一类化妆品,可以通过皮肤吸收活性物质,分解脂肪,减少局部脂肪堆积。其作用机制是:将健美化妆品涂敷于脂肪堆积的部位,利用透皮给药吸收的原理,借助按摩、热敷可使皮肤毛细血管扩张,增加皮肤的吸收功能和功效性成分的渗透,促进皮下微循环,使多余的脂肪得到分解与排泄,减少局部脂肪堆积,达到保持形体健美的目的。

一、肥胖及局部脂肪堆积的原因

　　肥胖是由于能量的摄入大于能量的消耗,过剩的能量以脂肪的形式积存于体内而产生的。肥胖按脂肪沉积的部位分为皮下性肥胖和内脏性肥胖,按脂肪沉积的解剖部位分为高位性肥胖和低位性肥胖。

　　肥胖的成因是多方面的,至今仍未十分清楚,一般认为主要与遗传、饮食、睡眠、运动量、内分泌失调和精神因素等有关,它们不是独立存在的,而是相辅相成的。目前认为,遗传因素是肥胖发生的基础,而环境因素以及膳食、活动等社会生活因素是肥胖发生的条件。

产生肥胖或脂肪堆积的生理原因是由于脂肪代谢出现了障碍,特别是脂肪分解不利所造成的。在脂肪分解出现障碍的情况下,储存脂肪的细胞将变得过度肥大,从而挤压周围组织,降低静脉的血液循环和淋巴循环,导致肥胖的发生,危害人类健康。此外,重力的作用也可影响淋巴液和静脉血液的回流,促使人体下肢肥胖。

二、健美化妆品的活性成分

健美化妆品的活性成分是指能够促进脂肪分解、减少脂肪堆积,赋予化妆品健美功能的一类组分,主要有以下几类。

1. 氯原酸　又名咖啡鞣酸,是咖啡和金银花等中草药的提取物。其通过激活脂肪细胞进行"有氧体操",提高人体原本自有的正常"脂肪消耗效率",从而减少局部的脂肪堆积。

2. 肉碱　又名肉毒碱,是存在于动物肌肉中的季铵盐类生物碱。其中有生物活性的为 L- 肉碱。能为脂肪酸氧化反应提供能量,是脂肪氧化及分解的促进剂。

3. 甲基黄嘌呤　咖啡因、可可碱、茶碱等黄嘌呤类生物碱均是有效的促脂解物质,可作为健美化妆品的添加剂。这类物质均有一定的副作用,但在处方含量范围内使用是安全无害的,茶碱已列入美国 CTFA(美国化妆品、盥洗品和芳香品协会)化妆品原料词典。

4. 烟酸酯类　烟酸酯类物质是健美化妆品中常用的功能性原料。如乙醇烟酸酯、苯甲醇烟酸酯、α- 生育酚烟酸酯等。

5. 硅烷醇及其复合物　硅烷醇及其复合物对脂肪分解代谢发挥多重功效。①硅烷醇:可改善静脉和淋巴微细管的通透性,减少弹性纤维的破坏和胶原纤维的降解,并可重组蛋白葡聚糖和结构糖蛋白,从而促进脂肪代谢;②硅烷醇甘露糖醛酸与咖啡因硅烷醇:均能刺激胞内环状腺苷磷酸,促进脂肪细胞的脂解作用;③甲基硅烷三醇可阻止不饱和甘油三酯的积聚,增加甲基黄嘌呤的活性,利于甘油三酯的脂解;④硅烷醇与茶碱乙酸结合也可使脂解活性增加。

6. 中药提取物　多种中草药可以改善皮肤末梢的微循环,如大麦、金缕梅、常春藤、月见草、绞股蓝、山金车、丹参、银杏、代代花、海葵、茶叶、木贼、甘草、麦芽油等,均可作为健美化妆品的功能性原料。

7. 植物精油　精油也是目前非常常用的一类健美化妆品活性原料,如月见草油、百里香油、迷迭香油、薰衣草油、薄荷油、柠檬油、桉叶油、刺柏油等。

三、实例解析

以健美霜和健美凝胶为例解析如下(表 9-1、表 9-2)。

表 9-1　健美霜配方实例

组分	质量分数(%)	组分	质量分数(%)
十六烷基糖苷	5.0	甘油	3.0
十六烷基辛酸酯	15.0	Sepigel 305	3.0
聚二甲基硅氧烷	1.0	防腐剂、香精	适量
咖啡因	5.0	去离子水	加至 100.0
常春藤、代代花等提取液	15.0		

【解析】 配方中的咖啡因和常春藤、代代花等提取液为功能性原料,具有健美作用,其余均为膏霜的基质原料,其中 Sepigel 305 是乳化剂。聚二甲基硅氧烷作为润滑剂,减少按摩时的阻力;十六烷基辛酸酯为润肤剂;甘油是保湿剂。

表 9-2 健美凝胶配方实例

组分	质量分数(%)	组分	质量分数(%)
卡波树脂 934	1.3	三乙醇胺	1.0
积雪草、甘草等提取液	1.5	防腐剂、香精	适量
硅烷茶叶碱 C	7.5	去离子水	加至 100.0

【解析】 配方中硅烷茶叶碱 C 和积雪草、甘草等提取液为发挥健美作用的功能性成分,三乙醇胺调节体系的 pH 值,使卡波树脂 934 能够在水溶液中形成稳定的凝胶。

第二节　脱毛化妆品

毛发是人体皮肤的附属物,主要有头发、眉毛、睫毛、阴毛、腋毛及汗毛等。这些生长于人体不同部位的毛发,其分布密度是完全不同的,并随种族、性别、年龄以及个体的不同而有明显差异。

一、多毛的含义

多毛症是指毛发比正常同龄和同性别的人长得粗而且多,超出了正常生理范围的现象,一般表现为面部、阴部、腋下、腹、背及四肢等部位体毛明显增多、增长而且粗黑。毛发的生长情况与多种因素有关,主要包括种族、年龄、性别、营养、气候以及情绪等,而多毛现象中以妇女多毛症最为多见。

二、脱毛化妆品的含义

脱毛用化妆品是用来脱除或减少不需要的体毛所用的化妆品。通过使用脱毛化妆品,不仅可将体毛从毛孔中除去,脱毛后体毛生长缓慢,而且脱毛部位皮肤表面光滑、使用感觉舒适,不会留下痕迹。因此,脱毛化妆品是爱美人士用于去除诸如腋毛、过分浓重汗毛等常用的一类化妆品。

三、脱毛化妆品的配方组成

脱毛化妆品可分为物理脱毛化妆品和化学脱毛化妆品两大类,两类在配方组成及常用剂型上均各不相同。

(一)物理脱毛化妆品

物理脱毛化妆品也称为拔毛剂,是利用松香等树脂将需要脱除的毛发黏住,然后从皮肤上拔除,作用相当于用镊子拔除毛发。通常为蜡状制品,根据使用前是否需要加热可以分为冷蜡和热蜡两种。对于热蜡产品,使用前先将其融化,然后均匀涂抹在需要拔除毛发的部位,待蜡凝固后,从皮肤上揭去,被黏着于凝固蜡中的毛发即随之从皮肤中拔出。由于物理脱毛化妆品在操作过程中会感到不同程度的疼痛,引起皮肤的病理性改变和刺激反应,因此使用已经越来越少。

(二)化学脱毛化妆品

化学脱毛化妆品多为乳膏制品,通过在膏霜或乳液基质中加入适当的脱毛剂制备而成。因此,此类脱毛化妆品的配方中除了具有制备膏霜或乳液基质所需的油质原料、水分、乳化剂、保湿剂、防腐剂等原料外,还需添加发挥脱毛作用的化学脱毛剂。

化学脱毛剂是通过化学作用使毛发在较短时间内软化而容易被擦除。其作用机制与烫发剂大体相同,主要是打开二硫键和多肽,不过两者之间在作用程度上存在不同,烫发剂破坏部分二硫键以达到使头发软化的目的,而脱毛剂彻底破坏二硫键以使毛发完全脱除。具体地说是在碱性条件下,pH 值一般为 11~13 时,使毛发膨胀变软,毛发硬度降低,利用还原剂将构成体毛的主要成分角蛋白胱氨酸链中的二硫键还原成半胱氨酸,从而切断体毛达到脱毛的目的。

化学脱毛剂及助剂主要包括还原剂、碱剂、表面活性剂、溶胀剂及填充剂等原料。

1. 还原剂　是发挥脱毛作用的主要物质,可分为无机脱毛剂和有机脱毛剂两类。

(1) 无机脱毛剂:即硫化物脱毛剂,常用的是钠、钾、钙、钡、锶等金属的碱性硫化物,效果肯定,价格低廉,但容易氧化,产生令人不愉快的气味,生成黄色的多硫化物,活性丧失,气味更重,并且伴随产生的硫化氢气体对人体有毒。现在逐渐被有机脱毛剂所取代。

(2) 有机脱毛剂:常用的有机脱毛剂是巯基乙酸钙[$(HSCH_2COO)_2Ca$],水溶液的pH 值约为 11,与无机脱毛剂相比,虽作用较慢,但对皮肤的刺激作用较小,几乎无臭味,加香容易。除钙盐以外,巯基乙酸的锂、钠、镁、锶等盐也有同样作用。通常采用两种以上的巯基乙酸盐,对乳化型膏状制品的稳定性有利。

2. 碱剂　碱剂可使角蛋白溶胀,有利于脱毛剂的渗入,提高脱毛效果。脱毛化妆品的 pH 值通常控制在 10~12 是比较适宜的。因为当 pH 值低于 10 时,脱毛速度太慢;pH 值高于 12 时,则对皮肤刺激性大。

3. 表面活性剂　阴离子表面活性剂如脂肪醇硫酸盐、烷基苯磺酸盐和一些非离子表面活性剂如聚氧乙烯失水山梨醇酯、聚氧乙烯棕榈酸异丙酯等,可用作乳化剂和脱毛剂的润湿剂。

4. 溶胀剂　溶胀剂有助于加快巯基化合物脱毛剂脱毛作用的速度,从而减少对皮肤的刺激作用。可选用三聚氰胺、二氰基二酰胺或两者的混合物以及硫脲、硫氰酸钾、硫氰酸胍、PVP 共聚物等。

5. 填充剂　添加一些惰性的填充剂可使浆状制品易于在皮肤上涂敷。

四、脱毛化妆品的安全使用

目前,脱毛化妆品中以化学脱毛类最为多用,而化学脱毛剂存在潜在的皮肤刺激或致敏的危险性。因此,我国把脱毛化妆品纳入特殊用途化妆品的管理范畴。

理想的化学脱毛化妆品应该具备以下特点:①对皮肤无毒性作用,不会引起皮肤刺激反应;②脱毛效果显著,在 10min 内毛发变软并呈塑性,易于擦除或冲洗;③无异味或尽可能低的气味;④不会损伤或沾污衣物;⑤外观宜人,无色或天然色,若为膏霜或乳液,应质地细腻;⑥易于贮存,有相对稳定的保存期。

化学脱毛化妆品对皮肤个体的差异性很大,同样一种制剂,出现不良反应的可能性会因人而异,所以在使用化学脱毛化妆品之前,一定要先做皮肤斑贴试验,特别是皮肤敏感者,使用频率不宜太高,最多每2周使用一次。

知识链接

激光永久脱毛

激光永久脱毛技术是利用毛囊中的黑色素细胞对特定波段的光的吸收使毛囊产生热,从而选择性地破坏毛囊,在避免对周围组织损伤的同时达到祛除毛发的效果。在激光脱毛过程中会伴有一点点刺痛或轻微的烧灼感觉,大多数患者不需要麻醉就能轻易地接受治疗。眼睑、口周等部位治疗前可局部外用麻醉药。治疗时部分患者可能在治疗部位会出现暂时性发红或肿胀,甚至出现轻度皮肤瘙痒,治疗后几小时红肿消退,皮肤恢复正常。治疗部位不同所需时间也不相同,治疗唇部胡须部位的时间为5~10min,治疗双小腿的毛发需要30~40min,治疗双下肢毛发约需要90min。

第三节 抑汗除臭化妆品

体臭是由于汗腺和皮脂腺分泌物中的有机物被皮肤上细菌所降解,产生了具有特殊气味的小分子挥发性物质而形成的。发生于腋下者也称为腋臭或狐臭。抑汗除臭化妆品是用来抑制汗腺分泌,去除或减轻汗液分泌物的臭味,清除体臭的一类化妆品,主要适用于除腋下体臭,是针对体臭人士所设计和生产的一种特殊用途化妆品。

一、汗腺生理及体臭产生的机制

人体汗液的分泌是通过汗腺进行的。汗腺遍布全身皮肤,而以手掌,足底部最多。汗腺分泌部位于真皮深层或皮下组织内,是盘曲成团的小管,汗腺分泌汗液,经导管部排泄到皮肤表面,能湿润皮肤,排出部分水和离子,有助于调节体温和水盐平衡,从而发挥分泌汗液、排泄废物、调节体温的作用。

汗腺有小汗腺和顶泌汗腺(又称为大汗腺)两种。小汗腺除口唇、包皮内侧及龟头部外,全身均有分布,以掌趾、额部、背部、腋窝等处最多,分泌的汗液成分除极少量的无机盐类外,几乎全部是水,具有调节体温、柔化角质层和杀菌的作用。顶泌汗腺与小汗腺不同,腺体比较大,仅在特殊部位,如腋窝、乳晕、脐窝、肛门四周及生殖器等部位才有这种汗腺,而且分泌的汗液的成分也与小汗腺不同,含有蛋白质、脂质及脂肪酸等有机物。顶泌汗腺不具有调节体温的作用,由于分布部位多为阴暗潮湿的环境(尤其是腋窝),非常适宜细菌的生长繁殖,使其分泌出的白色黏稠无臭的汗液中的有机物被细菌产生的酶所分解,从而产生特殊的臭味,因此,顶泌汗腺分泌的汗液是导致体臭的主要根源。

二、抑汗除臭化妆品的作用机制

抑汗除臭化妆品主要是通过抑制汗液分泌以及抑制细菌繁殖的作用来达到除臭

的目的。具体途径有以下四种。

1. 利用收敛剂,抑制汗液分泌　体臭的产生源于汗液的分泌,通过使用收敛剂,抑制汗液的过量分泌,从而达到间接防止体臭的目的。

2. 利用杀菌剂,防止汗液分解　一般来讲,汗液本身并无臭味,而是由于分泌的汗液被局部繁殖的细菌所分解,产生了有臭味的物质。所以利用杀菌剂,抑制细菌的繁殖,防止细菌对汗液所产生的分解,消除产生体臭的来源。

3. 利用配香技术,掩盖不良气味　利用现代配香技术,设计除臭香精,使体臭与香精气味混合,结合成愉快的气味,或将不良气味的强度降低至可以接受的水平。

4. 利用臭味去除剂,减少臭味的产生　可用化学臭味吸收剂或物理臭味吸收剂来减少臭味的产生。

三、抑汗除臭化妆品的配方组成

抑汗除臭化妆品可以制成液状、膏霜状、粉状三种。其中粉状是以滑石粉等粉质原料和抑汗剂组成,但因附着力差,抑汗效果不如其他类型抑汗除臭化妆品而逐步被淘汰。液体抑汗除臭化妆品主要由抑汗剂、乙醇、水、保湿剂、增溶剂和香精等组成。膏霜抑汗除臭化妆品由制备膏霜基质的基础原料:油质原料、水分和乳化剂,以及抑汗除臭的活性成分所组成。所以,抑汗除臭化妆品不论是液体剂型还是膏霜剂型,配方组成中除剂型的基质原料外,最为主要的是其抑汗除臭的活性成分,主要包括以下几类。

1. 抑汗剂　具有较强的收敛作用,能够抑制汗液的过度排泄。具有收敛作用的物质有两大类:一类是金属盐类,如氯化铝、碱式氯化铝、硫酸钾铝、苯酚磺酸锌、尿囊素二羟基铝、尿囊素氯羟基铝、明矾等,其中铝盐除具有抑汗作用外,还有杀菌、抑菌作用;另一类是酸类,其中有机酸如单宁酸、柠檬酸、琥珀酸、乳酸、酒石酸、枸橼酸等,无机酸如硼酸等。此外,部分中草药提取物也具有一定的收敛作用,如金缕梅提取液。

绝大部分具有收敛作用的盐类的 pH 值均较低,电解后呈酸性,容易刺激皮肤,对织物也会产生腐蚀作用,若配方中同时含有表面活性剂,则更会使刺激作用增加。可加入氧化锌、氧化镁、氢氧化铝或三乙醇胺等进行酸度调整,以减少对皮肤的刺激性。

2. 杀菌剂　常用的有硼酸、六氯酚、三氯生(2,4,4-三氯-2-羟基二苯醚)、季铵盐类表面活性剂、三氯二苯脲、苯扎氯铵、盐酸洗必泰等。这些杀菌剂通过抑制微生物的繁殖和生长,能够有效降低汗液的分解,减少臭味的产生。需要注意的是,这些杀菌剂一般都具有一定的刺激性或副作用,在卫生标准中都有用量限制。

3. 除臭剂　常用的有化学除臭剂,如氧化锌、碳酸锌等,这类物质能与产生体臭的低级脂肪酸反应生成金属盐,臭气便可部分被消除;另外还有吸附性除臭剂,如分子筛;除了这两类外还有部分植物提取物也具有一定的除臭作用,如地衣、龙胆、百里香、丁香、广木香、藿香、荆芥、山金车花、茶树油、鼠尾草等。

4. 芳香剂　是指具有芳香气味、能够直接掩盖体臭的不良气味,或降低不良气味的程度,或将恶臭改变为愉快气味的物质。其作用方式有两种:一种方式是通过芳香剂怡人的香气,直接掩盖体臭的不良气味;另一种方式是通过现代配香技术,使芳香剂和体臭的气味混合,形成一种令人愉快的气味,从而达到消除体臭的目的。

需要注意的是,抑汗除臭化妆品中的抑汗剂和杀菌剂等功能性原料多为化妆品限用物质,因此其使用浓度应符合我国《化妆品卫生规范》的规定。

抑汗除臭化妆品的使用在国外如欧美国家极为普遍,占有很大的化妆品市场,销售额增长迅速。在抑汗除臭化妆品不同的剂型中,液体除臭剂(祛臭液)更为消费者所喜爱,其有效成分一般采用季铵盐类化合物,这类化合物在皮肤上有很好的附着能力,不易被汗液冲掉,因此杀菌和祛臭的效能长久,效果显著,在配方中含量高达 2%,是市场上比较畅销的一类除臭化妆品。

四、实例解析

以祛臭液为例解析如下(表 9-3)。

表 9-3　祛臭液配方实例

组分	质量分数(%)	组分	质量分数(%)
羟基氯化铝	15.0	无水乙醇	40.0
丙二醇	3.0	聚氧乙烯氢化蓖麻油	0.5
黄原胶	0.5	香精	适量
氯化苄烷铵	0.2	去离子水	加至 100.0

【解析】　配方中羟基氯化铝为抑汗剂;氯化苄烷铵为季铵盐类杀菌剂;乙醇作为溶剂,促进抑汗剂、香精的溶解,同时乙醇的蒸发导致皮肤暂时降温,也具一定收敛作用;丙二醇为保湿剂,有助于防止祛臭液的蒸发,同时增加使用时对皮肤的滋润性;聚氧乙烯氢化蓖麻油为增溶剂,使产品形成透明均一的溶液;黄原胶使产品具有适当的黏度。

第四节　牙　膏

口腔卫生对保持人体健康和预防疾病是十分重要的,而口腔卫生用品则是保持人体口腔卫生最有效的日常生活用品。常用的口腔卫生用品有牙膏、牙粉、漱口水等,其中产量最大、应用最为普遍的是牙膏。因此,本节主要介绍牙膏的相关知识,包括牙膏的作用、分类及配方组成等主要内容。

一、牙膏的作用及性能

(一) 牙膏的作用

牙膏是和牙刷配合,通过刷牙达到清洁、健美、保护牙齿之目的,是一种以洁齿和护齿为主要目的的口腔卫生用品。在使用牙膏的过程中,正确的刷牙方法和良好的刷牙习惯,可以使牙齿表面洁白、光亮,使口腔内洁净,感觉清爽舒适,同时还具有减轻口臭、预防或减轻龋齿及牙周炎等作用。特别是临睡前刷牙,可减少细菌分解糖类产生的酸对牙釉的侵蚀,能更有效地保护牙齿。

(二) 牙膏的性能

随着物质、文化生活水平的提高,人们对牙齿保护的意识也在逐步提高,因此对牙膏的品质和功能的要求也越来越高。优质的牙膏应具有如下性能。

1. 适宜的摩擦力　为了预防龋齿和牙周病的发生,美化牙齿,牙膏必须有适当的清洁性,清洁性主要是依靠粉末的摩擦力和表面活性剂的气泡去垢力来除去牙齿表面的牙菌斑、软垢、牙结石和牙缝内的嵌塞物等。摩擦力太强会损伤牙齿本身或牙周组织;摩擦力太弱,又起不到较好的清洁牙齿作用。因此,适当的摩擦力是牙膏应当具备的一项基本性能。

2. 优良的起泡性　在刷牙过程中,丰富的泡沫不仅感觉舒适,而且能使牙膏尽量均匀地迅速扩散、渗透到牙缝和牙刷够不到的部位,有利于污垢的分散、乳化及去除。

3. 一定的抑菌作用　口腔内存在很多细菌,如变性链球菌、乳酸杆菌等,这些细菌能够分解牙齿表面的食物残渣而生成乳酸,从而腐蚀牙齿或导致龋齿的发生。通过在牙膏中添加具抑菌作用的有效成分,可以抑制口腔内细菌的繁殖,提高牙齿抗酸、抗病能力,减少龋齿的发生,从而保障牙齿的健康。

4. 舒适的香味和口感　消除口腔异味,保持口腔清新以及怡人气味,这是促进消费者购买牙膏和乐于刷牙的重要因素。在牙膏中添加适宜的香精和矫味剂,可使消费者在刷牙过程或刷牙之后,口腔内感到凉爽而清新,并能去除口腔内异味。

5. 良好的稳定性　牙膏膏体在储存和使用期间应具有一定的物理和化学稳定性,即不腐败变质、不分离、不发硬、不变稀、pH 值不发生改变等,药物牙膏应保证在有效期内其所含药物应具有的作用。

6. 高度的安全性　牙膏是每日入口的卫生用品,虽然刷牙后必须吐出,但与口腔密切接触,因此要求牙膏安全无毒性,对口腔黏膜无刺激性。

二、牙膏的种类

由于牙膏组成的复杂性,导致有关牙膏分类方法的多样性。

从外观上看,可分为透明型和不透明型牙膏两类;按酸碱度不同,可分为中性牙膏、酸性牙膏和碱性牙膏三类;按摩擦剂分类,有碳酸钙型、磷酸氢钙型和氢氧化铝型等;按洗涤发泡剂分类,有肥皂型、合成洗涤剂型等;按香型分类,有留兰香型、薄荷香型和水果香型等;按使用功能分类,可分为普通牙膏和药物牙膏两类,其中药物牙膏又可分为防龋齿牙膏、脱敏牙膏、消炎止血牙膏和防牙结石牙膏等。

三、牙膏的配方组成

牙膏配方组成主要有摩擦剂、洗涤发泡剂、胶黏剂、保湿剂、甜味剂、防腐剂、香精和其他特殊添加剂等。

(一)摩擦剂

摩擦剂是牙膏的主体原料,一般占配方的 20%~50%。摩擦剂通过牙刷在牙齿上的摩擦作用,达到清洁牙齿、去除牙菌斑和牙石以及防止新污垢形成的目的。

摩擦剂一般是粉状固体,因此对于粉质的硬度、颗粒大小和形状均有一定的要求。如果粉质太软或者颗粒太小,则摩擦力太弱,达不到净牙的作用;如果粉质太硬或者颗粒太大,则摩擦力强,对牙齿、牙龈都有磨损。一般宜选用颗粒直径在 5~20μm、硬度适中、晶形规则且表面较平的粉体原料为宜,同时粉质应外观洁白、无臭、无味、无毒、无刺激、溶解度小、化学性质稳定,与牙膏中其他成分配伍性好、不腐蚀铝管等。常用的摩擦剂多为如下无机粉末。

1. 碳酸钙（$CaCO_3$） 碳酸钙一直是我国牙膏生产中大量采用的一种摩擦剂,因其资源丰富且价格较低,是日用口腔卫生用品的理想原料。牙膏用的碳酸钙分轻质碳酸钙(沉淀碳酸钙,PCC)和重质碳酸钙(天然碳酸钙,GCC)两种,均为无臭、无味的白色粉末,颗粒直径大部分在 $2\sim6\mu m$,摩擦力一般比磷酸钙大,常用于中、低档牙膏中。

2. 二水合磷酸氢钙（$CaHPO_4\cdot2H_2O$） 二水合磷酸氢钙是无色、无臭、无味的粉末,不溶于水,但溶于稀释的无机酸。以二水合磷酸氢钙作为摩擦剂的牙膏接近中性,对口腔黏膜刺激性小,不损伤牙齿,是最常用的一种比较温和的优良摩擦剂。以它制成的膏体外表光洁、美观,较碳酸钙佳,但价格较贵,在我国常用于高档产品。

二水合磷酸氢钙适用于无肥皂的中性牙膏,若长期保存,易使其失去结晶水,使牙膏发硬、结块,所以必须加入稳定剂,常用的稳定剂有磷酸镁、硬脂酸镁、硫酸镁和焦磷酸镁等。此外,由于二水合磷酸氢钙与多数氟化物不相容,所以不能用于含氟牙膏。

3. 无水磷酸氢钙（$CaHPO_4$） 无水磷酸氢钙是二水合磷酸氢钙脱结晶水而成,它的摩擦力较二水合磷酸氢钙强,一般配方中只用少量(3%~6%)就能增加二水合磷酸氢钙膏体的摩擦力。它也和多数氟化物不相容,不能用于含氟牙膏。

由于无水磷酸氢钙的摩擦值、磨蚀系数较高,对牙釉质有磨损现象,因此不能单独作为牙膏的摩擦剂使用。它有较好的去除烟渍与菌斑的效果,故与二水合磷酸氢钙复配应用为佳。

4. 磷酸三钙[$Ca_3(PO_4)_2$] 磷酸三钙是白色、无臭、无味的粉末,不溶于稀释的无机酸,与水混合后,成中性或弱碱性,颗粒细致,制成的牙膏光洁美观。它和不溶性偏磷酸钠混合使用,是一种良好的摩擦剂。

5. 焦磷酸钙（$Ca_2P_2O_7$） 焦磷酸钙是白色、无臭、无味的粉末,易溶于稀释的无机酸,摩擦性能优良,属软型摩擦剂,且能与水溶性氟化物混合使用。

6. 二氧化硅（$SiO_2\cdot xH_2O$） 用作摩擦剂的二氧化硅是无色结晶或无定形粉末,摩擦力适中,与牙膏中氟化物和其他药剂相容性好,是一种理想的药物牙膏摩擦剂,近年来发展较快。另外二氧化硅能使膏体呈透明,常用作透明牙膏的摩擦剂。

7. 氢氧化铝 氢氧化铝为白色至微黄色粉末,在水中的溶解度极低微,稳定性好,摩擦力适宜,碱性比碳酸钙低。以氢氧化铝为摩擦剂制成的膏体与使用二水合磷酸氢钙者相似,外观洁白、口感好,价格比磷酸氢钙便宜。与氟化物和其他药物有很好的配伍性,是药物牙膏的理想原料。

8. 热塑性树脂 热塑性树脂与氟化物有良好的配伍性,用量一般为30%~45%。常用的热塑性树脂粉末有聚丙烯、聚氧乙烯、聚甲基丙烯酸甲酯等。与粒度 $5\mu m$ 的硅酸锆混合使用时,硅酸锆用量为 2%~5%,是一种有效的洁齿摩擦剂。

（二）洗涤发泡剂

牙膏中的洗涤发泡剂即是牙膏中添加的表面活性剂。牙膏的洁齿作用,除了靠摩擦剂的机械摩擦外,还靠表面活性剂的洗涤、发泡、乳化、分散和润湿等作用以达到清洁牙齿的目的。表面活性剂能降低表面张力,使牙膏在口腔中迅速扩散,疏松牙齿表面的污垢和食物残渣,使之被丰富的牙膏泡沫乳化而悬浮,随漱口水清除出去,从而达到清洁口腔和牙齿的目的。

用于牙膏的表面活性剂应无毒、无刺激、无不良味道，不影响牙膏的其他性能，在配方中常用量为1%~3%。牙膏工业常用的表面活性剂有月桂醇硫酸钠、月桂酰基肌氨酸钠、月桂醇磺乙酸钠、椰油酸单甘油酯磺酸钠、2-乙酸基十四烷基磺酸钠等。

1. 月桂醇硫酸钠　它是牙膏普遍采用的发泡剂，其泡沫丰富而且稳定，去污力强，碱性较低，对口腔黏膜刺激性小。用其制成的牙膏对温度的稳定性较肥皂型牙膏好得多，因而得到了广泛应用。

2. 月桂酰基肌氨酸钠　在牙膏中除具有发泡作用外，还可防止口腔内糖类发酵，减少酸的产生，因此具有一定的防龋齿功能。月桂酰基肌氨酸钠产生的泡沫很丰富，并且在漱口时极易漱清，在酸、碱介质中均很稳定，是一种比较理想的牙膏用发泡剂。

（三）胶黏剂（水溶性高分子化合物）

牙膏是固体和液体的混合物，为了使固体颗粒稳定地悬浮于液相之中，通常使用胶黏剂。胶黏剂能胶合膏体中的各种原料，防止牙膏在储存和使用期间水分的离析，并赋予膏体适宜的黏弹性和挤出成型性。配方中胶黏剂用量一般为1%~2%。可使用天然胶黏剂（如海藻酸钠、阿拉伯胶等）、半合成胶黏剂（如羟甲基纤维素、羟乙基纤维素、羧甲基纤维素钠）或合成胶黏剂（如聚乙烯醇、聚乙烯吡咯烷酮、聚丙烯酰胺等）及无机胶黏剂（如胶性硅酸铝镁等）。

1. 羟乙基纤维素（HEC）　HEC作为胶黏剂，通常用1%~2%的水溶液搅拌20~60min即可达到最高黏度。HEC的溶解度与溶液的pH值和温度有关。

HEC可与其他胶黏剂如羧甲基纤维素（CMC）等配合使用产生协同效应，特别适用于配制药物牙膏和添加盐类添加剂的牙膏。

2. 海藻酸钠　既是胶黏剂，又具有保湿作用，溶于水成黏稠状胶态溶液。它能调节适宜的黏度，口腔感觉较好。

3. 鹿角菜胶　鹿角菜胶制成的牙膏有优良的挤出成型性、香味释放性及易于漱洗性，膏体光亮坚挺而不黏腻。是优良的胶黏剂。

4. 胶性硅酸铝镁　为无机矿物胶黏剂，在水中可膨胀成比原来体积大许多倍的胶态分散体系，并且在广泛的pH值范围内稳定。

（四）保湿剂

保湿剂是牙膏膏体的主要组成之一，主要作用是防止膏体中的水分逸失，使膏体保持一定的水分、黏度和光滑度。另外两个作用是：一是降低冻点；二是提高共沸点。使牙膏不会在寒冷地区结冻发硬或在受热条件下分离出水，在-10~50℃范围内能够正常使用。

保湿剂有防冻能力，但强弱不一，如果加入过多，会导致膏体黏度降低，出现水分离析现象，所以，保湿剂的添加量要适度。保湿剂在透明牙膏中用量可高达75%，而在不透明牙膏中用量为20%~30%。最常用的保湿剂有甘油、山梨醇、丙二醇、聚乙二醇和木糖醇等。

（五）其他添加剂

1. 香精　牙膏的香味是消费者评定其质量优劣和决定是否购买的一个重要因素。人们使用牙膏后应感觉口齿清爽、芬芳，身心愉快。常用的香型有留兰香型、薄荷香型、果香型、茴香型及冬青香型等。一般用量为1%~2%。

2. 甜味剂　牙膏中的摩擦剂有粉尘味,香料成分大多味苦,这就需要添加甜味剂加以矫味。常用的甜味剂有糖精、木糖醇和山梨醇等。

3. 防腐剂　牙膏配方中通常加入胶黏剂、甘油、山梨醇等,这些成分的水溶液长期储存易发霉,需加入适当防腐剂。常用的防腐剂有对羟基苯甲酸甲酯或丙酯、苯甲酸钠、山梨酸等。用量为 0.05%~0.5%。

4. 缓蚀剂　铝制的牙膏管在空气中能形成一层氧化铝护膜,具有一定的抗腐蚀作用,但牙膏管内部与膏体接触的铝由于膏体 pH 值及温度等条件的影响,往往容易被腐蚀。因此除了向管内表面喷涂保护层(醇溶性酚醛树脂)或采用铝塑复合管外,通常还可加入缓蚀剂,常用的有硅酸钠、磷酸氢钙、焦磷酸钠、氢氧化铝等。

5. 特种添加剂　牙膏作为口腔卫生用品,对其功能的要求不仅局限于清洁牙齿,还应能够预防或辅助治疗口腔和牙齿疾病,从而保持牙齿的清洁和健康。为了达到此目的,牙膏配方中通常加入有效的化学药物、酶制剂、中草药等特种添加剂,以达到防龋、消炎、去除口臭等作用。

常用的添加剂有以下几类:①氟化物防龋剂:如氟化钠、单氟磷酸钠、氟化亚锡等;②脱敏剂:如硝酸钾、氯化锶、尿素、丁香酚、丹皮酚、细辛等;③消炎杀菌剂:如醋酸氯己定、氯己定碘、甲硝唑、氨甲环酸、季铵盐、叶绿素、冰片等;④抗牙石除渍剂:如焦磷酸盐、植酸钠及其衍生物、酶制剂等。

四、牙膏的安全风险

牙膏作为人们日常生活中使用最为广泛的口腔卫生用品,其质量安全问题直接影响消费者的身体健康。目前牙膏中被认为有潜在危害的物质主要有以下几种。

1. 三氯生　三氯生在牙膏中主要作为防腐剂,它是一种高效广谱抗菌剂,对多种致病菌均有杀灭和抑制作用。但有国外学者提出,三氯生与使用氯气消毒后的水接触后所产生的三氯甲烷有致癌的风险。为确保牙膏的使用安全性,我国《化妆品安全技术规范》(2015 年版)中规定其使用浓度不得超过 0.3%。

2. 二甘醇　二甘醇是牙膏保湿剂的一种,能够防止牙膏干硬,同时也能增大其他物质在水中的溶解度,可使牙膏中的成分遇水后迅速溶化,从而提高牙膏的使用品质。二甘醇属于低毒类化学物质,大剂量摄入人体后会损害肾脏。我国出台的牙膏新标准 GB22115-2008《牙膏用原料规范》中规定:二甘醇禁止用于牙膏,如作为杂质带入,则含量不得超过 0.1%。此规定的出台使得牙膏的安全性得到了进一步提高。

3. 氟　氟可以有效抑制口腔内病菌,能够防龋齿,提高牙齿的硬度,保护牙齿,增强牙齿的抗龋能力。然而,氟具有累积性中毒的特点,过量摄入会引起氟中毒,导致氟斑牙的产生,影响牙齿的正常钙化过程,使牙齿失去光泽,齿面粗糙不平,出现雀啄样陷窝,质地变脆,并带有黄色、褐色或黄褐色斑点与斑块;重者还会影响骨骼的正常发育,引起氟化骨症,使骨质密度过硬,很容易导致骨折;更为严重者可引起急性氟中毒,表现为恶心、呕吐、心律不齐等症状。

为确保含氟牙膏的使用安全,我国出台的 GB8372—2017《牙膏》中规定,成人含氟牙膏中氟含量在 0.05%~0.15% 之间,儿童含氟牙膏中氟含量在 0.05%~0.11% 之间。对于生态环境中氟含量较高的地区,由于饮用水中含氟量较高,不建议使用含氟牙膏;3 岁以下的婴幼儿也不适宜使用含氟牙膏。

五、实例解析

以普通牙膏为例解析如下(表9-4)。

表9-4　普通牙膏配方实例

组分	质量分数(%)	组分	质量分数(%)
碳酸钙	48.0	糖精	0.3
羧甲基纤维素钠	1.0	香精	1.2
月桂醇硫酸钠	3.0	防腐剂	适量
甘油	30.0	去离子水	加至100.0

【解析】　此配方属于碳酸钙型牙膏。配方中碳酸钙是摩擦剂;甘油作为保湿剂,不仅能阻止管口干燥,还能提高牙膏的耐寒性,在一定的时间内保持膏体的柔软或成型;羧甲基纤维素钠是胶黏剂;月桂醇硫酸钠是阴离子型表面活性剂,具有良好的发泡、去污能力。

知识链接

口腔卫生用品的种类

口腔卫生用品除牙膏外,还有牙粉、漱口水及口腔喷雾剂等。

牙粉:成分与牙膏相类似,只是不含液体保湿剂和水。一般由摩擦剂、洗涤发泡剂、胶黏剂、甜味剂、香精和某些特殊用途添加剂(如氟化钠、尿素和各种杀菌剂等)组成。

漱口水:漱口水的配方组成中不含摩擦剂,不需要与牙刷配合使用,单独用于口腔内漱口,具有清洁口腔、杀菌、脱臭、爽口等作用。因其没有摩擦洁齿的作用,所以只能作为辅助用品。需要注意的是:对于医用漱口水,不能过长时间使用。

口腔喷雾剂:作用类似漱口水,区别之处在于可停留在口腔内,不像漱口水必须吐掉,也称液体口香糖。多为药物型,具有祛除口臭,消除异味,滋润口腔,缓解用嗓过度导致的咽喉肿痛等作用。

(陈　国)

复习思考题

1. 简述健美类化妆品的活性成分。
2. 简述抑汗除臭化妆品的作用机制。
3. 简述牙膏的配方组成。

第十章

高新技术化妆品

扫一扫
知重点

 学习要点

> 用于化妆品中缓释载体的种类及其在化妆品中的作用;复合乳状液和微乳状液的特点;液晶的种类及其在化妆品中的主要应用。

随着化妆品工业的飞速发展,一些高新技术已经越来越多地被应用于化妆品产业当中,缓释载体、复合乳状液、微乳状液及液晶化妆品的出现赋予了化妆品一些新的特殊功能,使化妆品产业又进入一个新的发展阶段。

一、缓释载体

缓释载体又称为控制释放制剂、延效制剂或长效制剂,是指用适当的方法延长药物在人体内的作用时间,达到延长药效为目的的一类制剂。

对普通化妆品而言,当活性物质随基质被涂敷于皮肤上后,开始时浓度较高,很快达到高峰,经较短时间后,浓度很快下降至较低的谷值。化妆品中活性物质浓度的这种急剧变化不仅降低了其利用率,同时会导致一些副反应的发生,如刺激性、致敏性等。缓释制剂缓慢释放、延长活性物质作用时间的特点有效解决了普通化妆品所带来的上述问题。

近年来,缓释制剂在化妆品中得到了广泛的应用,目前用于化妆品中的缓释制剂主要有脂质体、微胶囊、聚合物微球载体和纳米微球载体等。

(一) 脂质体

脂质体是一种由磷脂组成、能将活性物质封闭于其结构之中的双分子层的封闭空心小球,是英国剑桥大学 Bangham 教授于 20 世纪 60 年代在磷脂的水溶液中发现的。脂质体的结构如图 10-1 所示。

1. 脂质体在化妆品中的作用 脂质体作为一种载体,由于其双分子膜的结构特点,使其具有可同时携载水溶性和脂溶性活性物质或营养物质的特点,而且与一般载体不同的是,脂质体的双分子膜结构和膜材料(磷脂等)本身对皮肤就有着特殊的作用,从而使得脂质体化妆品更具功能性。

(1) 亲和作用:脂质体的双分子膜结构与细胞膜结构相似,同时磷脂又是人体细胞膜的主要成分,因此脂质体对人体皮肤具有高度的亲和性。脂质体与皮肤表面接

211

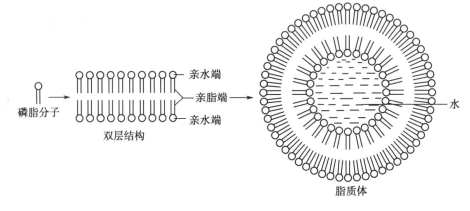

磷脂分子　双层结构　亲水端　亲脂端　亲水端　脂质体　水

图 10-1　脂质体结构示意图

触后,其所含磷脂能够轻度地键合到角质层的角蛋白上,使皮肤有一种舒畅的自然感觉。

（2）长效作用:脂质体作为化妆品活性物质的载体,在穿过皮肤表层而渗透至皮肤深处的过程中,被包裹的活性物质不可能在很短的时间内全部释放出来,而是在表皮、真皮内沉积而形成"储存库",缓缓地释放出来,在皮肤细胞内外直接、持久地发挥各种作用,同时又可降低由于活性物质释放过快而可能产生的一些副反应。

（3）保护活性组分作用:脂质体对其所包裹活性物质的保护作用主要体现为以下几方面:①避免普通化妆品涂敷至皮肤后,由于很快被风干而导致活性物质失活;②保护一些不稳定、易被氧化的活性物质,避免化妆品介质及外界环境对其稳定性产生影响;③避免活性物质与介质之间及活性物质之间相互作用,保持其各自的稳定性。

（4）保湿作用:脂质体的保湿作用主要体现为两个方面:一方面是磷脂在皮肤表面所形成油膜的轻微封闭作用;另一方面是指透过皮肤表面进入到角质层内的脂质体,能够与角蛋白形成一些双层结构络合物而作为"细胞间胶质",这些细胞间胶质起着重要的阻挡作用,既能减少水分的丢失,又具有透气性,如同具有呼吸活性的"透气雨衣"的作用。

（5）融合作用:脂质体中未与角蛋白键合的磷脂可能进入皮肤深层,被细胞膜所吸收,使细胞膜流态化,增加膜的流动性和渗透性,从而大大增强了细胞的代谢作用,对皮肤粗糙度的改善具有明显效果。

2. 脂质体在化妆品中的应用　目前,国内外许多化妆品原料公司已将脂质体的制备实现了工业化,生产出包覆各种活性物质的脂质体,如 SOD 脂质体、透明质酸脂质体、精油脂质体、维生素 E 脂质体等。这些脂质体能否在化妆品中合理使用,首先应考虑到脂质体在配方中的稳定性,还应注意脂质体的添加方法。

（1）选择适宜的配方基质,确保脂质体的稳定性:在使用脂质体时,除应参考供应商提供的有关配伍方面的信息外,还必须进行配方试验,以确保配方的稳定性。

需要指出的是,在诸多影响因素中,表面活性剂对脂质体稳定性的影响最大,防腐剂凯松 -CG、二价阳离子如 Ca^{2+}、Mg^{2+} 等以及某些香精对脂质体稳定性的影响也较大,这些原料在方中很低的浓度条件下即可破坏脂质体。

（2）确保脂质体化妆品的安全性:脂质体化妆品的安全性除化妆品基质的安全性外,主要是指脂质体的安全性。

脂质体的主要脂质材料磷脂的安全性已被实践所证实。脂质体中包裹的活性物质的安全性,应按化妆品原料安全卫生标准规定执行。但由于脂质体可将包覆物料载入皮肤深处,所以对脂质体所包覆的活性物质的使用剂量应重新评估,并进行安全性试验。

(3) 添加方法:温度超过50℃时将会引起脂质体结构的破坏,而且阳光的照射也会使磷脂变黑。因此,脂质体在添加时,除应避免激烈的搅拌混合外,最好在制备的最后阶段且温度低于40℃时添加较为安全,而且产品配方中最好含有紫外线吸收剂,包装最好是乳白色。

3. 配方实例　表 10-1、表 10-2 为脂质体凝胶和脂质体乳膏化妆品的配方实例。

表 10-1　脂质体凝胶配方实例

组分	质量分数(%)	组分	质量分数(%)
卡波树脂 940	0.5	脂质体 - 芦荟胶	3.0
三乙醇胺	0.3	防腐剂、抗氧剂、香精	适量
丙二醇	5.0	去离子水	加至 100.0

表 10-2　脂质体乳膏配方实例

组分	质量分数(%)	组分	质量分数(%)
Emulzome 超微乳液	25.0	三乙醇胺	0.3
卡波树脂 940	0.5	防腐剂、香精	适量
吐温 -20	0.2	去离子水	加至 100.0
脂质体 -SOD	5.0		

知识链接

磷脂主要有磷脂酰胆碱(卵磷脂)、磷脂酰乙醇胺(脑磷脂)、磷脂酰肌醇等类型。磷脂的结构可以简述为由一个短的离子型的"极性头"和两条疏水性的高级脂肪烃长链的"非极性尾巴"组成。磷脂的这种"双亲结构"(亲水性和亲油性)使其水溶液浓度达到临界胶束浓度时,在特定条件下,即可形成稳定的双分子层结构的脂质体,这种脂质体称为磷脂脂质体。随着对脂质体的研究,发现除磷脂外还有其他类脂(如乙氧基脂肪醇类、鞘脂类等)在一定条件下也可形成脂质体。

(二) 微胶囊

微胶囊是指用成膜物质将固体、液体或气体物质包覆起来而形成的微小胶囊物,简称微囊,是以独特的控制释放(缓释)作用为特征的包囊技术,其包覆的过程与方法称为微胶囊化(法),也称为微胶囊技术。微胶囊技术近年来在化妆品行业中已得到广泛的应用。

根据缓释作用的原理,微胶囊在使用时,被包覆的活性物质应按预先希望的速率

逐步从微囊中释放出来,因此微胶囊包囊技术的实现需满足两个条件:一是活性物质必须能够被包裹在微囊中;二是制备的微囊应具有适宜的性质,以确保包覆其中的活性物质在希望的条件下能够释放。

微胶囊的结构形态多种多样,基本结构很像鸡蛋,里面的核可以是单核或多核,外面的壳也可以是单层或多层,所以微胶囊有单核微胶囊、多核微胶囊、双壁微胶囊、复合微胶囊等多种结构形态。

1. 微胶囊在化妆品中的作用 微胶囊具有许多独特的性质和功能,在化妆品中的作用主要表现为以下几方面。

(1) 隔离活性物质:微胶囊隔离活性物质的特性主要体现为以下几方面:①使被包覆的活性物质免受环境中温度、湿度、紫外线等因素的影响,从而保持其活性不被破坏;②阻止被包覆的活性物质与化妆品配方中的其他组分发生化学反应;③控制配方中需要在特定时间发生化学反应的两种组分的反应时机,可通过使其中一种组分微胶囊化后再与另一组分混合的方法得以实现。在微胶囊完好无损的状态下,两种组分的化学反应无法发生,只有在微胶囊破损后,这两种组分才可接触,两者的反应即可发生。利用这一特性,在配制二剂型染发化妆品时,可将染料中间体与氧化剂两者之一微胶囊化,即可制得使用方便的只有一剂型的微胶囊化染发化妆品。

(2) 改变物质的形态特征:一方面,将液态或气态物质微胶囊化后,可得到微细如粉的微胶囊,在外形及使用上具有固体特征,但被包覆的内部物质仍然是液体或气体;另一方面,微胶囊对某些活性物质的包裹,也可掩盖这些物质的颜色及不良气味等,如将特有色泽和气味的中草药提取液微胶囊化后,配制到化妆品中,可得到无色无味的优质化妆品。

(3) 控制活性物质的释放:在微胶囊囊壳不受损的情况下,囊心物质(活性物质)会从微胶囊中逐渐释放出来,以达到缓释长效的目的。囊心物质的释放速度正比于微胶囊的总表面积,反比于微胶囊的厚度。

2. 微胶囊化妆品的不足 微胶囊在化妆品中的稳定性限制了微胶囊在化妆品中的应用,只有保证微胶囊包裹的完整性,才能确保其在化妆品中优越性的实现。然而,微胶囊包裹对介质的条件较敏感,同时外界的压力、摩擦以及外壳层的溶解均会导致包裹的破坏或泄漏,加工过程不适当和基质配方的变化也会影响其稳定性,而只要包裹破裂,微胶囊控制活性物质释放的功能便会消失。所以微胶囊技术在应用过程中,要尽可能提高微胶囊的包裹能力,同时囊壳材料要具备足够好的力学强度,保证囊壳厚度、微囊尺度以及包裹能力的合理。

3. 配方实例 表10-3为含微胶囊化妆品的配方实例。

表10-3 微胶囊香波配方实例

组分	质量分数(%)	组分	质量分数(%)
AES(70%)	12.0	硅油微胶囊	4.5
AES-NH$_4$(70%)	8.0	珠光浆	5.0
椰油酰胺丙基甜菜碱	3.0	柠檬酸	适量
椰油单乙醇酰胺	4.0	香精、防腐剂	适量
季铵化泛醇	5.0	去离子水	加至100.0

（三）聚合物微球载体

聚合物微球载体是一类采用高分子材料制成、具有吸附作用的微型海绵状的球体,球体包括或吸附各种不同的药物或活性物质,这种释放体系称为微球载体或延时释放球体。

聚合物微球载体是海绵状固体,是不会被侵蚀、不溶的惰性物质,又具有一定机械强度,不会因摩擦和压力而被破坏,其吸附的活性物质是依靠溶解和浓度差扩散而被释放出来。

1. 聚合物微球载体在化妆品中的作用　聚合物微球载体除稳定性优于微胶囊外,还具备如下功能。

（1）改变物质的形态特征:将难以处理的液态制剂吸附入微球载体内,使之成为易于使用的粉末状,改变了其使用形态。

（2）保护活性物质的稳定性:将一些对介质敏感的活性物质或不能与介质配伍的物质吸附在微球内,将其与介质分隔开,从而保证这类物质的稳定性。

（3）维持活性物质的长效性:聚合物微球载体能够缓慢地将活性物质释放到皮肤表面,从而使活性物质能够较长时间地发挥其特有的功效。

（4）降低活性物质的副作用:聚合物微球载体对所吸附的活性物质的释放是一个缓慢、持续的过程,从而使到达皮肤组织内的活性物质浓度始终处于低剂量状态,降低了某些活性物质可能出现的刺激性和致敏作用。

（5）具有释放与吸收双重功效:聚合物微球载体除了能够缓慢、持续释放活性物质之外,其吸附作用又能吸收皮肤的分泌物,特别适用于营养按摩膏和磨砂膏。

2. 聚合物微球载体的聚合物材料及所吸附的活性物质种类

（1）聚合物微球载体的聚合物材料种类:主要包括甲基丙烯酸共聚物、三醋酸纤维素、聚硅氧烷、聚苯乙烯、尼龙、聚氨基甲酸酯/丙烯酸酯聚合物等。

（2）聚合物微球载体所吸附的活性物质:主要包括角鲨烯、角鲨烷、植物甾烷、胆固醇、吡咯烷酮羧酸、透明质酸、尿囊素、维生素 A、维生素 E、表皮生长因子、对氨基苯甲酸乙酯、过氧化苯甲酰、水杨酸、动植物提取物、香精、尼泊金酯类等。

3. 聚合物微球载体在化妆品领域中的应用　聚合物微球载体所具有的诸多优越性,使其已经用于化妆品的不同领域当中。

（1）用于防晒领域:利用聚合物微球负载超细化的 TiO_2 粉体,即将超细化的 TiO_2 粉体以聚合物微球的形式添入防晒化妆品中,可克服超细 TiO_2 粉体的诸多缺点,使产品取得较佳防晒效果的同时,又提高了产品的安全性。

（2）用于彩妆领域:颜料和粉体填充剂是彩妆类化妆品中的主要组分,而且多为无机粉体类原料,这些无机粉体缺乏透明感,化妆后显得不自然。利用聚合物微球表面的高吸附能力,可以将荧光物质导入微球的表面,则可以很好地提高化妆品的透明感,并且可以使化妆后的皮肤产生一定的自然亮度,使皱纹变得模糊。

（3）用于生物活性物质的输送:聚合物微球可以作为生物活性物质的载体,比表面积大,可负载更多的活性组分,并且起到缓释的作用,其细微的结构会使皮肤有天鹅绒般的柔润感。

虽然聚合物微球技术近年来取得了长足的进步,国内外开发出来的聚合物微球品种也越来越多,但是要真正将这项技术实现工业化,仍然有很多亟待解决的问题需要在以后的研究中去探索解决。

知识拓展

纳米微球载体

纳米微球载体也是一类缓释载体,是一种多孔的微粒,直径极小,均为纳米级,故也称为纳球,如直径为100nm,就称为纳球100。具有容易被皮肤组织或细胞吸收,恒速缓释活性物质并确保活性物质在较长时间维持在有效浓度内,以及增加有效成分稳定性等优势。其多孔性结构增加了纳球的表面积,使纳球具有极强的吸附能力,能运载更多的活性物质,从而提高了纳球活性物的有效性。纳球球体也多由聚合物构成,如聚苯乙烯、聚硅氧烷等,它是一种渗入式载体,是将活性物质渗入到如海绵似的纳球中,通过扩散机制缓慢地释放,控制其扩散速度,使其在较长时间内持续释放活性物质,这种缓释特性避免了皮肤因瞬时负荷过量而引起的不可耐受反应或生物平衡失调等不良反应的出现。

通过对纳球表面涂敷一层低分子聚合物,使得纳球只对所选定的目标才释放活性物质,实现纳球的靶向性作用,而人体皮肤、头发等部位的蛋白质中的特殊氨基酸——半胱氨酸则是纳球实现定向释放活性物质的靶向目标。

二、复合乳状液

复合乳状液是一种 O/W 型和 W/O 型乳液共存的复合体系,可能出现的情况有两种:W/O/W 型乳状液和 O/W/O 型乳状液。复合乳状液具有 O/W 型和 W/O 型两种基本类型乳剂所不具备的优势,主要体现为以下几方面。

1. 兼具 O/W 型和 W/O 型两种类型乳液的优点 复合乳状液既具有 O/W 型乳状液的铺展性好、不油腻、有清新的使用感等优点,又具有 W/O 型乳状液的优良润肤作用、高效洗净力以及光滑外观的优势,从而赋予产品更加优越的特性。

2. 克服 O/W 型和 W/O 型两种类型乳液的缺点 O/W 型乳状液虽然具有较好的使用感,但润肤效果不及 W/O 型乳状液,而 W/O 型乳状液又有油腻感较强、铺展性不及 O/W 型的缺点,但复合乳状液除兼具 O/W 型和 W/O 型两种类型乳液的优点之外,还能克服两种乳状液的上述缺点。

3. 控制活性物质释放,延长活性物质作用时间 由于复合乳状液的多重结构,添加于内相的有效成分或活性物质需要通过两相界面才能释放出来,从而可延缓有效成分或活性物质的释放速度,延长其作用时间,达到控制释放和延长释放的作用。

4. 隔离活性物质 复合乳状液中不同的活性物质可以置于不同的乳化相中而彼此被隔离,使它们各自产生即刻的、持续的释放特性。

复合乳状液的上述特性在医药、食品及化妆品工业中已得到了很多应用。

三、微乳状液

微乳状液的分散相液珠很小,是由水、油、表面活性剂和助表面活性剂所形成的分散相液滴直径约为 10~100nm 的透明或半透明的自发生成的热力学稳定体系,有 O/W 和 W/O 两种类型。

微乳状液除了具有乳剂的一般特性之外,还具有粒径小、透明、稳定等特殊优点,主要体现为以下几方面。

1. 光学透明性　由于微乳状液的分散相液珠小于 0.1μm,所以产品外观为半透明或透明状,产品中任何不均匀性或沉淀物的存在都容易被发觉,有利于产品质量的保证。

2. 节能高效性　微乳状液是自发形成的,具有节能高效的特点。

3. 优良的稳定性　微乳液作为一种热力学稳定体系,与乳状液相比,其所具有的超低界面张力使其具有极好的稳定性,经离心也不能使其分层,可长期贮存。

4. 良好的增溶性　不论是 O/W 型还是 W/O 型微乳液,均可与油或水在一定范围内混溶。微乳液可制成含油分较高的产品,且产品无油腻感。

5. 易渗透性　微乳液纳米级的液珠易于渗入皮肤而被皮肤吸收,从而发挥其预期效果。

微乳液的上述特性使得微乳液化妆品近年来发展非常迅速,在化妆品的多个领域得到了很好的应用,市场前景非常广阔。

 知识链接

微乳液的制备

微乳液是由油、水、表面活性剂和助剂所构成。其中表面活性剂为乳化剂,助剂多为醇类极性有机物质,两者在微乳液中的用量较大,可高达 15%~25%。

制备微乳液的方法是首先将稍溶于油相的亲水性表面活性剂溶于油相,然后边搅拌边将油相加入水相中,再加入极性有机物(辅助乳化剂)即可制成 O/W 型微乳液。使用亲油性乳化剂,油分占比例较多时,则可制成 W/O 型微乳液。

向乳状液中加入一定量的表面活性剂和极性有机物助剂,可把乳状液转化为微乳液。在浓胶束溶液中溶解一定量的油或水,也可形成微乳液。

在制备微乳液过程中,无需外加功,只需依靠体系中各组分的匹配即可。

四、液晶化妆品

(一) 液晶

液晶是处于固、气、液三态之外,介于晶体(固态)与液态之间的一种呈稳定状态的第四态形式,是一类特殊结构物质(通常为有机物)所呈现出的一种存在状态。液晶名称的由来是因其既有晶体的性质(如双折射),又有液体的某些性质(如流动性)。

液晶按形成条件可分为热致液晶(胆甾相液晶)和溶致液晶(离液液晶)两类:①热致液晶是物质随温度变化而形成的介晶状态,主要是一些胆甾醇衍生物,这类液晶随温度的变化而显示不同的颜色,可添加于透明的凝胶基质中,用于配制具有温色效应的凝胶基彩色化妆品,此类制品外观颜色鲜艳,并随温度的不同而有不同的颜色,光彩夺目,多作为彩妆使用;②溶致液晶是由双亲结构化合物及其相应的助剂在水溶液中形成的,它是液晶中品种最多、用途最广的一种,主要用作配制乳剂类护肤制品,所得制品外观色白细腻,肤感舒适清爽。

目前用作乳化剂的表面活性剂都类似于溶致液晶中的双亲结构化合物。

（二）液晶乳化剂

乳剂类液晶化妆品是指运用液晶乳化剂乳化，使体系中存在液晶结构的一类化妆品，通常为 O/W 型。其中的液晶乳化剂就是溶致液晶，而目前用作乳化剂的表面活性剂都类似于溶致液晶中的双亲结构化合物，所以研制液晶乳化剂首先要选择具有液晶结构的表面活性剂，这类物质通常有阴离子型、阳离子型、两性离子型和非离子型四类。

作为液晶乳化剂的非离子型表面活性剂，具有无毒无害、无刺激、安全性高、性质温和等优点，其水溶液表面张力低，临界胶束浓度低于阴离子型表面活性剂，胶束聚集作用大，加溶作用大。常用的非离子型表面活性剂有脂肪醇聚氧乙烯醚、烷基酚聚氧乙烯醚等。

（三）液晶化妆品

液晶化妆品是近年来出现的高档化妆品。构成人体细胞的分子大都是液晶分子或类似于液晶分子，所以液晶化妆品与人体组织有良好的适应性，对皮肤有很好的渗透性和润湿性，使用舒适，安全可靠，并且液晶分子棒状的有序分子排列对光有偏振二向色性，使其具有独特的光学效应。

液晶化妆品的主要特性体现为以下几方面。

1. 更佳的稳定性　液晶乳化剂在油/水界面形成致密、有序、具有黏弹性的界面膜。一方面，液晶结构的界面膜具有更高的强度；另一方面，液晶高度的黏弹性可减缓油相液滴的移动。所以液晶的存在可提高乳剂类化妆品的稳定性。

2. 高效的保湿性　在液晶化妆品体系中，大量的水被包围在层状液晶和网状液晶的多层结构中，当涂于皮肤上时，被液晶结构包围的水分则不易于即刻挥发，从而可达到长时间的保湿效果。

3. 缓释长效性　液晶的网状多层结构可以阻止溶解在油相中的有效成分的快速释放，从而能够使产品中的有效成分缓慢而持久地释放，达到缓释、长效的目的。

液晶化妆品新奇的视觉效果和优异的肤用感使得液晶型护肤品及液晶型彩妆化妆品已经在美国、欧洲及日本等国家流行，在我国尚未完全普及。

（赵　丽）

复习思考题

1. 何为缓释载体？缓释载体应用在化妆品中有何优势？
2. 试述脂质体在化妆品中的主要功能。
3. 试述聚合物微球载体在化妆品领域中的主要应用。

附录 化妆品原料名称对照表

AS	脂肪醇硫酸盐（烷基硫酸酯盐）	表面活性剂
AES	脂肪醇聚氧乙烯醚硫酸盐 （烷基聚氧乙烯醚硫酸酯盐）	表面活性剂
AESM	醇醚磺基琥珀酸单酯二钠盐 （脂肪醇聚氧乙烯醚琥珀酸单酯磺酸钠）	表面活性剂
AESS	醇醚磺基琥珀酸单酯二钠盐 （脂肪醇聚氧乙烯醚琥珀酸单酯磺酸钠）	表面活性剂
AGA	N- 酰基谷氨酸盐	表面活性剂
AGPS	烷基聚葡萄糖苷	表面活性剂
AHA	果酸	
AOS	烯基磺酸盐	表面活性剂
APG	烷基糖苷	表面活性剂
AuAR	阳离子瓜尔胶	胶黏剂
bFGF	碱性成纤维细胞生长因子	
BHA	叔丁基对羟基茴香醚	抗氧剂
BHT	二叔丁基对甲酚（二丁基羟基甲苯）	抗氧剂
BS-12	十二烷基二甲基甜菜碱	表面活性剂
CAB	椰油酰胺丙基甜菜碱	表面活性剂
CD	环糊精	胶黏剂
CDS	羟磺基甜菜碱	表面活性剂
CMC	羟甲基纤维素	胶黏剂
CMC-Na	羟甲基纤维素钠	胶黏剂
DHA	脱氢醋酸	防腐剂
DMC	咪唑啉型甜菜碱	表面活性剂
DNA	脱氧核糖核酸	
DNP	阳离子高分子迪恩普	表面活性剂

219

EC	乙基纤维素	胶黏剂
EDTA	乙二胺四乙酸	金属离子螯合剂
EDTA-2Na	乙二胺四乙酸二钠	金属离子螯合剂
EGF	表皮生长因子	
FGF	成纤维细胞生长因子	
GSH-Px	谷胱甘肽过氧化物酶	
HA	透明质酸	保湿剂
HEC	羟基纤维素	胶黏剂
JR-400	阳离子纤维素聚合物	增稠剂
K_{12}	月桂醇硫酸钠(十二烷基硫酸钠)	表面活性剂
$K_{12}A$	月桂醇硫酸酯铵(十二烷基硫酸铵)	表面活性剂
KGF	角质形成细胞生长因子	
LAS	烷基苯磺酸钠	表面活性剂
LST	十二烷基硫酸三乙醇胺	表面活性剂
MAP	烷基磷酸酯盐	表面活性剂
MC	甲基纤维素	胶黏剂
MES	脂肪酸甲酯磺酸盐	表面活性剂
MSE	PEG(20)-甲基葡萄糖苷倍半硬脂酸酯	表面活性剂
MT	金属硫蛋白	
NMF	天然保湿因子	保湿剂
OA	氧化胺	表面活性剂
PA-Na	聚丙烯酸钠	胶黏剂
PCA-Na	吡咯烷酮羧酸钠	胶黏剂
PEG	聚乙二醇	胶黏剂
PEO	聚氧乙烯	胶黏剂
PVA	聚乙烯醇	胶黏剂
PVP	聚乙烯吡咯烷酮	胶黏剂
RNA	核糖核酸	
SAS	烷基磺酸盐	表面活性剂
SLS	月桂醇硫酸钠(十二烷基硫酸钠)	表面活性剂
SDS	月桂醇硫酸钠(十二烷基硫酸钠)	表面活性剂
SOD	超氧化物歧化酶	
SLES	月桂醇聚氧乙烯醚硫酸钠 (十二烷基聚氧乙烯醚硫酸钠)	表面活性剂
ZPT	吡啶硫酮锌	去屑止痒剂

参考文献

［1］刘刚勇.化妆品原料［M］.北京:化学工业出版社,2017.

［2］裘炳毅,高志红.现代化妆品科学与技术［M］.北京:中国轻工业出版社,2015.

［3］谷建梅.化妆品安全知识读本［M］.北京:中国医药科技出版社,2017.

［4］杨梅,李忠军,傅中.化妆品安全性与有效性评价［M］.北京:化学工业出版社,2016.

［5］高虹,孙婧.美容化妆品技术［M］.北京:化学工业出版社,2018.

［6］李东光.实用化妆品生产技术手册［M］.北京:化学工业出版社,2001.

［7］王建新.化妆品天然功能性成分［M］.北京:化学工业出版社,2007.

［8］刘华钢.中药化妆品学［M］.北京:中国中医药出版社,2006.

［9］董银卯.化妆品配方设计与工艺［M］.北京:中国纺织出版社,2007.

［10］黄霏莉,阎世翔.实用美容中药学［M］.沈阳:辽宁科学技术出版社,2001.

［11］章苏宁.化妆品工艺学［M］.北京:中国轻工业出版社,2007.

［12］王培义.化妆品——原理·配方·生产工艺［M］.北京:化学工业出版社,2008.

［13］刘玮,张怀亮.皮肤科学与化妆品功效评价［M］.北京:化学工业出版社,2005.

［14］李利.美容化妆品学［M］.北京:人民卫生出版社,2011.

［15］袁辉,李校垫.现代生物技术与美容［M］.北京:化学工业出版社,2007.

［16］王建新.化妆品植物原料手册［M］.北京:化学工业出版社,2009.

［17］李春联,王学民,陈德利.敏感性皮肤产生原因的研究进展［J］.中国中西医结合皮肤性病学杂志,2003,2(4):257-259.

［18］李利.敏感性皮肤的研究现况［J］.皮肤性病诊疗学杂志,2010,17(5):325-327.

［19］刘文婷,王海涛,董银卯,等.面部红血丝形成机理及防治研究进展［J］.中国美容医学,2009,18(3):401-404.

［20］靳春平,邓连霞,朱良均.蚕丝丝胶蛋白———一种功能性化妆品原料［J］.蚕桑通报,2013,44(2):13-15.

复习思考题参考答案与模拟试卷

《化妆品与调配技术》(第3版)教学大纲